藍學堂

學習・奇趣・輕鬆讀

Getting Things

Things

The Art of Stress-Free Productivity · by David Allen

Done

搞定 ✔

大衛・艾倫 ／著

向名惠、林淑鈴 ／譯

工作效率大師教你，事情再多照樣做好的搞定 5 步驟

獻給凱薩琳，
我人生和工作上的絕佳夥伴

誌謝

在過去這十幾年來，世界各地有如此多的訓練講師、夥伴、同事、員工、客戶、朋友，以及「搞定」（Getting Things Done, GTD）模式的愛用者，對於我在這些理念上的理解及發展有許多貢獻。因此，在此單獨感謝任何一位都是不必要且不公平的。所以，我必須對這群無名但非常值得感念的人士致謝與道歉（而你應該知道我就是在說你！）。

在 1980 年代初期，Dean Acheson 和 Russell Bishop 為我在日後成為廣為人知的「搞定」模式提供了初期架構，啟蒙了我強大的方法論意識。在所有完善此書結構與促進其發行量的無數夥伴和同事之中，我需要特別向以下幾位致謝：Marian Bateman、Meg Edwards、Ana Maria Gonzalez、Anne Gennett、Leslie Boyer、Kelly Forrister、John Forrister、Wayne Pepper、Frank Sopper、Maggie Weiss 與 Mike Williams。

除此之外，有數千位客戶以及研討會與會者曾協助我確定與微調這些模式。我要特別感謝在早些年前就已了解此模式的重要性在於，能為組織文化帶來所需要的改變，並讓我有機會實際執行的資深人力資源主管，尤其是：Michael Winston、Ben Cannon、Kevin Wilde、Susan Valaskovic、Patricia Carlyle、Manny Berger、Carola Endicott、Klara Sztucinski 與 Elliott Kellman。

> 重點不在於我們擁有什麼東西，而在於我們的生命中擁有什麼人。
>
> —— J.M. 勞倫斯

若非 Tom Hagan、John、Laura McBride、Steve Lewers、Greg Stikeleather、Sam Spurlin，以及我孜孜不倦的經紀人，Doe Coover 的獨特活力與見解，這本書就無法如此完整。此外，本書初版的編輯 Janet Goldstein，以及此全新版本的編輯 Rick Kot，也有許多功勞。對於寫書的藝術與技術，兩位編輯都提供我絕佳

（且很有耐心）的指導。

　　最後，我要向我的心靈導師，J-R，致上我最誠摯的感謝。謝謝您身為一位絕佳的指導者，時時刻刻提醒我真正重要的是什麼。還有我的太太凱薩琳（Kathryn），謝謝妳的信任、愛、無比的支持、陪伴，以及妳帶入我生命中的諸多美好。

各界好評

「值得做的事，也不一定值得非常認真做，一定要考量機會成本。時間，是你我最公平的競爭；你做多少，並不重要，而是做好多少，以及多常做出正確的決定才重要。我身兼兩岸企管講師、職場專欄作家、廣播節目主持人、新創事業共同創辦人、夢想餐廳投資者、家庭重要成員……多重角色，讓我游刃有餘、有效運轉時間的新時代重要技術，都在《搞定》這本書裡！」

——謝文憲，職場專欄作家、廣播主持人

「『搞定』讓我在重要時刻完全發揮實力。」

——金路易，惠普（HP）沈浸式計算全球負責人兼總經理

「大衛·艾倫將深入的哲學思想，以淺顯的時間管理細節來說明。請好好閱讀本書。」

——馬克·亨里克斯，《創業家》（*Entrepreneur*）雜誌

「大衛·艾倫的工作效率原則雖然源自於深遠而崇高的理念，但卻無比實用。」

——基思·H·哈蒙茲，《快公司》（*Fast Company*）雜誌

「我最近剛參加過大衛有關如何整理好事物的研討會。在親身體會過他的魔力後，我有了希望！大衛·艾倫的研討會開拓了我的世界。」

——史都華·艾爾索普，《財富》（*Fortune*）雜誌

「我對大多數管理流程理論都抱持強烈懷疑，但我必須承認，大衛的方案真的超棒的！」

——裘琳·戈德弗瑞，
《我們最狂野的夢想：賺錢，行善，追求樂趣》（*Our Wildest Dreams*）作者

目　　錄

第 1 篇 ｜ 搞定的技巧

3讀《搞定》的3次人生突圍

Esor

如果不算偶爾翻閱的次數，我自己認真閱讀《搞定》（*Getting Things Done*）原書大概有3次，每一次因為深入閱讀這本書，都幫我在人生困境上完成突圍的勝利。

第1次閱讀是在我因為自己的時間管理方法不當，最終無法順利從研究所畢業時，那時指導教授給了我一個建議：「你應該要找一個方法，解決你想追求完美但又容易拖延的性格。」

當時我因為自己的重大挫敗，也真的開始認真去看網路上的各種自我管理方法，於是認識了GTD（Getting Things Done 的縮寫，以下簡稱為「搞定」）這個觀念，便找了《搞定》的原文書來閱讀，老實說第1次讀的時候，沒能把整本書都讀完，但光是讀了前半部，就幫我找出了自己長久以來的問題：有理想性，但缺乏計畫力，於是遇到比較大型的專案時，沒有有效的方法來控管專案，以達到自己想要的成果。

而《搞定》的前半部，正好從觀念與原則上，提出了「實現目標」該有的技術，不久之後，我在出版社寫了自己第一本書，主題是關於如何架設部落格，全書的字數或許比一本論文要求的還多，但這一次我有計畫地完成了。

第2次閱讀時，我慢慢寫部落格寫出成績，又開始在出版社工作，那時候腦

袋裡不斷出現好多想做的事情、好多靈感、好多企畫，手上常常同時好幾個專案一起進行，把自己搞得暈頭轉向。

於是我再次重拾《搞定》來閱讀，這一次認真把後半部也讀完，用「搞定」的方法來改造自己的工作流程，於是慢慢地不同專案都能同時進行且步上軌道、可以同時搞定部落格的經營與我的正職工作，到現在很多讀者都還很訝異我如何每天維持寫作與工作的進度？

其實這得益於「搞定」的方法很多，最大的關鍵在於讓我專注在下一步行動，利用有限時間保持每天的進度，但不會焦慮，也不被瑣事干擾，於是看起來就像是很高效率一樣。

第 3 次閱讀則是在我準備結婚的那一年，在那一年裡，出版社的工作量沒有改變，我也希望自己繼續維持寫部落格的習慣，而且那一年又要寫一本後來成為我最暢銷著作的 Evernote 筆記術專書，然後還要籌備婚禮、蜜月旅行與新居的所有細節，我忽然覺得人生的所有任務都擠在同一時間出現了。

然而，即使在這麼忙碌的情況下，我忽然覺得自己應該再讀一次《搞定》，於是我偷著許多空檔時間，從頭讀一遍，而經歷過了前面幾次的人生歷練，第 3 次閱讀時，我發現這不只是一部教我時間管理方法的工具書，其實也是一本人生管理原則指南，尤其當面臨真正龐大、重要的選擇時，我應該怎麼用智慧做出關鍵選擇。

原來「搞定」，不只是要搞定外在的任務，而是要搞定自己的內心、搞定人生的價值，卸下「完成」的壓力，享受「開始做」的樂趣，當壓力去除，自然進入高效狀態。

這就是我 3 次讀《搞定》，以及我的 3 次人生突圍，我想下一次我又遇到不同人生困境時，一定還會想再次拿起這本書來讀吧！

（本文作者為電腦玩物站長）

完成你想做的事情，
完美你想過的人生！

王永福

靜下來，想一想你腦中有多少待辦事項？10 件？20 件？30 件？⋯⋯還是 100 件？

工作上可能有個企畫書要寫、8 封電子郵件未回、上次答應小李幫他介紹的客戶還沒處理。還有小朋友下週要做的勞作、別忘了太太交代今天要帶瓶醬油回去，而且下個月家族旅行的飯店還沒訂。哦⋯⋯還有！自己年初訂下的個人成長目標，也還沒找好要上哪門課。對了，書桌也亂了快大半年了，應該整理一下了。這時忽然手機又震動了一下，原來是長官的信，又傳來一件新的工作⋯⋯。

就因為我們的生活總是多線進行，在家庭、工作、個人、團體、短期、長期等不同角色間持續切換，所以我們才需要學習「搞定」，協助我們以系統化又有效的方法，完成想要完成的工作，這就是本書最大的核心！

每個人都有不同的做事方法，對我而言，專注在一件工作是很容易的事，朋友常笑稱我是單 CPU 腦袋，一次只能專注處理一件事情。雖然完成關鍵事項後，會有明顯的工作成果，但其他事情常因此被延遲而忽略！身邊也有朋友是待辦事項管理達人，總是可以同時進行多項工作，待辦事項滿滿一堆，無時無刻不

是非常忙碌。「忙得沒有時間思考」是最貼切的寫照。當然還有更多的人，只是憑著感覺做事，沒有任何系統化的方法（那您真的很需要這本書！）。

其實不同的方法都各有優缺點。有空的時候，我經常在想：有沒有更平衡、更有效的方法，來處理身邊每天發生的這些事？讓我能更有效率，但是又能更自在、更放鬆？

本書一開始就教大家：什麼是「全力以赴，心無旁騖」的境界。有幾次我曾經歷過這種聚精會神、感受不到時間流逝的感覺。在這種狀態下工作效率極高，工作成果也非常驚人。書上一步一步說明：如何透過「捕捉」、「理清」、「整理」、「回顧」、「執行」這 5 個步驟，釋放大腦的思緒，讓我們能聚焦在更重要、更有價值的事情上，並達到「心境如水」的狀態。

我一面看書，一面就想動手處理已經亂了很久的書桌！（再回頭看一眼混亂的桌子！）驚訝的是：作者也了解我們的問題，在書中教大家如何開始啟動「搞定」計畫。書上有些名人話語，像是「任何識字的人都無法成功將閣樓清掃乾淨」，很多建議都讓人會心一笑，又很有道理。邊看邊想、邊想邊做，這是一本能帶您動手執行的好書！

回到根本，學習如何有效處理事情，並不是要變成更忙碌的人，也不是要變成工作狂，而是可以用更放鬆、更優雅的態度，做自己想做的事，過自己想過的日子。如果你也想體會什麼是全力以赴地工作、放鬆自在地生活，相信你也會跟我一樣，從本書得到一些感動或啟發！

完成你想做的事情，完美你想過的人生！

（本文作者為知名企業簡報教練）

問題不在手帳，在系統！

林珮玲 Ada

身為擅長用手帳來整理生活大小事的我，常碰到很多人問：「我要用什麼樣的手帳，才能讓亂七八糟的生活變得有條有理？」我總會回答：「問題不是出在你的手帳，是在你做事情的系統。」

對於一些喜歡憑感覺來做事的人，或是一直使用舊有模式與習慣來做事的人，我很推薦「搞定」系統。不管是要處理生活大小雜事，還是要完成 5 年 10 年的長遠夢想，「搞定」絕對都是最適合的做事流程系統。

在還沒接觸到「搞定」系統之前，我自認是個做事還算有條理的人，但總覺得哪裡還可以再更有效率。學習了「搞定」系統後，最大的收穫是「將所有事逐出腦袋」這件事。以前的我會列出所有待辦事項的清單，並一一完成它們。可是在做第一件事時，心裡總還是掛念著其他未完成的事，加上已做完的事，雖然已經完成了，也還會掛念著：是不是做得不夠完美？有沒有什麼可以再改進的地方？就這樣，未完成的事和已完成的事都盤旋在我腦海裡久久不肯散去，以至於手邊正在做的事也受到干擾，不能保持高度專注力地完成。

學習了「搞定」系統後，我已能將未完成的事都放在管理工具中，暫時不去想；並且定義每件事情的完成程度，只要達到該程度，這件事就算是完成了，不必再去想要改善它了。把不是正在做的事全都逐出腦袋，只要定時去管理工具中

查看接下來要做什麼就好，頓時之間，心情變得輕鬆許多。

自從讀了舊版的《搞定》至今已十多年，「搞定」的流程我也用得如行雲流水般得心應手，但閱讀了編輯寄來的《搞定》修訂版書稿時，我又有發現新大陸的感覺。內容不只保有舊版的精華，還加入了這十多年間，人們生活因數位工具興起而做的改變，更符合現代人操作使用。不管你是「搞定」的新手，還是已使用「搞定」多年的老手，都很適合閱讀《搞定》這本書，我極力推薦！

（本文作者為筆記女王、國內著名的整理術作家）

「投資理時」的最佳操作手冊

姚詩豪

　　小時候常聽大人說「時間就是金錢」，那時候沒什麼錢，時間倒是很多，心裡總想著要怎麼拿時間來換錢！長大後建立了家庭，開創了自己的事業，才深深體悟到，原來時間是遠比金錢更珍貴的資源！錢花掉了，有許多方法賺回來，然而時間花掉了，卻再也不會回到我們身邊，它就此消逝，永不可逆。「窮人用時間換錢，富人用錢買時間」的道理我們琅琅上口，但與汗牛充棟的理財書籍相比，教我們「理時」的經典之作卻如鳳毛麟角。人們總是把注意力放在眼睛看得到的貨幣，卻只有少數有 sense 的人才會努力投資「時間貨幣」，而且懂得用它來「購買」幸福。

　　《搞定》正是一本「投資理時」的經典之作。時間再怎麼管理，也不可能像金錢一樣變多，但作者大衛・艾倫提供了一套風行世界多年的系統化方法，也就是知名的「搞定」（GTD），能幫助我們聚焦在人生真正重要的事情上。不論在台灣還是美國，我曾遇過多位優秀的企業經理人私下都是「搞定」的實踐者。他們工作繁重卻效率驚人，生活緊湊卻能兼顧平衡。更讓我印象深刻的是，他們對自己的時間擁有絕對的主導權，比一般人掌控自己的錢包還要謹慎！

　　在電影《鐘點戰》裡，每個人到了 25 歲後就不再變老，但卻只能多活一年，唯有努力賺取以秒計費的「時間點數」才能延續生命。看起來是科幻寓言，

但這不正是我們人生的寫照？如果你也認同時間的重要，這本書就是最好的操作手冊，能幫你的時間貨幣大幅升值，精彩人生就此「搞定」！

（本文作者為「大人學」及「專案管理生活思維」網站平台聯合創辦人）

提升個人效率的關鍵在「遺忘」

張國洋

我在學生時代，曾經有段時間功課不太好，但因為是不容許自己成績很爛的性格，所以其實每天都過著非常憂慮的生活。由於上課壓力很大，下課時就想做些輕鬆的事情，可是無論是出去玩、打電動或看電視，滿心都是即將要月考或要交功課的焦慮。所以玩得不痛快，心裡也充滿罪惡感。

但真的回家坐在書桌前讀書，又覺得好多科目千頭萬緒不知從何開始。打開書本發現進度好多、內容好難，讀不下去就嘗試換另一個科目。可是換到另一個科目又邊讀邊擔心前一個科目。因為不知道該怎麼消化這麼大量的內容，越讀越有深深的無力感，然後就一心想逃避與放鬆。可是逃避了，跑去做別的事，又開始擔憂即將到來的月考。總之，那幾年，就一直處在這樣的惡性循環中。

後來，我覺得這樣實在不行，就開始用心思考，到底有什麼方法能擺脫這種惡性循環？終於有天開始意識到：若要專心致志地把眼前的事情做好，得先學會「遺忘」。所謂「遺忘」並不是真的把重要的事情忘記，而是要把所有重要的工作存放起來、放在一個自己將來可以重新找回的地方——讓意志力能專注於眼前的工作，而非做一件事擔心另一件事。

那時候開始，我嘗試使用萬用筆記本之類的管理工具，並終於越來越得心應手，並扭轉人生回到正途。隨著這幾年數位工具越來越成熟，我也嘗試過很多

不同數位工具。我越來越覺得，所謂的時間管理，或是提升個人效率，最關鍵的就是「專注」、「遺忘」、「整理」與「聚焦」的能力——唯有不會隨時擔心其他一萬件該做卻還沒時間或餘力去思考的事情，才能把力氣完全用在眼前的工作上。一件一件地完成眼前有力量做的事，那一萬件事自然也能陸續完成。

大約在 2003 年前後，我第一次接觸到大衛・艾倫的《搞定》這本書，發現他也提到「清空你的大腦」（sweep you mind）的概念。而且，除了有關遺忘、讓腦子能專注的概念外，書中還提供更多針對人生效率與時間管理的完整知識。我從他這本書中學到很多新方法，更進一步完善了自己的想法。因此，這次當他改版這本書、尤其又收到商業周刊邀請為此書寫推薦序時，我覺得非常榮幸且深感有責任要把這麼好的一本書推薦給各位。

強烈建議大家仔細閱讀這本經典之書，讓你的個人時間管理及生活規畫可以更加進步。畢竟說到底，時間是每個人都最公平的資源。能善用時間的人，就能更有效率地做出成果，達成不一樣的成就。

（本文作者為「大人學」及「專案管理生活思維」網站平台聯合創辦人）

「搞定」所有事，「搞定」幸福

鄭緯筌 Vista Cheng

老天對每個人都很公平，因為一天只有 24 小時，你可以善加利用，也可以吃喝揮霍。以前我們說「時間就是金錢」，但身處這個忙碌的時代，現在更能明瞭最寶貴的時光，很容易因手機上的 LINE 訊息或電子郵件通知而浪費、分心。當注意力儼然成為稀有的貨幣，自然也有越來越多人開始注意「時間管理」這個議題。

如果你曾試著了解「時間管理」，想必曾聽過大衛・艾倫（David Allen）的名號。打開 Google 搜尋「David Allen」這組關鍵字，不難發現上頭有超過 1,600 萬筆資料，顯見大衛・艾倫和他所提倡的「搞定」行為管理方法，已經廣為人知，並且受到全球專業人士的推崇。

根據維基百科的詮釋，「搞定」的主要原則在於，人們需要通過記錄的方式把頭腦中的各種任務移出來。透過這樣的方式，頭腦可以不用塞滿各種需要完成的事情，而集中精力在正在完成的事情。

我服膺法國哲學家亨利・柏格森（Henri Bergson）的名言「要像個行動家來思考，像個思想家來行動」。從過往的經驗看來，我總覺得思想和行動並重，必須要有一套好方法來驅動自己，方能持續精進與成長。

直到我讀過大衛・艾倫撰寫的《搞定》系列叢書，整個人才豁然開朗。與其

要去管理時間，其實我們應該妥善管理自己的精力，充分掌握身心的狀態。只要我們的心靈一片澄清，便能幫助自己不受忙碌世界的影響，也不會因無謂事情的羈絆而停留腳步。

不同於坊間其他講述「時間管理」的書，只是介紹一些提升效率的秘訣，大衛‧艾倫則是從方法論著手，不僅指引讀者可以花最少的力氣完成有意義的事，更鼓勵大家從容面對人生的大小事，進而進入「心境如水」（mind like water）的境界。

誠然「人生苦短」，無奈我們要面對的大小瑣事卻很多。看完大衛‧艾倫的《搞定》系列叢書之後，更讓我有嶄新的領悟：原來，可以心無旁鶩、活在當下，隨心所欲地從事自己喜愛的事務，就是一種幸福。

你也想追求幸福嗎？讓我們一起來「搞定」吧！

（本文作者為臺灣電子商務創業聯誼會理事長）

可行、彈性且真誠的最佳工具書

詹姆斯・法羅斯（James Fallows）

茫茫書海中充滿許多如何改善工作習慣、健康、工作效率，以及如何獲得成功人生的作品；但其中有些書不過就是包裝得冠冕堂皇的常識，有些甚至完全胡說八道。市面上這類型的書最多只有「讀一次」的價值，而且把書放下後幾小時或幾天內就會統統忘記。

《搞定》卻截然不同。這本書初次問世時銷售量就穩定成長，而世界各地跟隨大衛・艾倫的各種步驟和理念的人也大幅增長。以自身經驗而言，我在本書初版剛上市時就仔細閱讀過，之後每 1 ～ 2 年就會再重讀一次；讀到全新修訂版的內容時，我感到非常開心。

是什麼讓《搞定》如此與眾不同？以下我依「重要性」列出 3 種幾乎存在書中每一章的特質。

第一點是**可行性**，具體來說，「搞定」擁有模組式的架構及寬容的態度。許多個人成長計畫都設有一種「不成功，便成仁」和「明天開始一切都必須改變」的前提。如果想減重 20 公斤、掌握財富、與家人相處融洽，或得到夢寐以求的工作，就必須擁抱生命中所有層面的劇烈改變。

人們確實偶爾會採取激進的行為，例如戒酒計畫、健康出問題後立志減肥和運動，或甚至在商場打滾了一輩子後決心出家。但對大多數人來說，能容忍錯誤

的階段式計畫，通常就長遠來看比較可能發揮成效，而且假如忘記執行或計畫進度落後，也不必全然放棄。

某種程度上，大衛‧艾倫對讀者的期許遠高於其他管理書籍。他的目標是幫助人們在工作和生活中遠離壓力及焦慮，讓人得以每分每秒都按照自己最渴望追求的目標而活。然而，書中仍有些例外。例如：他合理地堅持發展出良好的「捕捉資訊」習慣，能確保人們立刻寫下或記錄每個已承諾的事項或責任，而非為了要記住所有事而折磨自己；此外，他也堅持建立一個能記錄所有資訊、值得信賴的核心知識庫，這種模組特性便是艾倫系統中的一大優點。這本書所提供的建議在完整使用時效果最佳，但循序漸進地運用也能帶來極大的助益。

例如：若你並未採用大衛‧艾倫的整個「搞定」系統，還是可以從「2 分鐘定律」（參考第 6 章，指若該行動可在 2 分鐘內完成，就應在確認要做的當下立刻執行），或是全書通篇闡述、強調的「運用外部大腦」概念（亦即能代替人們存取記憶與管理事物的工具，包含儲存收據的簡易資料夾、放鑰匙、眼鏡或其他物品的永久位置）中獲益。

艾倫清楚了解人們不但忙碌，而且還容易犯錯；與其給予更多讓人感到愧疚或不充分的理由，不如提供能額外有所幫助的秘訣，這也是他創作本書的目的之一。此外，他也非常理解人生包含許多起起落落；我們在某些時刻會落後、趕上，或試圖趕上進度。有時在事件發生的當下，人們會不堪負荷、甚至無法承擔，而書中提供的建議正是可以日復一日、實際達成的步驟，讓我們能邁向重獲平靜與掌控力的道路。

這本書的第 2 個優點為其方法深具**彈性**。自大衛‧艾倫闡述這些面對工作和人生的方法論已過了 10 多年，有些個人和組織的實踐方法依然歷久彌新。不管多努力熬夜，一天仍然只有 24 小時、能維持深度交集的人再多也很有限、能一口氣完成的事也就這麼幾件，但職場領域卻產生了劇烈的轉變。當這本書的初版問世時，電子郵件仍是令人興奮的新科技，而非讓人對未完成工作產生無限

罪惡感的來源。大衛‧艾倫早期有項科技專案是名為「行動者」（Actioneer）的程式，也是早期 PalmPilot 的工作管理系統。現在 Palm 公司及其曾獨領風騷的 PalmPilot 已不復存在，轉而被 iPhone 和安卓系統的智慧型手機取代；人們目前想像不到、尚未被發明的其他事物，也一定會隨之而來。

這本新版跟初版一樣的是，大衛‧艾倫完全掌握了時代潮流與科技發展。但不同於其他年代有關硬體或軟體的管理學叢書（比如 80 年代的傳真機與較為近期的電子表單或簡報檔案），《搞定》雖然會參考這些資訊，但並不仰賴任何特定的外部系統。作者更新了書中的建議，不僅反映出現代科技的不同，同時也（用引人入勝的細節）介紹了現代腦科學領域所披露的內容。然而，作者的眼界一直都與人們該如何管理注意力、情緒及創造力等永恆的原理有關。若數十年後或更久的將來，有人還在讀這本書（我相信一定會），那時的人們必然也有能力跳過老舊過時的科技資訊，並辨識出依然可在當下應用、對於人性洞察的內容。

身為大衛‧艾倫與他的妻子凱薩琳的好友，第 3 點是我非常欣賞他的特質，我認為即使是沒有見過大衛本人的讀者也可以從閱讀中感受到這一點。那就是大衛在各項建議中展現出來的**真誠**與完整，以及他本人與書中訊息之間的連結。

正如我 2004 年在《亞特蘭大》（Atlantic）雜誌為大衛撰寫簡介時所了解的，他在生命中曾經歷過許多不同的職業及不同程度的好運。他曾在學生時代贏得辯論冠軍、擔任過演員、空手道教練、服務生、計程車司機及草坪服務公司經理──這一切都發生在他成為成功的諮詢顧問與工作效率指導教練之前。

從大衛‧艾倫的建言和舉止中，可以發現其廣泛經驗遺留下來的痕跡，不但表現在本書引用的實際案例中，更表現在他崇高的謙和態度裡。有時在評估一個人的成就重要與否時，我們會選擇漠視對方的私人行為。舉例來說：賈伯斯是一位備受推崇和仰慕的設計先驅，但其個人行為卻未獲得相同評價。在其他情況下，個人生活與思想的整合關聯，能讓傳遞出來的訊息更有力量。根據與大衛和凱薩琳相處的經驗，我可以證明一件許多讀者可能已經猜到、也是多數讀者樂見

的事：大衛・艾倫盡其所能、誠實面對自己從生命中學到的一切。

　　有些人可能會認為自己不「需要」這本書，從字面上來看自然如此。世界各地有不少人多年來從未聽過「搞定」也過著成功、滿意的生活。然而據我所知，大多數讀過此書的人，都在吸收訊息及其含義後得到了很多益處。我用來檢測一本書的兩種方法是：讀完 1～2 個月後是否還記得其內容，以及該書是否影響了我的世界觀。對我而言，《搞定》成功通過這兩項測試。我對於新世代讀者能認識這本書而感到非常欣慰。

（本文作者為《亞特蘭大》雜誌的全國性記者[1]）

1　詹姆斯・法羅斯著有十本作品。最新一本為《中國航空》（*China Airborne*）。早在 2004 年，他就在《亞特蘭大》雜誌為大衛・艾倫寫過一篇名為〈整理你的人生！〉的報導。

舊雨新知一同快速「搞定」

張永錫

這是一本充滿魅力的書,因為這本書可以幫助你完成大量工作,而且工作及生活的壓力卻能越來越低。

這是真的。作者大衛·艾倫累積了 35 年的時間管理實務經驗,在本書用近 20 萬字的扎實內容,細細討論一般人在生活及工作中會遇到的失控、壓力、分心及被動。藉由學習「搞定」(Getting Things Done, GTD),你能夠逐漸達到掌控、放鬆、專注及有意義的投入,讓生活及工作更加高效,為自己及組織創造更高的價值。

為了幫助大家快速理解本書內容,在此精要說明這 15 章的最核心概念。

第 1 篇:第 1 章到第 3 章

介紹「搞定」最基礎的概念,藉由橫向思考及縱向思考 5 步驟,達到「心境如水」(mind like water)的境界。

第 1 章:說明身為知識工作者對於「工作」(work)應有的概念。例如:捕捉雜事、清空大腦、決定下一步行動、橫向思考與縱向思考等,幫助我們「心境如水」,面對人生大小挑戰。

第 2 章:橫向思考 5 步驟簡述,藉由細讀本章即可掌握本書精髓。介紹掌控

工作及生活的「捕捉」、「理清」、「整理」、「回顧」及「執行」5 個步驟。
若您覺得需要延伸閱讀，從第 5 章到第 9 章有更多詳細的內容。

第 3 章：介紹「自然計畫模式」（縱向思考），並引用實例說明下列 5 個階段：定義目標及原則、辨識願景與預期結果、進行腦力激盪、整理，以及決策下一步行動。

第 2 篇：第 4 章到第 10 章

詳細探討「搞定」的方法論、相關工具設定、「捕捉、理清、整理、回顧、執行」5 步驟的實踐方式，並闡述專案管理的方法。

第 4 章：詳細解說設定個人工作管理系統與個人參考資料庫的方法，以及相關注意事項。

第 5 章：「搞定」第 1 個步驟是「捕捉」，目的是把所有引起你注意力的事情，全都收集起來，包含外在實體物品及大腦中的雜事，將所有雜事進行大掃除、放入合適的收件匣中。

第 6 章：「搞定」第 2 個步驟是「理清」，也就是對捕捉到收件匣的雜事決定下一步行動，並放置到合適的地方；可行動的事情分為「立刻執行」、「委派他人」、「延遲處理」3 個地方放置；不能採取行動的事情，可分成「丟棄」、「參考資料」、「孵化事項」3 個地方；超過一個行動才能完成的事情，則屬於「專案」。

第 7 章：「搞定」第 3 個步驟是「整理」，當雜事「理清」成行動，需要清單、檔案夾來管理行動的提示及參考資料時，本章詳細說明如何架構清單系統（包含行動清單、行事曆、專案清單等清單）及建立參考資料系統的方法。

第 8 章：「搞定」第 4 個步驟是「回顧」，每週花 1～2 小時做好每週檢視，讓整個系統符合「收集及理清」、「持續更新」及「發揮創造力」3 個條件，每週檢視是「搞定」成功的重要關鍵。

第 9 章：在「搞定」最後步驟的「執行」階段，有 3 個評估方法，幫助選擇最適合現在執行的行動，首先是 4 項限制條件（情境、時間、精力及優先順序），接著是 6 種專注高度（horizons of focus），最後是工作的 3 種類別（three-fold nature of work）。

第 10 章：討論計畫專案的方法及各種工具。

第 3 篇：第 11 章到第 15 章

講述維護「搞定」系統的 3 個重要原則，並探索認知科學與「搞定」的關係，以及未來「搞定」的精進之路。

第 11 章：很多人會對做不完的事情感到內疚，卻不知道如果養成捕捉的習慣，而且對承諾要做的事情「重新協議」，就能減輕許多內心的壓力。

第 12 章：本章提到一個有趣的命題：「為什麼越聰明的人越容易拖延？」在抽絲剝繭的探討中，讓人體會到管理好「下一步行動」的重要。

第 13 章：本章講述將個人原來的行為模式，轉換成以「預期結果」及「下一步行動」為導向，對個人甚至是企業的幫助。

第 14 章：介紹「搞定」和認知科學的關係，包含分散式認知、心流理論、實行意願、心理資本等，讓「搞定」和認知理論層面的結合更深。

第 15 章：介紹「搞定」精進之路，分成精通基礎原理、建立人生管理綜合系統，以及享有專注、方向和創造力 3 大階段。從大腦清空開始、逐步提升，讓我們面對大小事情處之泰然又不失高雅（elegant equanimity），這是一種多層次的能力，需要終身學習不斷完善。

附錄：術語表：列出「搞定」理論 53 個重要專有名詞的定義，讓讀者更容易理解本書論述。

身為從 2000 年就開始學習「搞定」的愛好者，我見證了許多人學習這套理

論後的改變，最近一位在深圳工作的台商朋友和我分享他學習「搞定」後的 3 個心得：

首先，他開始在桌面放置實體收件匣（參見第 5 章），整理工作時的各種紙張及物品，辦公更有效率。

第二，他修正了行動清單類別（參見第 7 章），增加了「等待清單」、「@深圳宿舍」、「@台灣家」，他會寫下回台灣時可以陪孩子做的事情。

第三，用每週檢視的 11 個步驟（參見第 8 章的 226 ～ 229 頁），每週一次檢視系統，尤其是清空大腦及最後大膽展現創意的步驟，對他幫助很大。

朋友說，他因此更能高效工作，而且壓力大幅降低。一方面，我為他的學習及實踐結果感到高興；另一方面，我也相信閱讀本書的你，一樣可以做到高效工作、從容以對。

加油。

（本文作者為台灣首位 GTD 課程講師）

新版簡介

接下來大家會讀到的是經過重新編寫、與 2001 年出版的第一版《搞定》（*Getting Things Done*）截然不同的內容——某種程度上可以算是**重寫**了。事實上，為了找出並更改不完整、過時及其他無法保持本書最佳功能或「長青」狀態（以作為在 21 世紀和未來仍然全球適用、貼切又實用的工具書）的部分，我把初版手稿從頭到尾重新打過一遍；同時，由於我不斷以不同方式來運用 GTD（Getting Things Done 的縮寫，以下簡稱為「搞定」）模式[1]，因此也希望能將《搞定》出版後的所見所學、與之相關的重要又有趣的事物涵蓋在新版書中；其中包括了我本身對其能力、含義和應用範圍更深入的了解，以及世界各地應用此模式的情形。

我在重新評估本書時，發現無需更動基本原則與核心技巧。當我寫新版、再次讀到自己曾寫過的內容時，了解到過去所描述的無壓力提升工作效率，以及如何用最佳技巧來達到這個目標的核心依然沒變，而且在可預見的未來中都不會改變；這是個令人倍感欣慰的過程。人們在 2109 年讓宇宙探索隊降落在木星上

1　在世界各地，GTD（Getting Things Done 的縮寫）都成為本書所介紹的模式的熱門簡稱，中譯為「搞定」。

時，仍然需要有控管秩序的原則，和現今並無不同。人們還是需要有個「收件匣」（稍後會解釋）來捕捉所接收到、未曾預料到，或具有潛在意義的訊息，以便在第一次探險中，能充分信任自己對專注目標所做的決策；而決策「下一步行動」的過程，則對成功執行任何一項任務來說，都是不可或缺的必要條件。

從初版至今，我們的生活方式和工作領域確實有所改變，因此我在基本教材中做了適當的調整，也分享了一些嶄新而有趣的新事物，不論是對「搞定」模式的新手，或是希望了解此模式最新發展而閱讀此版本的愛好者，都提供了可應用的建議。

新的世紀與發展

以下是影響本次改版最深的關鍵新潮流：

數位科技的崛起

摩爾定律（Moore's Law；指數位處理器的能力將不斷提升）的持續演化，以及數位科技融入日常生活對社會與文化產生的影響，都帶著令人驚喜的浪潮不斷席捲而來。但由於《搞定》的首要目的是人們需要管理的內容和意義（無論以電子或紙本等形式呈現皆屬之），因此，某種程度上來看，科技對於「搞定」而言並沒有太大影響。基本上，一封提出需求的電子郵件，意義和在茶水間被告知需求是一樣的，而兩者所需的加工方式也並無差別。

然而，這個網路與實體世界，同時改善、也惡化了我們該如何應用捕捉、理清和存取有意義事務的實踐。雖然現在有許多幾乎每天都會接觸、成效卓越的超級工具和APP，但擁有過多選擇卻也很容易使工作效率短路。在這個持續進化的科技時代中，要一邊找到最適當的工作流程方法、一邊確保自己懂得運用最新科

技，的確會導致許多壓力產生。

因此，我更改了先前對於哪種工具最適合用來加工哪些事項的建議，並承認這是個科技和手機無所不在的新世界；同時，我刪除了初版中對大多數軟體的引用參考和意見，因為該領域的創新速度顯示，任何軟體都可能迅速過時、更新，甚至是當你讀到相關內容時，該軟體就已經被其他程式取代了。我現在已經跳脫了過去的思維架構，並提供可衡量任何工具實用性的宏觀模式。

由於許多年輕的讀者認為自己不再需要任何紙本，因此我在新版中仔細推敲該花多少心力說明紙本工具和材料（特別是在捕捉、參考資料與孵化事項的部分）。雖然我自己也面臨了淪為過時和老派的危機，但最終還是決定留下初版的大方向與多數意見，因為世界各地的潛在讀者群中，還是有些人需要用到紙本資料。矛盾的是，高度數位化族群 [2] 回歸使用紙本的現象也再次浮現。人們是否有天真的再也不需要紙本工具，只能讓時間來告訴我們了。

24 小時不打烊

人們常問我，「搞定」模式究竟能提供這個行動導向、網路至上，且不眠不休的世界什麼新建議。

沒有最新的事物，只有更快的頻率。

在過去，加工那些時常出現、狀況複雜的潛在重大訊息，或許對特定的傑出人士來說是勢在必行的行為，例如拿破崙征戰歐洲、巴哈創作音樂、安迪沃荷決定展出或畫些什麼作品等。然而，目前世界上幾乎所有人都能隨時透過網路、媒體接收到這類具有潛在「重要性」或與自身相關的資訊。透過科技接收訊息

---

2 我在寫這段文字時，正在從美國搬到歐洲，並嘗試將個人的實體物品降至最低。因此，我將檔案夾系統（這個系統我用了 30 年，詳見第 213 頁）裡的東西全部掃描上傳；如果當初留有紙本，有些事的確會更容易處理！我已經開始對此感到懊惱了。

帶來的大量機會不僅讓人獲得極大利益，也讓人暴露在高量、快速與善變的風險中。若你天生對社區中的警鈴或派對上他人興奮討論的話題懷有強烈好奇，那麼面對科技產品造成的強勁干擾，就很可能成為受害者。個人對運用科技的經驗好壞，取決於如何應用本書的作法。

「搞定」模式的全球化

常有人問我：「『搞定』是否適用於其他文化？」答案永遠是肯定的。本書的核心訊息與人性息息相關；就實用性來看，目前也尚未出現任何文化差異——憑良心說，更沒有遇過性別、年齡或個性上的差異問題。雖然每個人對「搞定」的需求、認知、對自己的意義解讀確實不同，但這源自於各人不同的人生階段、工作性質，以及對自我改善的興致，而非上述各項因素。在實踐上，人們會因為與「搞定」產生的共鳴，而更貼近世界各地、成千上萬的「搞定」使用者，甚至比自己跟鄰居或表弟之間的關係還親近！

> 任何人擔起責任，面對超過自己所能負荷的工作量時，都有機會比腦中想像的更優雅流暢地完成。

「搞定」的資訊在本書初版問世後就傳遍了世界各地。初版曾翻譯超過30種語言，而我們的公司也在許多國家設點、教導本書介紹的實踐方法，並提供培訓課程。雖然當初寫這本書時就對此模式拓展國際版圖有信心，但多年來的事實發展更不斷證實這一點。

涵蓋更多使用者經驗

撰寫《搞定》的原動力來自於，希望為我所創立、測試，並在許多企業培訓與發展領域中實踐過的方法論，設計一本**使用說明**。書中的範例、風格、樣式與

感受都再再顯示，本書最初的目標客群是經理人、高級主管和高階專業人士。雖然本書可能同樣對家管、學生、牧師、藝術家，甚至退休人士來說深具價值，但在當時，專業人士更了解我所提供的協助及其自身需求，並以此作為追求職涯發展、工作效率，以及保持思緒清晰的手段。這些人不僅在資訊洪流及瞬息萬變的商業世界中位於第一線，更擁有得以處理這些問題的豐厚資源。

> 「搞定」不僅是完成事情，更關乎如何正確面對工作和人生。

如今，世界各地對於**專注**、**掌握**與**放鬆**所能實現的成果普遍產生興趣；此外，人們也體悟到這不只是針對商務人士的一次性「時間管理」解決方案，更是一種生活態度，也是大多數人面對當今世界必須具備的能力。我經常得到來自世界各地、不同族群的實證，說明了不同狀態的人們透過應用某些「搞定」的方法後所體驗到的生活價值轉變。對於「搞定」的需求不斷增加的全球現象，也激發了我重新形塑不同範例與文字敘述的熱情。

從這個角度來看，我必須承認，連本書書名都可能誤導人們這是在提倡更賣力工作、工時更長來搞定**更多**事。可惜的是，「工作效率」（productivity）並不等於「事業」或「忙碌」；事實上，本書主題並不在於**做完**所有事，而是要推廣**適度應對**個人世界的方式，也就是指引你在任何時刻都能做出最佳決策，並排除當下未處理事項所帶來的干擾及壓力；最後得到的清晰思緒和心理空間，不僅對商業世界中的專業人士有益，更能讓廣大群眾受惠。

某些驗證「搞定」價值的有趣實例，來自於意想不到的領域；例如世界最大的金融組織領導人、美國人氣喜劇演員、全美最多人收聽的廣播電台主持人、歐洲知名財團執行長，以及非常成功的好萊塢導演，都將他們在人生和工作上的獲益歸功於「搞定」。此外，來自不同信仰的神職人員的回饋也讓我大開眼界；雖然這些人的職責在於處理另一個世界的種種，但他們卻同樣煩惱該如何從日常瑣事中抽身，找出更多時間和信眾相處。其他自詡為「搞定」擁護者的名單（像是

學生、設計師和醫生等）更是不可勝數。

多年來，我發現我們都是這場賽局的參與者；現在正是個拓展架構來容納所有「搞定」使用者的絕佳時機。

實行「搞定」所需要的條件

沒錯！本書所建議的最佳實踐方式很簡單，但以下兩種現象令我非常驚訝：(1) 對某些人而言，本書提供的資訊和建議的分量令人不堪負荷，導致無法實踐；以及 (2) 對多數人來說，將其中某些基礎作法培養成習慣需要花許多時間。

由於我一直以來都很抗拒「簡化」這個模式及其細節，因此不知道自己是否能克服「有太多內容要吸收」的異議。《搞定》初版中有針對如何完整落實此模式提供鉅細靡遺的指示和建議，新版也保留了這些內容。我知道對許多剛接觸「搞定」的人來說，一口氣把將所有方法整合到生活裡不是件舒服的事。但若想「放手一搏」，不妨就試著運用書中的指南吧！

> 生命中所有值得達成的目標都需要練習。事實上，生命不過是一連串的練習、持續努力精進各項動作。一旦了解正確的練習機制，學習新事物就會變成毫無壓力、歡欣而平靜的體驗，亦即可以穩定人生各種領域，並在困境上推動正確價值觀的過程。
>
> ——湯瑪士·斯坦納

如果想學打網球，我不會藏私網球的基本概念，而會帶入精湛球藝的願景，以及為達到該程度所需的學習層次和練習。這次新增的第 15 章中，我試圖描繪出「搞定」的深度及廣度，讓人當下就能運用讀到的內容，只要實行你能接受的範圍就好。新版對於「嘗試重整個人行為模式」這項艱鉅任務，加入了更多善意與敬意。事實上最有效的方法，就是一步一腳印、按部就班地慢慢實行。

然而，最困難的關鍵在於，如何應用、將之培養為永久的習慣，直到只需付出最低程度的專注力（或稱為「動力」），並轉變成維持心理與生理平衡的日常

生活的一部分為止。我無法假裝自己是指導別人改變習慣的專家，反而比較像是找出、精煉無壓力工作效率管理的實踐方法[3]。其實「搞定」所需的行為條件對每個人來說都不陌生，也很簡單。動筆寫下事情、決定所需的下一步行動、在清單中記錄備忘提示並定期檢視——會有多難？大多數人都承認自己需要這麼做，但會持續的人卻少之又少。這些年來我一直相當訝異，原來對某些人來說，持續將不必要的干擾拋諸腦後是件極大的挑戰。

認知科學的研究證據

與當初世紀更迭時相比，現在我再也不覺得自己是孤軍奮戰了；從初版至今，已出現許多能證實本書原理和實踐方法的科學研究。本版新增的第 14 章（「搞定」模式與認知科學）即收錄了一些這方面的驗證研究。

> 值得存在的事物，就值得被理解，因為理解即為存在的表象；平庸與出色的事物皆是如此存在。
> ——法蘭西斯·培根

若是初次接觸「搞定」

在讀了這麼多介紹後，不妨就進一步多了解一些，甚至深入實踐吧！我將《搞定》的結構設計為一本使用手冊，就像一本烹飪書，包含了基礎原則，也具有許多烹調和上菜的層次，並提供足夠數量的特定食譜，讓你在未來能無限次煮出美味晚餐。若新版的書籍簡介寫得夠好，可能會激勵你想立刻進入下一章開始學習。本書所呈現的「搞定」原則已證明能在學習和實踐上帶來強而有力的體

3　查爾斯·杜希格（Charles Duhigg）所著的《為什麼我們這樣生活，那樣工作？》（*The Power of Habit: Why We Do What We Do in Life and Business*）是探索這個領域的絕佳資源。

驗；此外，你也可以跳著讀（瀏覽文字）、偶爾仔細閱讀一兩段，本書的書寫方式能滿足這樣的需求。

若曾經體驗過「搞定」

即便如此，這仍然是本全新的書。雖然書中資訊多年來曾以多種形式呈現，但無論任何人在何時重讀此材料，仍會感到：「天哪！這跟之前讀過、認識和吸收的內容相比，簡直是截然不同的資訊和視角。」就連已經讀過《搞定》初版多達 5 次的人都曾表示：「每次讀都像是本不同的書！」這種感受跟了解某個軟體基本用法一年後、重新閱讀操作手冊的經驗非常類似。你將會對於那些能立刻做到（而且之前可能也曾做到）的超酷項目感到驚喜、充滿熱情，只是先前因為在設定該軟體時，必須專注在其他重要問題而無法察覺、實踐那些項目。

無論曾在何時讀過、已讀過《搞定》初版幾遍，抑或是曾參加過任何研討會、輔導會、網路研討會、podcast 或「搞定」相關的任何發表會，我保證，都能在這本新版中體驗到既新穎又能完全吸收的互動感。本書內容將激發你許多全新的想法，並將這些想法融入既有的架構和工具裡。

切實執行木書及其包含的資訊，將能隨時提供充滿正向思考的高效心態，來面對生活及工作中的重要事務。

歡迎來到《搞定》

　　歡迎來到這個豐富的黃金礦脈——這裡充滿了讓精力更充沛、更加放鬆、面對事情思慮更清晰而更專注，並得以事半功倍、完成更多事項的洞見與策略。若你跟我一樣，不僅喜歡把事情處理好，也渴望盡情享受人生，或許會覺得太努力工作就可能忽略享受人生，而不知該如何取捨。然而，這不一定是選擇題；在日常工作世界中，的確可以一邊有效完成該做的事、一邊享受人生。

　　我認為「效率」是件好事。或許你目前正在處理的事很重要、很有趣、很有用，但也可能不是，卻還是必須完成。若為前者，你會希望所投資的時間和精力能得到越多報酬越好；若為後者，則會想盡快完成才能去做其他事，同時要避免留下任何麻煩的細枝末節。

> 放鬆精神的技巧與從憂慮煩惱中跳脫的能力，或許就是大人物成功的秘訣之一。
> —— J.A. 哈特菲爾德

　　無論你正在做什麼，比起一邊思考其他該做的事（下班後和員工喝杯啤酒、午夜時凝視著睡在搖籃中的孩子、回覆另一封電子郵件，或是開完會後花幾分鐘與潛在客戶攀談……），若能確定自己當下在做的就是目前最需要處理的事，就會感覺更放鬆、更有自信。

　　教導人們如何隨時在需要或想要的時候，放鬆心情並將效率最大化，就是本

書的主要目的。在分享這個資訊並且於世界各地（包含不同環境、不同個性和年齡層的人群）見到最佳實踐方法多年後，我可以毫無疑問地證實：「搞定」模式是有效的。

要如何知道自己在任何時刻所執行的事，就是該做的事呢？世界上沒有任何軟體、研討會、新型筆電、智慧型手機，或甚至是某個人的任務職責，能提供一天 24 小時的時間幫助你簡化待辦事項，或替你做出這個艱難的決定。

善加利用這些工具確實能支援你的決策，但光靠這些是無法帶來掌控力和專注力的。更重要的是，一旦學會如何將工作效率提升至某一層次，便會從這個階段畢業，或被迫接受下個階段的職責與更高的目標，隨之而來的挑戰完全不是任何單一公式、流行用語，或新的數位行動裝置可比擬，而可能讓你在工作與生活的下一階段中，難以保持在最佳狀態。你可能已經建立了目前還堪用的個人習慣和工具，然而，一旦面臨任何重大改變，例如工作上的劇烈調動、迎接第一個寶寶或買房子，都會再再考驗其持久性，同時也可能讓你感到非常不舒服（甚至帶來一場浩劫！）。

> 說到方法往往有上百萬種，但原則卻時常寥寥無幾。掌握原則的人可以成功選擇自己的方法；而嘗試各種方法卻忽視原則的人，必然將面臨困難。
>
> ——拉爾夫‧愛默生

雖然沒有百發百中的技巧或工具，能讓我們達到完美整理事務與最佳工作效率的境界，但還是有許多可以採用的特定步驟。多年來，我發掘了幾個大家都能學會運用的簡單流程，不僅能大幅提升人們積極主動、有效處理繁瑣事務的能力，也能和優先順序保持連結關係。此外，這些實務經驗也證明了「搞定」不受時空限制，不論你是正在努力管理課業的 12 歲學生，還是從上次董事會後便試圖重新調整公司策略的高級主管，這些步驟都同樣有效。

接下來你會看到的，是累積了 30 多年、對於個人及組織工作效率的各種發現，亦即在工作越趨繁重、時常變動、且更加模稜兩可的世界中，指導人們如何

將產出最大化、投入最小化的導引。我（和許多同事）曾花費成千上萬個小時，指導許多一般被認為是最聰明、最忙碌的人。我們在「壕溝」中（也就是學員關上大門後的辦公桌旁）幫助這些人捕捉、理清並整理手邊所有工作和承諾。我所發現的方法確實在所有類型的組織機構、工作階層、不同文化，甚至在家庭或學校中都極度有效。根據多年來輔導和培訓最頂尖、具備高度工作效率的專業人士（及他們的孩子）的經驗，我知道這個世界正渴求著這些方法。

> 焦慮源自於管理、系統、準備及行動的不足。
>
> ——大衛·凱克奇

金字塔頂端的高階主管不僅希望能在自己、員工和公司文化中，注入一股心狠手辣的執行模式，同時也渴望維持個人生活的平衡。他們知道，而我也明白，在下班關上的辦公室門後，仍會有許多未接來電、該交辦的事項、會議和談話中尚未處理的問題、尚未理清和掌握的資深主管的職責、缺乏管理的個人責任、在上百封（甚至上千封）電子郵件中，還有數十封未處理、具有潛在重要性的電子郵件。許多商業大老之所以成功，是因為他們所解決的危機和懂得利用的機會，遠大於發生在辦公室、家裡和自己身上的問題；但考慮到當今的商場及生活步調，這個公式通常還是有些疑慮。

對於許多人來說更迫切的問題，是自己無法給予孩子的學校公演、球賽或睡覺前所提的人生問題足夠的注意力，或是在任何時候、任何場合都無法「活在當下」。我們的社會充滿了環境焦慮，亦即感覺到一股「是否有什麼該做卻沒做的事」的莫名恐懼，進而造成一種無法解決的緊張感，讓人沒辦法休息。

另一方面，我們需要禁得起驗證的工具，好讓人能有策略性、戰術性地投入專注力，不漏掉任何項目。此外，我們也需要創造出能讓盡心盡力的人擺脫壓力束縛的思考習慣和工作環境。我們需要以積極正面的工作與生活規範來吸引、留住最聰明、最有能力的人；更重要的是，為了我們所愛的人、為了自己，個人與家庭都必須培養出能提升思緒清晰、掌控力及創造力的習慣。

事實上，不僅組織機構極度渴求這些資訊，學校也很需要這類素材，因為大多數學校並沒有教導孩子該如何加工訊息、聚焦結果，以及該採取什麼行動來實現結果；此外，為了自己，我們也需要這些資訊來掌握機會，並以永續、自我滋養的方式為世界增添寶貴的價值。

我在此呈現的資訊張力、簡潔性和成效，若能現實經驗來感受的效果最好。無論是仔細閱讀或隨意瀏覽本書，一定都能有所啟發，並激勵你思考自己要如何實踐本書內容。在閱讀當下就實際採取行動不僅效果更佳，更能讓你的見解邁向更深遠、更有意義的層次；你將會意識到，努力理解這些模式能帶來的極大用處，而在嘗試應用這些方法時，或許也會發現人生的重大轉化。

出於必要，這本書必須以充滿藝術性的動態工作流程管理學，以及個人工作效率的線性模式呈現。我嘗試將資訊排列成能啟發人心的宏觀視野，並讓讀者在閱讀過程中立竿見影嘗到成效。

> 健康的懷疑往往是收集真相的最佳途徑──挑戰現狀，如果可以，就證明那是錯的。這將帶來全心投入，也是理解的關鍵。

本書劃分為 3 大篇。第 1 篇是宏觀性的介紹，提供關於「搞定」系統的簡潔概觀，說明其獨特性與即時性，並呈現最精華的基礎形式；第 2 篇則描述實踐「搞定」的方法，並以「個人教練」的角度一步步呈現出此模式的各種細部應用；而第 3 篇將更深入描繪，一旦將方法及模式與自身的工作和生活相結合，能看見什麼更加微妙而深刻的期待與成果。

無可避免的是，這 3 部分中一定會有些重複的內容。雖然核心方法相對簡單，但還是能透過本書所呈現的各種角度和教導，以不同層次的深度及細節來表達和理解。

我希望你能實際參與、嘗試，甚至是挑戰這些方法；我也希望你能自己發掘出我所承諾的方式不僅可行、還能立刻見效。此外，希望你明白，書中所提出的

一切步驟都很容易，甚至不需要任何新技巧。你已經知道該如何專注、如何寫下事情、如何決定結果和行動，以及如何檢視選項並做出選擇；你會驗證自己一直以來憑直覺做出的判斷和行動，有很多都是對的。我將提供能在更廣闊的境界中有效使用這些基礎技巧的方法，希望能鼓勵你將所有事項都納入嶄新的行為模式中，其成效勢必讓人大吃一驚。

本書將提到應用這些素材的人。過去 35 年來，我曾以獨立或小團體模式，甚至以全球培訓公司創辦人的角色，擔任過管理諮詢顧問、高階經理人輔導教練和培訓講師。我的工作內容主要是以本書所提及的方法為基礎，來擔任私人教練、舉辦研討會和講座。我（和我的同事）至今已和數千人個別合作過，並在世界各地的私人及公開研討會中培訓了上百萬人；我們至今仍持續與世界上最優秀、最聰明的人士互動，而這就是我的經驗與範例來源。

與此同時，我也是個學生。就跟所有人（包含最傑出的人）一樣，我有時也會失控並模糊焦點。為了讓自己維持在思慮清晰的最佳狀態，我也必須時常練習書中講述的實踐方法。就如同第 15 章所說，這是一套終身的生活風格習慣，一定要用更高、更成熟的層次應用到這個世界。本書分享的內容都經過我個人實地練習、檢測其正確性，且至今仍然持續使用。

我其中一位客戶對本書的承諾下了非常精準的描述：「養成應用『搞定』原則的習慣，拯救了我的人生；忠實應用這些原則的態度，改變了我的人生。『搞定』是抵抗日常救火隊（上班時發生的突發狀況與危機）的最佳疫苗，也是許多人用來治療自我失衡的最佳解藥。」

第 1 篇

搞定的技巧

gtd®

第 1 章
新時代要用新方法

即使日理萬機，但仍腦袋清醒、好整以暇，讓繁重工作有效運轉，這種境界是可能達成的。效率提升、效益增加，這是生活與工作的最佳狀態。全神貫注於正在做的事、當下全然投入，是最棒的時刻。這時候，感受不到時間流逝，整個人全身心投入、全力以赴於眼前該做的正事。這時你完全準備好了，處在「啟動」的狀態。

這是現今專業人士的工作風格，對於負載過多、忙於處理大量雜務的聰明人來說，這也是必備的模式。在此原則下，才能全力執行當下最有意義的事。

> 一次只做一件事，而竭盡所能去做這件事，這種人最幸福。全神貫注於當下，完全投入此時此刻，我們才會注意到眼前的機會。
> ——馬克・范多倫

要達到這種健康且高效能的狀態，不用多學其他的技巧，你早就知道所有應有的能力，但如果你和多數人一樣，感覺被一堆方法淹沒，那就必須以系統地運用這些技巧，才能駕馭這個方法論。雖然本書提到的方法與技巧相當實用，也基於常識設計，但大多數人積習難改，有些不良習慣必須矯正後，才能從這套方式中獲益。修正理清吸引你注意力的大大小小事務，細膩處理日常工作的關鍵環節，對你的做法會帶來重大的翻轉。這是一種「變革」。

本書提出的方法根據 3 個主要目標：

1. 將所有必須完成的事，或對自己有意義的事（無論現在、以後、某天要做的，以及大大小小的事），全數收集至可靠的系統中，不用大腦記憶，也不必多費心思去想。

2. 針對你容許進到生活中的所有「雜事」（stuff），監督自己進行前期判斷（front-end decision），維護好一份「下一步行動」的清單，並有重新協議行動的餘地。

3. 行動的內容要經過管理與整合，管理好對自己及他人不同高度的承諾，並能在任何時間點完成對自己及他人做出的承諾。

　　本書提出一套經過驗證的方法，提供實用的工具、提示、技巧與竅門，幫助落實一種高績效工作流程。你會發現，這些原則與要領在執行個人生活與職業生涯[1]事務時，能立刻派上用場。你可以和已經實踐過這套方法的許多人一樣，將這套動態操作模式融入你的工作與生活中；也可以在覺得必要時才拿出來使用，讓自己重拾生活及工作的主導權。

問題：更多的要求，不足的資源

　　我近來遇到的人都覺得要處理的事情太多，卻沒足夠時間全部搞定。在某個為期一週的課程中，我諮商服務的對象裡有位全球大投資公司的合夥人，他擔心剛承接的管理職務壓力過大，會無法兼顧家庭。還有一名中階人力資源經理，為了分公司要在一年內將人力從 1,100 人擴增至 2,000 人的目標，每天要卯勁處理 150 多封電子郵件。她如此拚命是為了讓自己保有週末的正常社交生活。

---

1 以最普遍的理解來看，我認為「工作」是指，你希望或需要與現在有所不同而做的任何事。很多人會區分「工作」與「職業生涯」，但我不會；對我來說，庭院除草或更新遺囑，負荷都不亞於寫書或輔導客戶。本書的方法與技巧同時適用於必須講求效益的生活與工作領域之中。

這個新時代出現了矛盾：人們生活品質提升的同時，又承擔超乎自己能力的責任，將更多壓力往身上攬，落入「貪多嚼不爛」般的處境。因為選擇與機會過多，導致抉擇與決定的壓力太大。而絕大多數人對於改善這種情況，感到挫敗與茫然。

工作不再有明確的界線

壓力不斷增加的主因在於，工作的本質已急遽改變，就算參加了各種教育培訓，但是仍然難以追上變化。在 20 世紀後半，工業化世界裡「工作」的內涵，就從生產線製造與搬運的形式轉型，變成彼得・杜拉克形容的「知識工作」（knowledge work）。

從前，工作內容不言自明：田要犁、機器要加工、貨品要裝箱、牛要擠奶、船舶要運轉……。人們很清楚該完成的任務，因為工作一目瞭然，何時大功告成或未完成都一清二楚。提升生產力的重點，只在讓工作流程更有效率，或是更賣力工作、拉長工時即可。

而今，對許多人來說，大部分的專案是無邊界的。我認識的大多數人，手上至少有六個任務需要即時處理或必須改善，但就算用上大量時間也無法盡善盡美地完成。許多人陷在兩難困境：這場會議的效果能多好？本次訓練課程能達到多少效益？主管薪酬福利結構是否合理？該如何好好管教小孩？正在撰寫的部落格文章怎樣才會更好？即將召開的員工會議能提振多少士氣？你希望能達到的健康水平為何？應該如何改善？公司部門重組能發揮多少作用？最後，為了讓專案能做到「更好」，需要用上多少相關資料？答案是：無限多，因為透過網際網路，資料唾手可得，取之不盡，用之不竭。

只要有足夠的資料，所有專案幾乎都可以做到更好，而現在能夠取得的資訊不計其數，更讓這項目標可能實現。

另一方面，工作缺乏邊界，導致了每個人**工作份量增加**。現今許多組織的任務目標，都需要跨部門溝通、合作和參與。辦公室各自為政的壁壘正在削弱（或至少在情勢所迫下必須如此），任何部門需要平行合作，因此想要不看到行銷部、人力資源部或臨時專案委員會等單位轉寄的電子郵件，簡直不可能。除此之外，當網際網路把親友及家人間距離拉近，長輩手上的智慧型手機和我們維持「連線」狀態，花費的時間也更多了。

日新月異的通訊科技，導致我們生活和工作無法劃清界線的現象倍增。21世紀的第二個十年，眾人對於隨時「連線」的負面影響開始擔心，助長這種現象的是全球化（像我有一半的團隊在香港，其他重要成員則在歐洲的愛沙尼亞〔Estonia〕）、虛擬工作與網際網路的便利；另一個助長「連線」負面影響的關鍵，是口袋與手腕上的科技新發明，它們的性能比 1975 年體積占用一整間房間的電腦還強大。

因此，不僅工作及其認知邊界模糊不清，要花多少時間，或應該在何處工作也不確定，還增加了許多對我們有價值且隨時可取得的各種數據資料。

不斷變化的工作與生活

專案與工作各方面的分裂，對任何人來說都是很大挑戰，這包含兩個變數：我們工作領域不斷變更定義，及生活領域中頻頻改變的責任與利益。

我常在研討會上問大家：「在座哪位目前的職務，是當初應徵時講好的工作？同時，有多少人過去一年的個人生活沒碰到任何重大改變？」結果在場舉手的人寥寥無幾。由於工作邊界難以釐清，除非讓你擁有足夠的時間做特定任務的工作，才可能對自己責任範圍該做的事、做多少與做到什麼程度，能夠瞭

> 過去 72 小時，大多數人接觸到的改變、新增專案與優先順序調整，可能比我們父母輩一個月、甚至是一年的份量還多。

面對新事物永遠無法準備到一百分。我們必須調整自己，但是大幅度的調整將危及自尊。我們唯有接受試煉，證明自己。無畏地面對劇變，以自信當依歸，真實面對劇烈的改變。

——艾力克·賀佛爾

若指掌。此外，假設你對生活各層面的掌控能力很高，例如：沒有搬家、人際關係沒有生變、你或摯親的健康與生活方式沒出問題、財務沒有意外狀況、沒有刺激引動新方向的計畫、職業生涯沒有大幅改變等，或許就能管理生活的步調與系統，做到相對穩定。

不過，這麼好命的人少之又少，有 3 個原因：

1. 現今組織由於目標、產品、合夥關係、顧客、市場、科技與老闆變化迅速，所以普遍處於不穩定模式。這些變動狀態必然會影響組織結構、形式、成員角色與職務。

2. 現今的專業人士更像是自由工作者，變換行業的次數，就和過去父母輩在組織內換崗位的頻率一樣，這些 40、50 歲的專業人士奉行「不斷成長」的準則，並更貼近社會潮流，而且在「專業、管理與高階成長」上等各方面都要罩得住。簡言之，他們不會長時間待在目前的職務上[2]。

3. 當文化、生活方式與科技變化快速時，個人更加注重個別的特殊狀況。比方說，年長父母的醫療照護、失業孩子要回家同住、治療突如其來的健康問題，或者伴侶毅然創業等，突發事件比過往更常發生，影響也更大。

想要工作長久維持在分際明確的狀態似乎不太可能。你在辦公室、家裡、飛機上、車上、附近咖啡館，究竟在做哪些工作？週末、星期一早上、凌晨三點醒來、放假期間又在做什麼事？另外，想把事情做好可能得投入哪些元素，或多少助力？我們接受大量的資訊與信息，又從他人與自己心裡產生大量想法與共識。

---

2 由於 21 世紀初期發生經濟大衰退，許多人想在退休後繼續工作，導致工作需求增加，而常需發掘其他謀生途徑，也增添了不確定性。

然而，面對這些需投入的心力，我們並沒有做好準備。

在高科技、全球連網的世界裡，除了不斷變化，有任何事情是新的。從前變動的步調較緩慢，人一旦度過生活及工作無常後，往往還能維持工作狀況穩定很長一段時間。如今，大多數人活在連休息都嫌奢侈的世界。在你閱讀這段文章之際，仍然分心於掛念其他生活事務，或者有股衝動想去收一下電子郵件，確認有沒有重要的新郵件，那麼你正處於「怕錯過火車症候群」（don't-miss-the-train syndrome）的狀態。

力不從心的舊模式與習慣

學校教育、傳統的時間管理模式，以及坊間滿坑滿谷的規畫工具（包含數位與紙本的形式）等，都無法有效解決各種新需求。如果你試過這些方法或工具，可能會發覺它們根本無法順應當今工作的速度、複雜度和優先順序不斷轉換的現況。這是百家爭鳴的時代，為了掌控專注與放鬆的能力，需要新思維、新模式、新方法、讓科技與工作習慣幫助我們駕馭世界。

傳統的時間與個人管理方法，在過去曾經風雲叱吒，當勞動力從工業生產線型態進入新工作型態時，傳統的方法提供了有益的參考，包括如何選擇該執行的事項與何時判定該做的工作。當時間本身變成工作要素時，個人行事曆即成為工作的核心工具（甚至在 1980 年代，很多專業人士仍然認為，隨身行事曆是工作井然有序的要角。至今也有很多人依舊覺得行事曆、電子郵件與文件收件匣，是運籌帷幄的核心工具）。當「自由支配時間」（discretionary time）出現，就需要從工作列表選出該做的事情，於是衍生出標示優先順位（如 A、B、C 或 1、2、3）與建立每日「待辦事項」清單等重要技巧，協助人們以有意義的方式篩選所有抉擇。既然擁有自由決定想做的事，就要負責釐清優先順序、做出適切的抉擇。

你可能多少已經發現，如果要對種種事務瞭若指掌，行事曆再重要也只能對管理稍有幫助而已。再者，事實證明，每日待辦事項清單與簡化的優先順序，不足以因應一般人龐大的工作負荷，以及工作本身的多變特質。工作與生活是由上百封電子郵件與文件堆砌出來的，來自公司或家人的邀請、投訴、訂單或通信⋯⋯全部不容遺漏。鮮少有人能夠按照期待、根據輕重緩急排好每件事的優先順位，也沒有人在接到老闆或另一半的電話、即時訊息、干擾後，可以原封不動地維持之前決定好的待辦事項清單。

難以兼顧的大局與細節

另一方面，大量商管書、商業模式、研討會與權威大師都推崇將「大局觀」（bigger view）當成因應複雜時局的解決之道。大局觀的重點在於：先釐清主軸目標與價值，再將想法付諸行動，為工作下達指示、賦予意義與方向。不過在實務上，立意良好的價值思維，在實行上往往達不到預定成效。

> 風與浪永遠偏袒最有本事的航海家。
>
> ——愛德華・吉本

由價值觀著手但努力卻付諸流水的例子很多，有 3 個原因：

1. 每天工作中有太多外界干擾讓人分心，因此無法將注意力集中，關注層級更高的問題。

2. 成效不彰的個人規畫管理系統，下意識產生極大的抗拒心理，因此在面對更複雜及棘手的專案與目標時，這種情緒會妨礙行動的推進，又會導致更多的分心及壓力。

3. 當確切釐清更崇高的價值，我們自我要求標準提升，就會注意到有更多事必須改變，但大家原本就對應接不暇的事務強烈反感了，沒錯，就是釐清價值觀這件事情，讓我們待辦事項清單的工作數量暴增！

當然，專注在主要成果與價值觀至關重要，有時在做困難抉擇之際，這會提供必要的衡量標準，例如：何事該中止，以及在過多選項中最應關注的事。不過，這不代表完成任務的過程中事情或挑戰會減少，事實正好相反，這只是在賭博中賭注再加碼，仍然必須每天在賭桌搏戰。舉例來說，人力資源主管為了吸引與留住核心人才，下定決心要處理職場工作及生活平衡問題來留住人才，他的工作沒有變得比較簡單。還有，當母親體認到十幾歲的女兒在離家工作或上大學之前，共度的幾個假期很重要，會為女兒帶來寶貴的體驗，這也不會讓母親的事情變輕鬆。即使拉高思維與承諾的品質，該做的事情，還是一樣的多。

在知識工作中始終缺了一角：一套緊密結合人類行為與工具的系統，在任務降臨之時有效發揮功能。大局著眼，小處著手、管理不同層級的優先次序、管控每天上百件新接收的事項，而維護這套系統要容易，節省更多時間與精力，也更輕而易舉搞定事情。

> 混亂不是問題，花多久時間找出事物相互間的關係才是真正的賽局。
>
> ——杜克·齊德瑞與
> 布魯斯·克賴爾

承諾：武術家的「一切就緒」狀態

深思一下，如果你無論何時都能全面掌握自己的狀態，可能會呈現何種樣貌？心靈完全澄明，任何事都不會牽絆你。可以心無旁鶩、隨心所欲全心投入當下的狀態又是怎樣？

這種境界是可能達成的。從容駕馭一切、花最少的力氣完成有意義的事，兼顧生活與工作各個層面……，這是可能實現的。置身在複雜的世界中，仍然可以體驗到武術家「心境如水」（mind like water），以及頂尖運動員所謂的

> 無論是擦亮窗戶或嘗試寫出傑作，漫不經心必然活不出真實生命。
>
> ——娜迪亞·布蘭傑

「化境」（zone，或譯為「忘我」、「身心合一」）狀態。事實上，你可能曾體驗過這種狀態。

「心境如水」是一種工作、行動處於頭腦清楚，建設性想法層出不窮的狀態。每個人都可以「心境如水」，想有效處理 21 世紀複雜的生活，大家對這種境界的需求會日益增強。任何人若希望能在工作與生活中維持平衡、持續獲得正向的成果，就需要「心境如水」的境界。世界級的美國划船運動員奎格‧蘭伯特（Craig Lambert）曾在著作《水上的心境》（*Mind over Water*）中，描述這種感覺：

> 划船運動員會用一個詞來形容流暢狀態：擺盪（swing）。……回想一下盪鞦韆這件單純的樂事：輕鬆來回的動作，動力全來自鞦韆本身。鞦韆會帶著我們擺盪，我們不必用力、腿伸直與回勾就能讓自己盪得更高，但盪高的主因來自地心引力。與其說是我們在盪鞦韆，倒不如說我們被盪了起來。同理，當船載著人，是船身帶著我們移動更快：船兒就像輕鬆哼著歌，在航道上快速自然地前進。我們的任務只是與船身合作，不要為了加快速度而使勁划水，讓船反而減速。過度用力反而會讓船速度更慢。有些人為了躋身貴族階級竭力攀高結貴，這只會證明他們並不夠格，因為貴族根本不必如此費力，一出生就已是這個位階。擺盪（swing）正是處在這個「位階」狀態。

「心境如水」的比喻

空手道用「心境如水」的意象來解釋一切就緒的狀態。想像將小石子丟向平靜無波的池塘，池水的反應是什麼？答案是：會依石子投入的力道與質量，反應

出相對應的漣漪，最後水面再度回復平靜。池水不會反應過度或不足。

> 你多放鬆，就能迸發多大的力量。

水就是水，只是展現水的本質。可以淹沒一切，本身卻不會被淹沒。時時平靜無波，卻又不會不耐煩；可以被迫改變流向，但又百折不撓。懂了嗎？

空手道出拳的力道是來自速度，而非肌肉；在揮擊最後階段所展現的「爆發力」就是力道的來源。這就是塊頭小的人也可以學會徒手劈開木板與磚頭的原因：不需靠厚皮老繭或蠻力，只要懂得借助速度形成的一股猛勁即可。不過，當肌肉緊繃速度就會減慢，因此在高階武術訓練中，平衡與放鬆是教學與要求重點。清除雜念並敞開心胸、適當反應是關鍵所在。

會造成你反應過度或反應不足的事情都會反過來控制你，這種事情反覆發生。當你回覆電子郵件、回應某個特定行動，以及應對小孩或老闆時，沒有拿捏好分寸，就會導致無法達到預期成效。大多數人對事情不是過度關注，就是太不專注，就只是因為他們沒能拿捏好「心境如水」的心態。

你能在必要時刻進入「高效狀態」嗎？

回顧一下上次進入「高效狀態」的經歷，你可能會覺得一切如在股掌，絲毫不感到緊張，全神貫注在工作中，時間彷彿消失了（怎麼已經是午餐時間？），而且覺得工作起來充滿了意義。你想再度體驗這種感覺嗎？

> 將心倒空，隨時接納一切，為萬物敞開。
>
> ——鈴木俊隆

萬一你與這種狀態背道而馳，覺得無法掌控情勢、壓力大、無法專注、厭煩與受困時，你有辦法再進入「高效狀態」嗎？這正是本書的宗旨，「搞定」（Getting Things Done, GTD）是套能大幅改善生活品質的方法，告訴你該如何再次回歸到「心境如水」的境界，將你的大腦才智發揮得淋漓盡致。很多人面臨一種

挑戰，當他們掉出高效狀態時，缺乏一個可以判定的「參考點」，讓他們知道已經不在高效狀態了。其實大多數人長久以來都活在壓力緊繃狀態下，不曉得日子可以活得截然不同——也就是說，可以用另一種更具建設性的高效狀態，管理自己的世界。希望本書可以激發你控管壓力的能力，知道你可以隨時降低工作壓力。

原則：有效因應內心承諾

　　數十年來，我為數千人做教育訓練，發覺了一項基本道理：大部分的壓力都源自於他們對說出的承諾管理不當。在學會更有效控制「開放式迴路」（open loops）的事情後，連原本沒有意識到自己「壓力過重」的人，都能明顯感受到變得更輕鬆、注意力更集中，工作產能也有提高。

　　你做出的承諾（commitment）可能比想像中還多，而無論承諾大小，人都會下意識持續追蹤進度。這就是我所謂的「開放式迴路」，定義是：拉走你的注意力，但是卻還沒決定要放在哪裡或如何去做的這些事情。「開放式迴路」的等級，可以大到像「根除全球饑餓」的大事業，也可以是「雇用新助理」這種比較一般的事務，甚至是「換走廊燈泡」之類的芝麻小事。

> 任何事只要放在不該放的地方，不知道執行的方法，就是一個「開放式迴路」，不能做好妥當管理，就會拉走寶貴的注意力。

　　為了有效處理這些大小事，首先，你必須先辨認與捕捉試圖引你注意的所有事；其次，理清它們對你的確切意義，接著再決定該如何採取行動。這個流程看似簡單，但實際上大多數人都不會貫徹落實地執行。他們不是缺乏足夠的知識或執行的動機（或兩者皆缺乏），最大的可能是因為，他們沒意識到這個流程沒有確實執行要付出多大的代價。

管理承諾的基本守則

妥善管理承諾，需要落實幾項基本行動：

- 首先，如果有一件事占據心思，你就無法定下心。只要你認定為「需要被完成」的任何事，就必須捕捉這件事情到頭腦之外的可靠系統中，或者是放入「收集工具」（collection tool）中，並且頻繁檢視並整理。

- 其次，必須確實地理清你的承諾是什麼，並決定你要做哪些行動，甚至訂出實現該承諾的計畫。

- 第三，一旦決定必須採取的行動，你必須在你頻繁檢視的系統中，組織並保存好這些行動提示訊息。

> 用智慧，清空你的大腦。

「清空大腦」的重要練習

就是現在，我要求你寫下目前盤據在大腦中最關心的專案或關切事項：哪件事最讓你心煩意亂、分心、感興趣，或耗掉你絕大多數有意識的注意力的事情。這可能是件「迎面而來」的專案或問題、你被迫要處理的事，或者是你覺得必須盡早處理的事情。

任何事都可以寫下來：也許是度假前必須敲定的幾項重大決定；剛收到一封電子郵件，內容提及新公寓有個需要緊急處理的問題；也可能是剛繼承了六百萬美元的遺產，卻不知道該怎麼處理這筆現金……。

明白了嗎？很好。接著請用一句話描述你希望這件事產生的理想結果。也就是說，這件事必須達到什麼程度，你才會認定它「完成」了？描述的句子可以很簡單，例如：「到夏威夷度假」、「處理 ××× 顧客的狀況」、「和蘇珊解決大學裡的問題」、「釐清新部門的管理架構」、「實施新投資策略」，或者複雜些，「解決曼紐閱讀障礙的研究方案」等。清楚了嗎？好極了。

現在，寫下要讓這件事有進展，必須採取的「下一步具體行動」。假設你手上除了完成這件事之外，沒有其他事要做，當下會採取何種明確（visible）行動呢？撥電話或發簡訊？寫電子郵件？拿筆和紙做腦力激盪？上網找資料？到五金行買釘子？或者與搭檔、助理、律師、老闆當面聊聊？你的下一步行動是什麼？

找到答案了嗎？很好。

2分鐘思考「下一步行動為何？」對你有什麼價值？如果你和絕大多數在我們的研討會上完成上述練習的人一樣，你應該會感受到控制力增強、更輕鬆與更專注。此外，對於只是停留在思考階段的你，也會感受到行動的動力增強。想像一下，當這股動力以 1,000 倍放大到生活與工作中時，會是怎樣的光景。

> 要像個行動家來思考；像個思想家來行動。
>
> ——亨利·柏格森

如果這項練習對你有用，試著想一下：發生了什麼改變？就你自身經驗，是什麼造就了改善？就現實來說，專案本身並沒有進一步發展，而且事情也尚未完成。你只是理清了期望結果與下一步行動而已，這卻是讓想法清晰、專注與平靜最重要的元素。其實，你改變的是管理你自己和周遭萬事萬物的關係。

但創造出改變的源頭是什麼？不是「把事情整理好」或「設定優先順序」，答案是：**思考**。不是想得很多，只要結合各種資源和機會，讓承諾做到即可。一般而言，人都會想很多，但大多的想法只是「想到」問題、專案或事件，而不是「思考」該怎麼做。如果進行這項練習，你需要對預期結果和下一步行動有結構性的想法，但除非持續專注及努力練習，這件事情不會憑空發生。思想在有自覺的狀況下才可能啟動，被動只能做出無意識的反射動作。

知識工作實際在做的事

歡迎體驗「知識工作」，及其深奧的運作原則：你必須考慮雜事比你想像得

深入，但又不能想像過度到你會害怕行動。彼得・杜拉克曾提到：「知識工作的任務不是別人給予的，而是靠決定『這件工作想達成什麼預期成果』產生的，這是有關知識工作者生產力的關鍵問題。下這個決定你也需要冒險，因為通常沒有正確答案，卻有好幾個選項。而且如果想要高效，你還必須明確界定出你想達到的結果。」[3]

> 每一個行動都始於想法。
> ——拉爾夫・沃爾多・愛默生

　　大部分人不會事前耗費精力去做這些事情：首先，理清事情對自己的真正意義，接著，決定該採取的下一步行動。從來沒有人教我們，其實在行動之前必須先思考；我們都認為，每天就應該有一堆未完成且難以改變的事情等著我們面對，例如去上班時，或者料理家人餐點，要洗衣服，幫孩子穿衣服等。很少人會認為自己必須專心思考，定義出預期結果與必要的下一步（情非得已時才會思考）。但事實上，想完成結果，先思考才是最有效的辦法。

為什麼事情會讓你掛心？

　　你之所以會為事情掛心，通常是因為你想要改變現狀，卻做不好：

- 還沒理清想要的結果為何。
- 尚未決定具體的下一步行動。
- 尚未將預期結果與行動的提示置入你信賴的系統。

> 持續的低生產力及身陷一堆待辦事項中，是吃掉時間及精力的最大怪物。
> ——凱利・葛里森

---

3 「知識工作」對 21 世紀許多人來說似乎是很陌生的概念，因為現今生活混雜了太多不明確的事需要做決定，必須不斷思考與抉擇。大部分的人時時刻刻活在這種狀態中（就像「魚根本注意不到水」）。人一定會不斷動腦，但大多數人仍不太明白或並未練習過思考體悟。知識工作的概念，看起來像是侷限在白領階級（在上個世紀，這個概念最初確實是指該族群），但任何人只要脫離了僅為生存而活的模式後，就會發覺自己已身在知識工作的場域中。此外，只要是曾經煩惱過小孩該選哪個學校、該給兒女哪種數位裝置的家長，也已置身其中。

因此，要到釐清思緒、做出決定，成果擺在你頻繁檢視的系統中，加上考慮好執行的時間，你的大腦才會釋放掉這件工作。你可以糊弄別人，卻沒辦法欺騙自己的大腦。大腦知道你是否已經胸有成竹，也清楚你是否已將預期結果與行動提示存在夠可靠的地方，而會在適當時間浮現在你的意識之中[4]。只要沒做好這些事，大腦就會持續超時地工作。即使你已經決定解決問題前要採取的下個步驟，除非你在某個地方設置提示，讓大腦「知道」你一定會去查看，在設置好提示之前，大腦仍然不會放鬆。如果你沒有採取下一步行動，大腦也會不斷逼迫你，若是這個當下你無力推動行動時，就會形成心理壓力，這就是事情讓你掛心的原因。

大腦也會不靈光

有趣的是，大腦的某一部分真的有點笨。假如大腦夠聰明，就會在你該做的時間前提醒你，讓你去執行。

假如你有一把手電筒，裡面裝著完全沒電的電池，大腦什麼時候才會提醒你需要添購電池？在你留意到電池沒電的時候！這實在不太聰明。如果大腦更聰明，就應該會在你經過商店中的電池貨架時，提醒你有電池沒電了，而且還要買對型號。

從今天早上醒來到現在，你有沒有想到任何該做卻尚未完成的事？這個念頭是否不只浮現一次？為什麼？惦記著這件事卻毫無進展，根本是浪費時間與精力，而且只會讓你對該做卻沒做的事更焦慮罷了。

> 駕馭你的心，否則它會駕馭你。
> ——賀拉斯

---

4 請參照第 14 章羅伊・鮑梅斯特（Roy F. Baumeister）已證實的研究。

一般人用被動的思考方式來過日子，尤其是同時面臨堆積如山的待辦事項要煩惱時。你可能已經將許多「雜事」、一大堆的「開放式迴路」（open loops）交託給內在的自己，也就是你的心。然而，心沒有能力有效處理這些雜事。已有研究證實，人類的心智會持續追蹤開放式迴路事項，這時候，不像一個有智慧、正向積極的人，心智會像一個批評者，當你需要謹慎思考的當下，反過來削弱你的執行力。

轉化「雜事」成行動

以下是我對「雜事」的定義：某些進入你的心裡或現實世界的事情，卻還沒有明確其歸屬定位，還沒決定這件事對你的意義，即預期結果與下一步行動。大多數組織管理系統不管用的原因是，並未轉化所有雜事成為行動。只要事情依舊是「雜事」，就無法管控。

> 我們必須將堆積的一切「雜事」，轉化成一份明確的清單，列出有意義的行動、專案名稱與對行動有用的資訊。

過去幾年中，我看過的待辦事項清單，幾乎只是「雜事」清單，並沒有詳細列出要達到預期結果前必須執行的下一步行動。清單提醒有許多事尚未解決，卻還沒有轉化成預期結果與行動，也就是執行所需的實際要點與細節。在這些待辦事項清單上，會看到的文字包括：媽媽、銀行、醫師、保母、行銷副總等。這些字眼製造出大量壓力，因為這些字眼雖能促使你注意到某件事，但你的心中卻同時大聲呼喊：「決定下一步行動吧！」，如果當下你沒有精力或無法集中注意力去思考與決定，那你就被這些雜事淹沒（overwhelmed）了。

雜事本來並不是壞事，吸引我們注意的事情，通常就會以「雜事」的面目現身；然而，一旦允許雜事進入生活與工作中，我們內在的自我承諾就得界定與理清雜事的意義。在職場中，無論面對一封電子郵件，或晨間決策會議中的紀錄，

每一件工作都會要求我們去思考、評估、決定與執行。這就是工作的本質。假設你不必思考這些事，可能是因為沒有人要求你。就個人而言，當允許日常生活中的問題（如：居家、家人、健康、財務、生涯或人際關係）潛伏在心裡時，就是我們的意識層面停止運作了，因為沒有去理清預期結果與必要的行動。

在我的一場研討會結尾，有位生技大公司的資深經理，看著她以前列的待辦事項清單時說：「天啊！簡直是亂七八糟一堆不可行事項。」這句話是我曾經聽過，對於大多數系統中的清單最貼切的形容。大多數人想藉由整理模糊的未定清單，讓自己變成井井有條，但他們並沒有搞清楚，為了獲得真正的效益，他們必

> 當促成行動時，思考是助力，當空想而不執行時，思考是阻力。
> ——比爾·瑞德

須收集所有需要思考的事情，然後真正去動動腦，決定要把這些事情放在何處，才能成功地做好整理的工作。

管理好行動的流程

對必須處理的人生大小事，你可以像運動選手一樣訓練自己，讓因應的速度更快、回覆更靈敏、態度更主動，注意力更集中。你可以更有效思考，管理預期結果，同時做到輕鬆及擁有控制力。你還可以將職場與生活各層面的漏洞及弱點降到最低，以最少的力氣完成更多事。此外，對堆積的雜事做出前端的決定（front-end decision，指預先理清預期結果及下一步行動），為生活與工作建立標準作業流程。

然而，在達到上述境界之前，你必須養成淨空心中想法的習慣。想辦到這一點不是單單靠時間管理、管理資訊或優先順序。畢竟：

- 你不能將 5 分鐘管理成 6 分鐘。
- 你不能管控資訊過載，過多的資訊只能被忽視，不然當你走進圖書館或上網時，腦袋非爆炸不可。

● 你不能管理優先順序——你的心中本來就應該有把衡量標準的尺。

「管理行動」其實就是管理好所有雜事的關鍵所在。

> 好的開始，就是成功的一半。
> ——希臘諺語

管理行動是主要的挑戰

　　你如何運用時間？如何使用資訊？如何運用有限的精力及注意力？這些都和你如何決定優先次序有關。這些問題都有一個共同的重要本質：「不論你要做什麼，都必須即時做出合適的選擇。」也就是說，真正重要的事情是，你如何管理好行動。

　　或許這聽起來平淡無奇。你或許不知道，多數人都會讓專案與承諾留在未決定狀態。想管理尚未界定或還沒下決定的行動，簡直難如登天。大部分的人手邊都有十幾件必須執行的專案需要分頭進行，但他們始終不清楚這些事情的樣貌。而且最常聽到的抱怨是：「我沒有時間去_____」（請自行填空），這完全可以理解，因為很多專案看起來好像做不完，其實的確也是做不完，因為你根本無法「執行」一項專案，而只能完成與專案有關的行動。很多專案的下一步行動只要1～2分鐘執行，只要是在合適的場所下採取行動，就能讓專案有所進展。

　　我培訓過數千人，發覺「時間不夠」並非真正的問題（雖然他們可能如此認定），真正的問題在於：沒有理清與定義出專案的真正樣貌，及該採取的下一步行動。在一開始察覺專案出現時，就應該要先做理清，而不是之後越變越麻煩後才想到，也就是說，一開始就理清，才能讓人從管理行動中獲益。

> 事情鮮少會因為時間不夠而卡住。通常是因為無法決定如何去做，以及在哪裡做，導致事情卡住。

　　搞定事情需要清楚界定 2 項基本要素：

　　1.「完成」（done）的定義（也就是結果）。

2.「實做」（doing）的樣貌（也就是行動）。

對大多數有大大小小事情占據其注意力的人們來說，他們沒有花時間去界定事情的意義，就很難了解上面兩個要素的意義。

實行「由下而上」方法的價值

多年來，我發覺了「由下而上」（bottom-up）提升個人生產力非常有效。由下而上就是從當前最平凡瑣碎、基礎層級的行動和承諾開始著手。照理說，最合適的方法是由上而下執行，先發掘個人與組織的目標與願景，然後界定重要目標，最後專注執行細節。然而實際狀況是，大部分人身陷例行事務難以脫身，嚴重削弱他們放眼更大格局的能力。因此，由下而上的方法通常反而更加有效。

順著由下而上的大原則進行，掌控好收件匣與大腦中的事情，結合你信賴的實務方法，是協助你在正確路徑上前進，並提供更高眼界的最佳方式。這樣的原則，釋出創意與正向的能量，支持你著眼新視角、更有信心從事創造性工作。而認真實行這些步驟的人，立刻體會到自由、放鬆與精神振奮。

> 心懷願景是不夠的，必須結合大膽的行動。望著階梯是不夠的，必須勇於踏上階梯。
>
> ——瓦茨拉夫·哈維爾

一旦能夠掌控工具落實處理具體行動，讓期待結果發生，而且這樣的方法變成你行事風格的一部分，你就已為更高一層的思維活動做好充分的準備。比起收件匣雜事這個等級的高度，的確還有更多有意義的事要思考，但如果收件匣等級的事情管理效率不彰，就會像穿寬鬆衣服游泳一樣，游得很慢。

我協助過很多高階主管，他們在白天清空繁雜瑣碎的雜事後，晚上就有心思想想和公司未來、個人生活方式有關的構想與願景。這是他們打通工作流程的瓶頸後自動帶來的結果。

橫向與縱向的行動管理

你必須以兩種角度控管承諾、專案和行動：橫向與縱向。

橫向控管（horizonal control）是把和你有關的所有行動管理好。想像你的心神像雷達一樣不斷掃描周遭環境，一天 24 小時中，有千百種需要你注意的事情及項目，例如：藥妝店、女兒的男友、董事會議、瑪莎阿姨、剛收到的簡訊、戰略計畫、午餐、辦公室中那棵快枯掉的植物、一位抱怨的顧客、該擦亮的鞋子、要買郵票、琢磨明天的簡報該做的事、存支票、訂飯店房間、取消會議與今晚要看的電影⋯⋯。你可能會很驚訝，光是一天之內自己竟然要思考與處理這麼多事。你需要一個好系統，以便盡可能完整追蹤這些事務、在正確時間提供必要的資訊，而且讓你迅速又輕鬆地從一件事切換注意力到下一件事。

相對的，**縱向控管（vertiacal control）是對個別主題與專案的深入思考、追蹤發展狀況和人員及資源協調**。舉例來說，當你和另一半在討論接下來的假期時，你內在的雷達會落在度假地點、出發時間、行程活動與準備等事項上；或者你即將重組公司部門，需和老闆做出的一些決定；又如在打電話給顧客之前，腦袋必須先更新一下這位客戶近況。這就是廣義上的「專案計畫」（project planning），聚焦在單一專案、狀況或特定對象上面，針對要處理的焦點，勾勒可能需要的任何構想、細節（至少是當時想到的），以及事件的輕重緩急與優先次序。

橫向與縱向管理的目標都是一樣的：完成專案、清空大腦，讓自己不再為這些事掛心。恰到好處的行動管理，讓你面對工作與生活各層面的挑戰時，感覺泰然自若與一切在握。對專案的深入關注，可以讓你對必要的特定環節一清二楚，便於追蹤進度。

讓自己有所改變：將所有事逐出腦袋

如果你把事情都放在腦袋裡，那要達到輕鬆掌控大小事的境界根本是不可能的。你會發覺，本書描述的一些行為，很可能是你本來就具備的能力。我的作為和其他人最大的差異在於：我是用手邊的工具捕捉及整理所有雜事，不是用我的大腦記憶。這項做法適用於一切事物，不論大事或小事、個人或職場的事、緊急或無關緊要的事，無一例外[5]。

> 掛心一件事的程度，通常與完成這件事的程度成反比。

我確信，有時面對某件大專案或無常生命，必須坐下來、列一張清單，隨後才會覺得比較能專心與重新掌控主導權。你如果曾經做過上述事情，就更能體會我談論的事情。表面上看起來，你的世界沒什麼改變，但你內心對周遭一切的感受會更舒服自在。真正明顯改變的，是「你如何融入你身邊的世界」。當你把對你有意義的事放到頭腦之外的收件匣時，這種「融合」的現象會一次又一次發生。然而，大多數人只在混亂至極、不得不採取一些行動時，才會開始寫下這類清單，但通常羅列的範圍也限定在當前煩惱的事而已。可是，如果你把將事情逐出腦袋這種習慣具體化，並檢視現行生活與工作模式，並在各領域持續維持列清單的習慣（而不是只在「緊急」的時候），你就能體會到前面描述的「心境如水」（mind like water）的境界。就我的經驗，這個過程總是會讓我看得更加深入並增加生命體驗。所以，為什麼還要耽擱呢？

> 同樣的念頭沒理由重複想兩次，除非你喜歡重複思考。

---

5 也不完全是每件事。很多時候，我也會只是「想想」而已，就是單純留意或想到那件事，並在潛意識中醞釀對那事的體認。我不會寫下一整天閃過的千百個念頭，而且絕大多數的念頭都會自己了結。會在我腦袋中形成開放式迴路的念頭包括：看到某家餐廳介紹而想去嘗試、萌生修訂本書內容的構想、想做某件事討老婆開心、有疑問想詢問會計師、想去五金行買的物品等。

面對眼前要做哪件事情，我會嘗試依直覺來做出抉擇，不會在當下思索所有的可能性。因為我老早就全盤檢視過所有項目，捕捉可靠的、思考後的結果。我不想浪費時間重複想同樣的事情，因為，這是徒勞無益地耗費創造力，徒增挫折及壓力。

況且，思緒是閃避不掉的，大腦會持續糾結於任何懸而未決的事情，但這種思緒纏繞腦袋反覆徘徊的情況，已被證實會降低人們思考與執行的能力。一旦超出了腦子裝載雜事的最大容量，大腦是會短路的。

> 一週 7 天每天 24 小時把任何「假如、可能或應該」的承諾放在心上，就會製造無法消除的壓力。

大腦的短期記憶往往會留存所有未完成、懸而未決與未經整理的雜事，這個區域的功能很像電腦內的隨機存取記憶體（RAM）。人的意識猶如電腦螢幕，是聚焦思考的工具、但不是儲存的地方。一般人往往只能同時思考兩三件事，但未完成的項目卻會被存放在短期記憶中，然而短期記憶也和隨機存取記憶體一樣，有容量限制，能記憶的雜事就那麼多而已，還要有一部分讓大腦高度運作。大多數人都是帶著塞爆的隨機存取記憶體四處遊走、時常心不在焉，因為大腦負荷過量，分散了注意力，導致表現不佳。認知科學最近的研究也已證實這項結論。許多研究顯示，若不透過可靠的計畫或適當的系統管理我們的承諾，追蹤事情進度對大腦增添的重擔就會妨礙心智運作[6]。

舉例來說，幾分鐘前你是否曾神遊太虛，轉移注意力到與現在（閱讀本書）毫不相干的地方？很可能，你已經神遊到開放式迴路與未處理完的事情之中。這種情境就是事情從大腦的隨機存取記憶體中跑出來，在你內心咆哮。你該採取怎樣的下一步行動呢？除非寫下來，接著放入你不久後會檢視的可靠收集工具中，

---

6 描述這項主題最棒的一本書是《增強你的意志力：教你實現目標、抗拒誘惑的成功心理學》（*Willpower: Rediscovering the Greatest Human Strength*），作者為羅伊・鮑梅斯特（Roy F. Baumeister）、約翰・堤爾尼（John Tierney），經濟新潮社出版。

否則雜事會和你糾纏不清，或者讓你很緊張。這樣會導致最糟的結果：「事情沒進展，壓力卻增加」。

你對事情毫無作為時，最大的麻煩在於大腦會持續不斷提醒你「事情還沒完成」。因為大腦對「過去」或「未來」沒有概念。這表示，一旦你告訴自己可能必須做某件事，而且只存放在大腦時，你的心就會認定你應該「時時刻刻」執行它。你告訴自己應當去做的每件事，身體都會認定你應該「馬上執行」。坦白說，一旦有兩件該執行的事同時存放在大腦內時，就會招致失敗，因為你無法同時處理兩件事。這會製造出處不明卻無處不在的壓力因子。

> 最難纏的敵人在你的大腦裡。
> ——莎莉·肯普頓

許多人長年處在這種壓力狀態之下，反而習以為常，不會察覺自己置身其中。壓力就像地心引力一樣無處不在，甚至連身在其中的人往往也意識不到。這些人大多只有在擺脫了地心引力、體會到前所未有的體驗，才會意識到原來自己承受的壓力竟然這麼大。這就像你不曉得房間內有蜜蜂嗡嗡的雜音，直到聲音停止了，你才發現剛剛有聲音的存在。

你可以擺脫這類壓力與雜音嗎？肯定可以。本書接下來的內容會講解方法。

第 2 章

掌握生活主導權
精通工作流程的 5 步驟

　　想要游刃有餘地管理工作，請務必將「搞定」的 5 步驟工作流程內化為自己的一部分。人們在面對生活、工作與隨之而來的事務時，都會經歷這 5 個步驟。也就是說，不管是在廚房或公司，若想妥善掌握事務的變化，都得精通工作流程的 5 步驟。每個步驟各有最佳實務做法與工具，而且必須與其他步驟融成一體，才能在繁務中創造出美妙的高效狀態。不是變得「有組織條理」或懂得「設定優先順序」而已。雖然那樣也很好，但卻是施行 5 步驟所得的結果，而非施行辦法。採用我稱之為「整體協作發揮」的流程，會創造出比想像中更有成效也更 ｜ 別讓生活擋了自己的路。
具挑戰性的結果。

　　「搞定」的 5 個步驟包括：

1.「捕捉」（capture）吸引我們注意力的事項。
2.「理清」（clarify）每件事的意義與下一步行動。
3.「整理」（organize）上述結果，提出可行動的選項。
4.「回顧」（reflect）選項清單，接著做出抉擇。
5.「執行」（engage）決定的行動。

這構成了人們生活橫向的管理，隨時隨地整合向前邁進時所必須考慮的所有事項。

上述 5 個步驟並非空談胡說，而是為了享有高效行動、讓事在掌控之中必須做的事情。假設你打算煮一頓晚餐宴請朋友，但回家看到廚房一團亂，會怎麼處理？首先，找出放錯地方的物品（捕捉），決定該保留或丟棄（理清），再將各種東西歸位，例如：放回冰箱、丟垃圾桶或收到水槽（整理），然後查閱食譜，檢查自己擁有的食材和器具（回顧），最後是將奶油放到鍋裡加熱融化，開始烹煮（執行）。

這套方法的原則相當簡單明瞭，甚至一般人多已如此處理工作。不過，大多數人在每個步驟都仍有大幅改善的空間，尤其 5 個步驟間的連結往往很薄弱，但這卻是造就優質工作管理的關鍵。因此，每個步驟必須無縫接軌，以一致的標準維持。

在事務繁雜的生活與工作中，大部分人按自己的意思操作上述方法，可能已體會到嚴重效率不彰，周遭增生的環境壓力更是打擊了本來就較脆弱的部分。即使是在閱讀本書的當下，各種無所不在又瞬息萬變的資訊，更是不斷增加生活與工作的複雜度。如果只是整理雜亂的廚房可能還沒什麼，但再加上漏水添亂，就會演變成大麻煩。此外，不小心遺漏的電子郵件、未追蹤進度的任務，或逃避抉擇的事項，也會讓混亂的情況加劇。因為大量息息相關的事情不會越來越少，進來的速度也不會慢下來，所以若沒做好「工作流程管理」就會陷入險境。

多數人主要的弱點在於 (1)「捕捉」的能力。例如「要做某事」的承諾只停留在腦袋裡，隨之產生的「有點想做」與「應該要做」的念頭多得不得了，卻很少記錄下來。

很多人就算收集了很多想法，卻沒有 (2) 確實「理清」其意義，與決定該採

取的行動（如果必要的話）。因此，這些人任隨意列下的清單散落各處，比如將會議筆記與含糊的待辦事項寫在便利貼上，黏貼於冰箱或電腦螢幕上，或者利用數位裝置上的「任務」功能記錄全部事項，而不是具體做法，導致最後麻木無感。這些清單可能不僅無法紓解壓力，反而還會製造更多負擔。

有些人是當下有對雜事做出恰當的決定，卻沒有發揮其價值，只因為缺乏 (3) 有效「整理」結果。例如某人決定告訴老闆某件事，但只記在自己的大腦裡，於是當要用到時，就無法適當取用。

還有些人很善於整理、很有條理，但是 (4) 不夠持續「回顧」內容，無法總是有系統地處理事情。例如即使擁有可利用的清單、計畫與形形色色的檢查清單（透過收集、理清與整理所建立的），但沒有跟進或加以善用。很多人不常看自己的行事曆，導致無法隨時跟進事件、趕上截止期限，最後在緊要關頭中慌亂受害。

> 我們建立管理系統，不是為了擁有它，而是為了有效運作事務，因此要自問：「要不再掛念這件事，我應該以何種形式、安排在哪個時間、看到什麼提示呢？」

最後，如果前述任何一個環節沒做好，就很可能無法在最佳的時間點 (5)「執行」選定的行動。人們大多會因為「期待」（而非「信賴」），選擇先做剛發生或最吸引自己注意的事；還有正事沒做、「沒時間」參與某些重要活動，就會有種事情老是揮之不去的感覺。此外，無壓高效工作的精髓在於自由不受限地做有意義的事，否則痛苦也會不斷產生。

這工作流程的 5 步驟可以靈活變化，而且必須有良好的技巧與工具才能發揮到淋漓盡致。在日常生活中，將這些步驟打散進行會有相當助益（即使不是絕對必要）。

有時候我只需要收集接到的事情，還不必決定該如何處置；有時候我可能只要處理會議筆記，或者剛剛出完差回來，必須整理路上收集與處理過的事情，或者需要檢閱工作清單。很顯然，我大多時候是在做必須完成的事情。

很多人無法做到「井井有條」的主要原因，就是試圖一次完成 5 個步驟。大多數人羅列清單時，會試圖按優先順序寫下「重要的事」，卻沒有提出具體行動。然而，如果你認定助理的生日「不是重要事項」，因此不必立即決定該做些什麼，這項「開放式迴路」（open loops）就會成為阻力，讓你無法完全清楚、高效地聚焦於真正重要的事。

本章會詳細解說這 5 個步驟。第 4 章至第 8 章會針對每個步驟提供循序漸進的方案、列舉諸多例子與典範，打造無懈可擊的系統。

捕捉

要妥善處理每件事，必須先知道該如何以最有效的方式，捕捉真正該捕捉的事。為了讓大腦擺脫拚命抓住每件事的低階作業方式，必須明白真正抓住的每件事，很可能只是必須執行或至少要做決定的那部分，之後才會處理到整件事情。

蒐羅所有「未竟事項」

為了填上總是在漏水的破洞，必須先收集所有表示「未竟事項」的提示，包括私人的、職場的、緊急的、不重要的事，大事、小事、不該如此的事，以及或多或少想改變的事。

比如閱讀本書的同時，人們往往仍在收集必須完成的各種事項。若在家裡，會收到實體郵件、電子郵件，甚至是包裹；在職場，公文架內還有未處理完的雜事，電子郵件、簡訊和語音訊息又會持續進來。同時，周遭環境與大腦不斷冒出無法定位的雜事，即使不像電子郵件那樣明顯擺在眼前，但還是需要做些什麼來完成這個「開放式迴路」。要歸入雜事的項目包括：筆記本上天馬行空的策略構想、抽屜內必須修理或丟棄的故障物品、茶几上的過期雜誌等。

只要是「應該」、「必須」或「理當」去做的事，就會形成「未竟事項」。例如「必須決定是否要執行某件事」，包括：下定決心要做卻尚未行動的「即將要做」的事、懸而未決與進展中的事項，以及已經完成，只差沒昭告天下的種種事情。

> 一項未竟工作，會在兩個地方沒完沒了：工作的實際所在，以及你的腦袋裡。大腦內的未竟事項不僅會耗損你的專注力，更會嚙咬你的責任心。
>
> ——布拉馬·庫馬里斯

為了適切管理「開放式迴路」，必須將這份清單暫時存放在「收集工具」中，直到有時間定義這些事，並且在可以處理時決定該如何因應。接下來，必須定期清空收集工具，以作為足以繼續使用。

基本上，廣義來說，你已經收集了所有對自己具潛在意義的事。只是如果沒透過可靠的外在系統管理，事情就會盤據在大腦的某個角落。事實上，沒放入「收件匣」（in-trays）不表示沒接收到，但強烈建議要把事情收集至某個工具中，而不是放在腦袋裡。

「捕捉」的工具

收集未竟事項的工具有很多種，從陽春到高科技的都有，以下幾項工具都可以視為「收件匣」，用來捕捉內心的想法與外來的資訊：

- 實體收件匣。
- 紙張與筆記本。
- 數位裝置與錄音筆。
- 電子郵件與簡訊。

實體收件匣

不論是塑膠、木製、皮製或金屬製的文件架都很常見，可以收集需要分類處理的紙本文件與物品，包括：信件、雜誌、會議紀錄、企業報表、票券、收據、隨身碟、名片，甚至是電池沒電的手電筒。

紙張與筆記本

各種樣式與尺寸的活頁簿、筆記本、空白萬用卡或速寫簿，都非常適合用來收集靈感與待辦事項，只要合乎個人品味與使用需求即可。

數位裝置與錄音筆

電腦、平板電腦、智慧型手機日新月異，所有新的行動科技裝置都可以隨手做筆記與錄音，記下待辦事項。

電子郵件與簡訊

若是透過電子郵件或簡訊來與外界聯繫，收到的信件、訊息或檔案就會存放在某個虛擬空間，等著被瀏覽、閱讀與處理。

科技整合

數位科技日益進展，已能自動整合上述種種工具。如書寫在紙張或白板上的筆記，可以隨時輸入到行動裝置中，語音訊息也可以被錄音、數位化，甚至列印出來，或是透過行動裝置將構想傳至電子郵件中。

這些工具無論多陽春或先進，都具有「收件匣」的功能，可以捕捉可能有意義的資訊、任務、構想或行動協議。

「捕捉」的成功因素

可惜的是，只擁有「收件匣」並不夠。大多數人多少都具備收集裝置，但往往無法善盡其用。

要讓「捕捉」步驟發揮作用必須具備 3 個條件：

1. 將所有「開放式迴路」逐出腦袋，放在捕捉系統中。

2. 收集的工具不能多，夠用就好。

3. 必須定期清空。

將一切逐出腦袋

如果你仍舊試圖用腦袋追蹤事情的進度，可能就不會有動力全心積極運用「收件匣」。大多數人不太在意這些工具，因為對他們而言，這些工具無法代表可獨立運作的完整系統：收件匣中有一堆未竟事項，大腦中還有另一堆；無論把事情放在哪裡都沒什麼幫助，於是就讓思緒在腦袋中不斷打轉。這種情形就好像在充滿大坑洞的彈珠台打彈珠，彈珠一直掉出去，人就很難有動力玩下去。

> 淨空你的腦袋，這比清空你的腸胃更有益處。
>
> ——蒙田

要讓收集工具成為生活的一部分。就好像跟牙刷、駕照或眼鏡一樣不可或缺，必須隨身攜帶，才能不論到哪裡都可以收集可能有價值的想法。抱著相信不會再錯過任何事的信賴，才能擁有自由、產生更多有用的靈感。

> 要不就把事情全記在腦內，要不就全拋諸腦外。若卡在不進不出之間，兩邊都會靠不住。

將收集工具減到最少

「收件匣」的數量應該要符合自己的需要，但也必須盡量減少，讓你有辦法

應付。因為想要捕捉的事情可能無所不在、隨時隨地都需要工具來收集，然而，一旦收集工具太多，就無法持續運用自如了。

　　無論使用何種工具，都可能發生工具數量過多的現象。陽春工具的使用者，採用筆記簿與實體收件匣為主，大多仍有實質改進的空間，像是必須結集整理手寫筆記，不能任意深埋在文件堆、筆記本或抽屜中。文件和物品必須分別收到「收件匣」內，而不是亂七八糟地隨處堆疊。

　　至於高科技工具方面，由於社群媒體誕生、多台裝置同時連線運作，以及電子郵件的普及，導致要處理的雜事暴增許多。現代人經常擁有不僅一個電子郵件帳號，也至少會加入一個社群網站，而且同時開著多台數位裝置。矛盾的是，當數位革命「提高生活效率」時，大批任意闖進來的積壓事務與為此苦惱的人數卻急劇攀升。

> 要以最少的工具收集所有可能有意義的事項。這有助於我們更輕鬆進行檢視與評估其本質。

　　隨著生活與工作越來越複雜，運用工具與流程掌握靈感與外來事務日益重要。舉例來說，工作上的最佳靈感總是不在上班時間冒出來，因此，搭配手邊合宜的收集工具，幫助想法能發揮到淋漓盡致才是駕馭一切的關鍵。

定期清空收集工具

　　如果不清空或處理收集到的雜事，工具中就會充滿亂七八糟的東西，喪失該有的功能。清空內容物不表示必須完成這些事項，而表示必須對事情做更明確的定義、決定該如何處置；如果事情仍然未完成，就將它安排到你的工作流程系統中。不能放任收集工具中的捕捉事項不管，必須定期清出來，或者重新放回去。沒清空的收件匣就像從來沒拿去倒或整理的垃圾筒和信箱，只是不斷買新的才能盛裝永無止境的堆積物。

　　然而，為了淨空收集工具，人生管理綜合系統（integrated life-management

system）勢必要到位才行。因為缺乏有效的系統加以理清，太多雜事就會堆積在「收件匣」。

在知道有件事必須做，卻無法馬上做時，將事情放入收件匣內通常看起來比較輕鬆。在整理方面，「收件匣」也是很多人最理想的處理方式，尤其針對文件與電子郵件，這能作為有事情待處理的提醒。只可惜，當文件堆積如山，或未讀信件多到爆表時，這個防護網就會崩潰了。

> 在競技場上，當流動的事物發生滯礙時，其表現力、活力與創造力就會被削弱。

一旦精熟以下兩個步驟，了解如何輕鬆與快速處理、整理外來事務和未竟事項，收集工具才能發揮應有的作用。接下來，繼續了解該如何在不必馬上執行任務之下，清空收件匣與電子郵件系統。

理清

幾乎所有接受過「搞定」輔導的人士，最大收穫就是學會針對事情做必要的逐項思考，進而清空收集工具。一位任職全球企業重要部門的主管，就曾在我面前處理完所有未竟事項，然後鬆了一口氣，並對「搞定」這套方法肅然起敬。她提到，長久以來仰賴行事曆提醒該出席的會議，已經算是讓她很寬心了，但理清每項工作後，她感受到前所未有的如釋重負。她需要被提醒的行動與資訊剛才已經界定過，而且交託給具體的系統保存了。

> 犯錯還勝過含糊不清。
> ——弗里曼・戴森

面對每一則電子郵件、簡訊、語音留言、備忘錄、會議紀錄或心裡閃過的構想，你會問自己（與回答）什麼問題？這就是管理外來事務的重點，將奠下個人整理規畫的基礎。很多人試圖整理一切，但錯在試圖整理一堆尚未理清的雜事。

新進事項只能採取捕捉與加工，而不能加以整理，而且要整理的是抉擇後必須採取的「下一步行動」。

以下將說明決策樹模式中，構成主幹的「捕捉」與「整理」兩個步驟（在第76頁工作流程圖中，方框的部分）。

那是什麼？

這可不是個笨問題。前面已經談過雜事與收集工具，但尚未探討雜事的面貌，以及該拿它怎麼辦。舉例來說，我們往往有很多疏漏的事是來自政府或公司的未定事項，但我們真的有必要對那件事採取什麼行動嗎？看到人力資源部發信通知大家某項政策的現況，那又怎麼樣？我曾經幫客戶從文件堆中挖出被棄置一旁的成堆訊息，只因為客戶沒有花幾秒鐘搞清楚這些文件的確實內容。

因此，接下來的決策步驟很重要。

是否可行動？

這個問題只有兩種答案：「是」與「否」。

不需行動（no action required）：如果答案為**否**，其中有3種可能：

1. 那是個垃圾，不必保留。

2. 現在沒必要行動，但日後可能需要處理（孵化事項）。

3. 這可能是有用的資訊，或許將來會派上用場（參考資料）。

這3種類別的雜事都可以受到管理，後面的章節會深入探討。目前只需先說明：針對垃圾，請丟到垃圾筒或按下「刪除」鍵；針對孵化事項，請歸入檔案夾系統或行事曆；針對參考資料，請運用優質的歸檔系統。

可行動（actionable）：答案為**是**，也就是這件雜事必須受到某些處理。典型

的例子包括：你同意在某場午宴中演講，然後收到索取演講大綱的郵件；收件匣內的備忘錄提醒了需和集團副總裁當面討論重大新專案要雇用外部顧問的事宜。

針對可行動事項必須決定下列 2 件事：

1. 自己承諾了什麼「專案」（project）或結果？

2. 下一步需要採取的行動為何？

涉及某個專案時：請在「專案清單」列入捕捉的結果。這會形成顯著的提示，在完成之前都會不斷提醒「這件事懸而未決」。此時，該清單的「每週檢視」（weekly review，請參照第 88 頁）就會發揮功能。直到完成或排除之前，這件事都會在管理系統（與你的大腦）中持續活躍。

> 做事不需太過費力，但在決定該做什麼事時，卻應該投注大量心力。
> ——阿爾伯特·哈伯德

確認下一步行動（next action）：面對收集到事情，這是決定性的問題。如果妥切回應，就會擁有可整理的關鍵事項。「下一步行動」是必須執行的下一個具體活動，目標是讓事情朝「完成」的方向進展。

下一步行動的例子可能有：

- 打電話給弗瑞德，詢問他先前提及的修理廠名稱和電話號碼。
- 構思預算會議議程。
- 與安琪拉討論必須建立的歸檔系統。
- 上網了解一下附近的水彩畫課程。

這些都是必須落實的具體活動，其備忘提示將成為個人工作流程管理系統的最佳利器。

立即執行、委派他人或延遲處理：一旦決定好下一步行動，就會產生這 3 個選項：

1. **立即執行（do it）：**如果行動在 2 分鐘內可以搞定，就應在理清時立即執行。

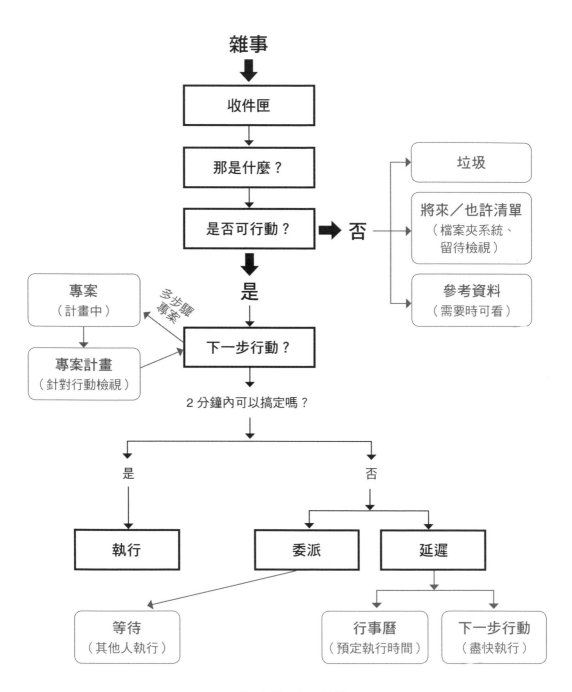

工作流程圖：理清

2. **委派他人（delegate it）**：如果行動要花 2 分鐘以上，就要自問：「我是執行的合適人選嗎？」若答案為否，就委派給適合的單位。

3. **延遲處理（defer it）**：如果行動要花 2 分鐘以上，而且自己就是執行的合適人選，就必須推遲行動，並記在「下一步行動清單」中追蹤進度。

整理

工作流程圖的外環有 8 個區塊（見第 78 頁，圓角框的部分），是處理雜事時產生的備忘提示與資料。8 個區塊合起來即構成完整的系統，可以整理手邊所有待辦事項，或者以每日與每週為單位增添新事項。

> 把東西整理好，簡單說就是：事物都在你認定好該去的地方。

不需行動的事項可能被歸入垃圾、孵化系統與參考資料的類別。假設有沒必要行動的事件，可以選擇拋棄、放入檔案夾系統留待重新斟酌，或者先歸檔以便未來需要參考時可以找到。至於可行動的事情，則需要專案清單、專案計畫與資料儲存處，或是檔案、行事曆、「下一步行動」的備忘提示，以及等候回音的等待清單。

請將所有要整理的類別採具體形式存放。所謂的「清單」是指可檢視的提示訊息，也許是羅列在筆記本上或電腦軟體之中，甚至有檔案夾分門別類留存文件。舉例來說，現行專案清單可以列在筆記本活頁紙上，也可以記在應用程式中，或者歸入貼著「專案清單」標籤的卷宗夾裡。孵化事項的備忘提示（例如：3 月 1 日後需聯絡會計師開會），可以存在附有日期的檔案夾系統中，或用行事曆軟體儲存。

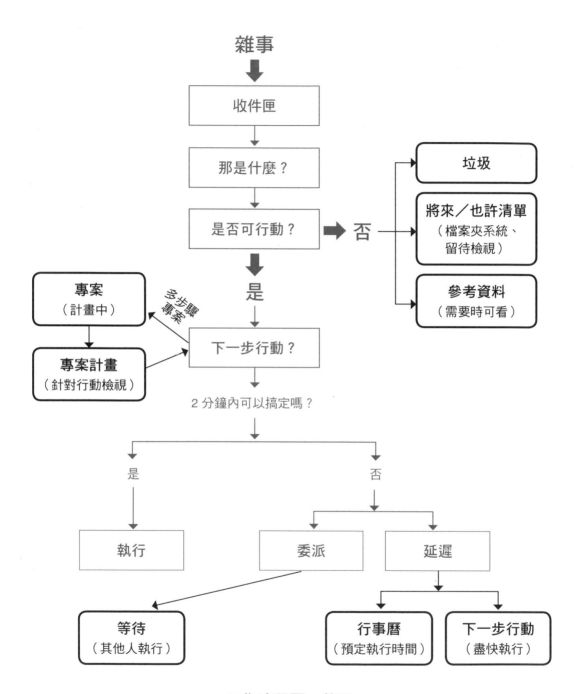

工作流程圖：整理

專案

「專案」（project）的定義是：1 年內需採取不僅一項行動才能達成預期成果的任務。因此，一般人所認為的小事，也會和大事並列於專案清單上。這麼定義的理由在於：如果事情無法以一個步驟完成，就必須設立提醒機制以免忘記，否則事情就會再度溜回到腦袋裡形成干擾。至於以 1 年為期，是因為要對承諾完成的事情放心，就必須每週檢視。另一個有助於想起這件事的方法，就是無論事情大小都列入「開放式迴路」清單中。

專案清單範例

讓新員工報到	影印《哈佛商業評論》的文章
8 月份假期	徵一名公關人員
提出撤回外派員工	栽種春天的花木
出版書籍	研究影音專案的資源
完成電腦升級	明年的會議時間表
更新遺囑	聘雇契約定案
預算定案	走廊裝新燈
新系列產品定案	買一張廚房餐桌
學習新的顧客關係管理軟體	女兒國中新生入學

專案清單不必按照規模大小或輕重緩急等特定次序排列，只需要列為一張總表，如此就足以定期檢視，確保每件事都已經界定過合宜的下一步行動。

你不是真的在「執行」這些專案，而是在執行和專案「有關」的行動。充分執行正確的行動後，就會達成符合最初想像、幾乎足以宣告「大功告成」的結果。這份專案清單彙集了所有擺在眼前的目標，讓我們的下一步行動能保持在合

宜的軌道上。

　　或許你會想依據某些理由將專案進行分類，但一開始只要建置一份清單即可，當你更游刃有餘時，就能讓這份清單更切合你的專屬系統。

專案的支援資料（project support material）

　　各專案累積的相關資訊，可以依照主題、標題或專案名稱分類整理。專案清單不過是一份索引，實行各專案時需要的詳細內容、專案計畫與支援資訊，應存放在各別的卷宗、電腦檔案、筆記本或活頁文件夾裡。

　　支援資料（support materials）與參考檔案（reference files）：一旦將支援資料依專案分類整理後，可能會發覺有些資料性質相近，可以用同一個參考檔案系統保存（例如：「婚禮」的支援資料可以存在「一般性參考資料」的檔案夾中）。只不過，正在進行中的專案支援資料會較常被取用，以確保已界定清楚所有必要的行動步驟。

　　我通常建議大家將支援資料存放在視線之外，以免造成干擾。不過，已經擁有優質系統的人或許會發現，將資料放在隨手可得的地方，才是最簡單的整理方式。在某些情況下，資料還是可以立即調閱會比較方便，尤其是必須頻繁使用參考資料的緊急專案。針對這類懸而未決的文書工作，將檔案夾放在伸手可及的公文架中會很實用。

　　數位世界的矛盾之處，就是讓整理參考資料與支援資料變得更簡單，卻也更複雜。從某處抓取資料複製到別處很容易很快速，但有過多可置放空間，以及提供資訊給人們運用的方法有無數種時，可能反而會面臨左右為難。最理想的做法，就是盡量簡化參考檔案的數位世界，然後持續檢視與清空。

下一步行動的類別

從工作流程圖中可以看出，「下一步行動」的抉擇位於中央主軸。針對每個「開放式迴路」，必須一律採取實質、可見的下一步行動。

當然，可以在兩分鐘內執行完的行動，以及已經完成的行動並不需要追蹤，需要追蹤的只有：必須在特定時間或特定日子進行的行動（登錄至行事曆）、必須盡快落實的行動（增列至「下一步行動清單」），以及等待他人完成的事情（放入「等待清單」）。

行事曆

行動的提示可以分成兩個類別：必須在特定時間或日子執行的事，以及必須盡快完成的事。行事曆負責處理前者，上頭會記載 3 件事：

- 確定時間的行動。
- 確定日期的行動。
- 確定日期的資訊。

確定時間的行動：其實就是「約會」的意思。某個專案的下一步行動，經常就是參加專案會議，因此只要記在行事曆上追蹤就夠了。

確定日期的行動：有些事必須在特定日期執行，但不見得必須挑特定時間。比方說，你告訴美代子會在星期五打電話給她，確認寄給她的報告是否沒問題。因為美代子星期四才會收到報告，星期六又要出國，所以星期五是採取行動的時機，但當天的任何時間都可以。所以這項行動應該記在星期五的欄位上，但不限定在哪個時段。行事曆可以兼顧特定時間與特定日期，效益甚高。

確定日期的資訊：行事曆也可以用於追蹤在特定時日想了解的事、可能派上用場的資訊，不見得非得是必須採取的行動。也許是約會的注意事項、參與活動的其他人士（家人或員工），或感興趣的事件。將短期的備忘資訊放入行事曆中

懂得靈活變通的人有福了，因為他們不會被壓得不成人樣。

——麥可・麥克里菲博士

相當實用，例如：提醒自己打電話給剛度假回來的人。此外，行事曆也能存放重要的備忘提示，包括：在事情可能到期或必須開始（假設事情尚未啟動）之前，提醒自己預先做好準備。

別再放「每日待辦事項」清單：行事曆上只要記載上述 3 件事就好，其餘的一概不留。這麼說或許很怪異，畢竟 20 世紀的時間管理訓練普遍提倡「每日待辦事項清單」是基本關鍵。

然而，這類清單放在行事曆中並不管用，理由有兩種：

首先，新的事情隨時都會進來，優先順序策略往往也會不斷變動，每天的工作會因此頻頻重新分配，幾乎不可能提前敲定待辦事項。雖然以工作計畫為參照點向來有效，但這個計畫必須有彈性、能夠隨時重新商議。若在行事曆上列下待辦清單，萬一當天沒做完，又必須改登錄到另一天，真是令人喪氣又浪費時間。「下一步行動清單」應該包含所有行動的備忘提醒，也就是急需處理、有時效性的行動，而且不必每天重新謄寫。

其次，萬一每日待辦事項清單上有未必得在當天完成的事，就會淡化真正該做的事的重要性。比方說，如果「一定」要在星期五打電話給美代子（因為唯有這天才能聯絡到她），可是又在待辦事項清單上列了 5 條不太重要或沒急迫性的事，當那天暈頭轉向的時候，很可能根本無法撥電話給美代子，使得「沒機會打那通電話」的提示回到大腦中形成干擾，也就是並沒有妥善運用系統。因此，行事曆應該是一塊「聖地」。如果在上面寫下一件事，就務必完成，否則根本就不要寫上去。唯一可以重謄的事項就是約會改期。

換句話說，在「下一步行動清單」中，絕對可以羅列一條「如果有時間，我想要……」之類匆促、非正式與簡短的事項，只是不該與「必做事項」混為一談，而且當無法避免的意外來臨時，這類事項應該要能夠不被當一回事地拋棄或

迅速更動。

「下一步行動」清單

因此，請將全部的行動提示放在「下一步行動清單」中，這份清單搭配行事曆就會成為每日行動管理與整理的重心。

已經界定清楚的行動，凡是費時兩分鐘以上且沒有委派別人的事，就必須於某處追蹤進度。「打電話通知吉姆參加預算會議」、「發信跟朋友報告家人近況」、「構思年度銷售會議議程」等都是行動提示，必須記在合適的清單上，以便隨時評估該執行的行動。

如果只有 20 ～ 30 項行動，或許全記在同一份下一步行動清單上，有空就拿出來檢視，這還沒問題；然而，大多數人可能有多達 **50 ～ 150 項行動**。如果是這樣，將下一步行動清單再細分為不同類別會比較合理。比方說，要打有時效限制的電話，就要放在「電話聯絡清單」，或者遇到電腦設備事項，就要記錄在「電腦」行動清單。

> 凡事都應該盡可能做到「最簡化」，而不只是「簡化」。
>
> ——阿爾伯特·愛因斯坦

不行動的事項

不行動的事項應和需要行動的事項一樣，必須有獨立的系統來妥善整理。不行動事項的系統可以分為 3 個類別：垃圾、孵化事項和參考資料。

垃圾（trash it）

處理垃圾的方法應該不必多做解釋。只要是沒有行動的可能性或參考價值的東西，丟棄、銷毀或資源回收就對了。如果留著不丟，又和其他類別的事項混在一起，就會嚴重破壞系統，同時對你的世界造成混亂。

孵化事項（incubate it）

除了垃圾之外，還有兩種不需立即行動又想保留的事情。這裡要再次強調，劃分「不行動」與「可行動」相當重要，否則堆積如山的事情與清單往往會讓人麻木，接著就不知該從何下手了。

例如你可能會在時事分析中，讀到啟發某些專案靈感的內容，但可能不是要現在著手，而是想日後再執行，於是你會想要保留這則內容，以便未來執行某件事時再做檢視。或者你受到本土交響樂團下一季演出曲目的強烈吸引，但離演出還有四個月，時間太遠了而無法採取行動（不確定四個月後的出差安排），但假如當時沒出差，很可能就會去欣賞。所以，該如何處理呢？

針對這類事件，有兩種「孵化事項」的工具：「將來／也許清單」與「備忘錄系統」。

將來／也許清單（someday／maybe）：將現在不做但未來可能會做的事項列在清單上，可以有效激發動力。這份清單是個「停靠區」（parking lot），專門針對現在無法進行，又不想完全遺忘的專案，以便每隔一段期間就提醒自己要考慮執行這些專案的可能性。

以上專案都具有「想做但不是現在，希望被定期提醒」的特性。如果打算從中獲取最大價值，請務必定期檢視這份清單，不妨在「每週檢視」（請參照第88頁）中加上「瀏覽清單內容」。

此外，你很可能也有其他事項很類似「將來／也許清單」，但或許只在急迫參與某些特定活動時才必須檢視。例如：

- 想看的書。
- 想品嘗的酒。
- 想嘗試的食譜。
- 想租的影片。

典型的「將來／也許清單」範例

買一艘帆船	設立兒童基金會
學西班牙文	買鋼琴
上水彩課程	出版自傳
修繕廚房	拿到潛水證照
建景觀游泳池	學跳探戈
搭熱氣球	學陶藝
建酒窖	舉辦鄰里同樂會
在義大利托斯卡尼住一個月	建日式池塘
建置個人網站	

- 週末想去旅行。

- 自己小孩可能喜歡做的事。

- 想參加的研討會。

- 想造訪的網站。

上列提示可以大幅擴展創意的可能性，而且擁有一套可以輕鬆羅列這類清單的整理工具非常值得。

檔案夾系統（tickler system）：是另一類型的孵化事項，即在某個日期前不想或不需被提醒的事。管理這類事情中，最從容不迫的就是檔案夾系統，有時也稱為「懸而未決」、「繼續追蹤」或「週期性」檔案。這個系統幾乎能讓你在未來的指定日才收到寄給自己的東西。

行事曆也有同樣的功能。舉例來說，3 月 15 日上可能設定了提醒：再一個月繳稅截止，或在 9 月 12 日載明：6 週後世界聞名的莫斯科波修瓦芭蕾舞團（Bolshoi）要在國家劇院演出《天鵝湖》。

第 7 章會對「檔案夾系統」做更詳細的介紹。

參考資料（reference it）

眼前許多事雖然不需立即採取行動，卻具備「資料」的價值，可以保留下來供日後調閱參考。這些資料能用書面或數位形式保存。

書面資料如便當店菜單、企畫案、圖畫，以及庭園造景公司老闆資料等。最好存放在方便調閱的系統中，比如在活頁簿或筆記本上記載喜愛的餐廳、校務委員會成員的電話號碼，或以專門的檔案櫃存放企業合併的相關資料文件。雖然有越來越多的資訊以數位形式呈現，但紙本資料有時仍然好用。數位的儲存形式包羅萬象，雲端硬碟與通訊軟體的檔案資料夾都屬之。

切記，參考資料應該在必要時能「輕易」查閱，其系統一般分成兩種形式：(1) 特定主題；(2) 一般性參考資料。第 1 種通常是根據儲存方式來界定。例如：有一個抽屜專門存放依日期排列的合約、另一個抽屜只放員工福利機密資訊，還有一排櫃子是放結案資料，萬一有訴訟時可以查閱，或者將客戶與潛在客戶的資料存放在顧客關係管理資料庫。

一般性參考資料的檔案：第 2 種就是每個人需要就近儲存手邊無法歸類的資料。比方說，廚具使用手冊、史密斯專案的手寫會議紀錄，或是去東京沒用完的日圓（以後再去東京時可以使用）的存放之處。

缺乏合宜的一般性參考資料檔案，很可能會成為實行有效率的個人管理系統最大的瓶頸。一旦歸檔和儲存不便（甚至無趣），東西很容易就會堆積如山，而不是以適切的方式歸檔。如果沒有對參考資料慎重劃清可行動與不行動的界線，那麼無論在實體或心理上都會模糊不清，而且大腦也會開始對所有事情麻木無感。針對這類資料建置優質的運作系統，是達成無壓高效狀態的關鍵。詳細內容請參照第 7 章。

回顧

在紙上寫下「需要牛奶」是一回事，到商店時還記得要買牛奶又是另一回事。同樣地，寫下「打電話給朋友，關心他完成人生大事後的近況與送上祝福」是一回事，等到有空閒、手邊又有電話時，還能記住這件事又另當別論。

請在必要的時候，與每隔一段時間，退一步從更寬廣的角度檢視生活與工作全局，並深入到實際行動的支微末節中。對大多數人來說，工作流程管理的神奇之處，會反映在持續「回顧」的過程中。這個步驟是在所謂的「第一層級」（horizon 1 level，請參照第 92 頁）的專注等級中，每週全盤檢視「未決專案」與「開放式迴路」。這是審視眼前所有已界定行動的機會，進而對要做的事做出更加有效益的選擇。

現代人的生活已複雜到無法以單一系統來形容或協調，但「搞定」這套方法卻能創建出可以無縫接軌追蹤與檢視需被提醒事項的模式。大多數人會在不同地方運用這種模式中某些簡單的部分，但充其量只有在入門等級。

檢視的內容與時機

如果依照建議的架構，建置出個人整理系統，也就是擁有專案清單、行事曆、下一步行動清單與等待清單後，就沒太多必要去維護系統了。

上述專案中，最常檢視的可能是行事曆，像是提醒當天有「人造花園施工」這種確實「必須」處理的事。這不代表行事曆上的內容是最重要的，而只是表示「務必執行的事」。對必須執行事項的內容與時機瞭若指掌，就能創造出機動的空間。行事曆上的行動（如會議、回電、完成報告）一結束就查看其他待完

根據自己所需，盡可能經常檢視所有清單、概覽與定位地圖（能幫助適度對應當下情況的個人清單或文件），就可以將這些內容丟出腦外。

成的事務，是很好的習慣。

　　檢查完行事曆，通常會接著查看下一步行動清單。這類清單會保留已預先界定過的行動事項，等有空檔時就可以落實。如果你已經按照情境（例如：在家、電腦旁、與喬治開會等場合）整理過行動事項，它們就只會在相應的情境下發揮作用。

　　「專案清單」、「等待清單」與「將來／也許清單」，只有在有必要時才需經常檢視，以阻止你繼續掛在心上干擾思緒。

成功的關鍵要素：每週檢視

　　請經常檢視所有可能需要行動的事項，而且次數要夠頻繁，才能避免大腦收回記憶與提示的工作。針對無時無刻不停止的行動，為了信賴自己快速且直覺做出的判斷，請再次以更高的格局簡練一些。就我輔導過上千人的經驗，成功與否的關鍵是：每週檢視。

> 生活中的事務牽涉諸多利害關係，專注於一件事時就忘了其他事的空想家，無法讓所有事情井然有序。
> ——詹姆斯·菲尼莫爾·庫伯

　　所有的專案、專案計畫、下一步行動清單、議程、等待清單，甚至是將來／也許清單等，都應該一星期檢視一次。這也是確認有淨空頭腦、已經捕捉、理清與整理好過去幾天的零星瑣事的機會。

　　大多數人會發現，在連續好幾天緊張又密集的工作下，事情會變得比較容易失控，這是理所當然的事。隨著網路運用更普及，工作必須隨時待命已經屢見不鮮，這種現象會持續增加。請不要為了力求「保持完美」，而放掉太多手邊的工作。要做到難能可貴的「諸事順利」，請務必每週清理一次屋子與重新整理東西。

　　每週檢視該做的工作有：

- 收集與處理所有雜事。

- 檢視系統。

- 更新清單。

- 理清思路、掌握現狀與收尾。

大部分人沒有真正完善的系統，或多或少會感到有事情遺漏了，導致無法全面回顧工作，在檢視事情時也得不到實質效用。這也是為什麼實行整套流程能得到數以倍計的回報：當系統越完整，人們就會越信賴；人們越信賴系統，就越有動力運作這套系統。每週檢視是維繫這項水準的主要關鍵。

大多數人會覺得，放長假前一星期的工作狀態最佳，但並非因為要放假了才如此，而是一般人在出發旅行前，最後一週都在進行清理、收尾、理清、整理，以及重新商討協定，讓自己能心無掛礙地在海灘、高爾夫球場或滑雪場盡情享受。因此，建議每週清理一次，不要等到一年才來大清理，才能在每天的生活中享有這種「安於當下」的自在。

你得先好好動腦，才好把雜事清出大腦。

執行

精通這套「工作流程的五步驟」，目標在於幫助人們隨時隨地做出合宜的選擇與行動。例如星期一早上 10 點 33 分，決定是否要打電話給珊蒂、完成提案或者清理電子郵件等，向來都是憑直覺本能，但有了適當的方向，人們就會對自己的選擇更有自信。對自己的行動也會從「期待」轉換為「信賴」，立即提高活力與效率。

人們通常是依直覺來決定行動，其中最大的挑戰，在於要從「期待這個抉擇是對的」，轉變為「信賴這個抉擇是對的」。

3 種行動抉擇模式

有些人無法跳脫不安全感或拖延心態，或是對任何雜事都來者不拒，就會導致總是有一長串行動清單，以及隨時都有無法執行的行動。因此，該如何決定該做與不該做的事，又該如何對做出的決定感到寬心呢？

答案是：**相信你的直覺**。如果已經做過捕捉、理清、整理與回顧等步驟，再加上自身本有的工作經驗、價值衡量等思維運作，自然能激發出直覺判斷。

有 3 種模式有助於做出抉擇，雖然這些方法不會直接提供解答（例如：是否要打電話給馬利歐、寄電子郵件給在學校的兒子、和秘書私下聊聊），但能促進更明智地做出選擇。單純的時間與優先順序管理法辦不到這一點。

模式 1：抉擇行動的 4 項限制條件

星期三下午 3 點 22 分，該如何選擇要做的事？請試著運用 4 個準則，依序為：情境、可用時間、可用精力與優先順序。

前 3 項是執行時會遇到的限制，第 4 項則融入了價值觀層級。

情境（context）：人當下能做什麼總是會受到環境限制。少數行動隨便在什麼地方都可以執行（例如：用紙筆構思專案），但大多數行動必須在特定地點（例如：住家、辦公室），甚至是必要有電話或電腦等生產工具。在決定眼前要做什麼事時，這些情境都是頭一個侷限選擇的因素。

可用時間（time）：什麼時候需要做別的事？如果 5 分鐘後要開會，就沒辦法執行耗時更久的任何行動。

要做的事永遠比做得到的多，況且一個人一次也只能做一件事。因此，關鍵在於當下要對「不做」的事和「在做」的事一樣感到自在。

可用精力（energy）：自己有多少精力？有些行動需要充沛活力與十足創意的腦力才能執行，還有些行動需要的是大量體力，或是也有些不太需要消耗

腦力或體力的行動。

優先順序（priority）：當情境、時間和精力條件都俱足時，該選擇採取哪個行動才會得到最大效益？比如在辦公室有電話和電腦、有 1 小時的空檔、精力指數為 7.3（最高為 10），這時應該回電給客戶、繼續擬提案、處理電子郵件，還是問問另一半今天過得如何？

此時就必須運用直覺，而且同時相信自己的判斷。為了進一步探究這項概念，接下來將討論另外兩種有助於做出決定的模式。

模式 2：判別每日工作的 3 種類別

想要搞定事情，或達成一般人所謂的「讓事情『有效運作』（working）」，請採取下列 3 種行動：

- 執行預定義工作。
- 處理突發事件。
- 界定工作。

執行預定義工作（doing predefined work）：即執行下一步行動清單與行事曆中的工作內容，也就是完成先前已決定必須執行的任務，或管理工作流程。例如：必須撥打的電話、構思腦力激盪的點子、參加會議、準備要和律師討論的詳細問題。

處理突發事件（doing work as it shows up）：事情經常突然意外冒出來，讓人必須去處理。舉例來說，合夥人突然走進辦公室和你談新產品上市的事，於是你就得放下手邊正在進行的事情。人們每天都會出現突發狀況，而處理這些計畫外的事件，往往也必須耗費一定的時間與精力。如果被這些事牽著走，就表示默認了：「這些事的重要性勝過於當時必須處理的其他事」。

界定工作（defining your work）：即清空收件匣、數位訊息、會議筆記，以及將專案分解為幾個可行動的步驟。在處理收到的事項時，肯定會完成一些 2

分鐘內可搞定的行動，也會將不少東西丟棄與歸檔（用另一種形式執行臨時出現的工作）。界定工作的重點在於，將不必馬上執行的事情劃分出來。如此下來，清單上的工作也會持續增加。

一旦將工作全部界定清楚了，就可以信賴自己擁有完整的待辦事項清單。再者，情境、時間與精力俱足下，可以執行的事情就不止一件。最後要考量的就是工作的本質、目標與標準。

模式 3：檢視工作的 6 種專注高度

事情的輕重緩急勢必會影響選擇，但大部分判定優先順序的模式，套用到現實工作中都不太牢靠。為了確定該優先處理的事項，請務必先了解自己工作的本質。我們至少可以從 6 種專注高度（horizons of focus）來檢視工作，就好比從大樓不同樓層往外看，景色一定會有所不同。

- 第 5 層高度：人生目的與原則。
- 第 4 層高度：願景。
- 第 3 層高度：年度目標。
- 第 2 層高度：專注及責任範圍。
- 第 1 層高度：現行專案。
- 地面層：現行行動。

以下將「由下往上」一一說明。

地面層（ground）：現行行動（current actions）——工作就是一堆必須採取的行動，包括：必須撥打的電話、該回覆的電子郵件、該辦的瑣事、想與老闆或伴侶溝通的事項。即使立刻讓時間靜止，阻絕所有新進事項，手上可能還是有上百件事情要處理。

第 1 層高度（horizon 1）：現行專案（current projects）—— 眼前的行動大多是從手上 30 ～ 100 件專案衍生而來，而且是在短時間內要完成的。例如：組

裝新的家用電腦、規畫銷售會、搬遷至新總部、找牙醫。

第 2 層高度（horizon 2）：專注及責任範圍（areas of focus and accountabilities）——每個人都會因為自身角色、興趣與責任而需執行許多專案和行動，這些都是自己想要有所成果的重要領域。在職場中，每個人可能或多或少得承擔一些心照不宣的義務，要專注的面向包括：策略計畫、行政支援、員工發展、市場調查、顧客服務或資產管理等；在私人生活中，要專注的範圍也和職場不相上下，包括：健康、家庭、財務、居家環境、心靈信仰、休閒娛樂等。這些都不是要完成的事，而是衡量工作、人生體驗和付出的標準，需要維持平衡與持續發展。羅列與檢視這些面向，可以在評估專案清單時提供更完整的參考架構。

> 完成你發起的專案，履行你承諾的職責，實踐你許下的諾言。然後，你的意識與潛意識將會一起擁抱成功，帶來圓滿、有價值與融合的感覺。
>
> ——約翰·羅傑

第 3 層高度（horizon 3）：年度目標（goals）——未來 1～2 年內想達成的成就，會引導界定工作到不同的面向。在職場上，必須經常轉換工作的重點，才能滿足新的責任、達成目標；在個人生活方面也是，為了想達成的事，可能需要提高某種生活面向的重要性，同時削弱其他面向的地位。

第 4 層高度（horizon 4）：願景（vision）——未來 3～5 年的展望，會帶來更大格局的思維（例如：企業策略、環境趨勢、職涯與生活方式的轉變）。內在影響因素包含：對生涯、家庭、財務與生活品質更長遠的期待與考量；外在影響因素則是會帶給工作與公司改變的種種條件，例如：科技、全球化、市場趨勢與競爭對手等。這種高度的抉擇很可能改變現有工作的樣貌。

第 5 層高度（horizon 5）：人生目的與原則（purpose and principles）——這是綜觀全局的角度。公司為什麼存在？我為什麼存在？我真正看重的事究竟是什麼？任何事的根本目的，都會帶出對工作本質的核心定義。這是工作的終極目

的，所有目標、願景、標的、專案和行動都是源自於人生目的，也要回歸人生目的。

用這些高度來比喻是稍嫌武斷，在實際生活裡，每個人關注的焦點和優先順序，或許不能百分之百套入上述某個高度，但卻能有效提醒承諾與任務本身可以從多種高度來看待。

> 時間日日夜夜、時時刻刻在流逝，你當下無暇深思，而必須在事前就完成全盤思考。

很顯然，在選擇執行內容與執行時機的過程中，必須考量很多因素，才可能對自己做出的選擇感到放心。在傳統的認知裡，「設定優先順序」關注的焦點是長程目標與價值，但對每天必須執行的絕大多數抉擇和任務來說，顯然無法成為實用的參考架構。從體驗工作的每種高度著手掌握工作流程，才能更全盤搞定事情，感受到事情搞定後的美好。

本書第 2 篇會提供具體指導，說明該如何運用這些模式抉擇行動，以及捕捉、理清、計畫、整理與回顧的實務典範如何利用這個流程方法促成最佳結果。

第 3 章
有創造力地執行專案
做計畫的 5 階段

　　輕鬆掌控一切的關鍵在於：1. 理清專案的預期結果，以及邁向完成需執行的下一步行動；2. 將備忘提示置於會定期檢視的可靠系統。這就是所謂的「橫向專注」（horizontal focus），雖然它看起來可能很簡單，但實際運用這項加工處理將會創造深遠的成效。

強化縱向專注

　　大多數情境需要的是橫向專注，但有時可能必須更嚴謹，聚焦於管控一項專案或情勢、判別解決方法，或確保所有正確的步驟已然底定；這就是「縱向專注」（vertical focus）的作用。了解如何運用這種縱向方式，讓思考更具高效能，以及如何將此成效整合至個人系統，便是知識工作中強而有力的行為模式。

> 著手小事時必須從大處著眼，才能讓所有的小事往正確的方向走。
>
> ——阿爾文・托夫勒

　　這種思維類型並不要求詳盡周密，而大多是很隨意、非正式模式的，也就是

所謂的「信封背面計畫」（back-of-the-envelope planning）。按字面上意思，就是當你和同事討論簡報議程與架構細節時，於信封袋或咖啡館紙巾上隨手寫下的內容。根據我的經驗，相較於「做計畫」所耗費的精力，這種計畫方式的產出往往最高效。當然，偶爾還是需要有更正式的架構或計畫，才能理清事情的構成要素、優先重點或順序。此外，在協調更複雜的情況時，有更詳細的大綱也很重要，比方說，團隊必須統合大專案下的諸多小專案，或擬定營運計畫草案，說服投資人相信你對當前作為胸有成竹。不過，在一般情況下，只要有一枝筆、一張紙就可以發揮相當創造力。

就我所見，在職場上構思專案計畫時，最重要的不在有多正式，因為能做出正式計畫的人通常早已具備專案思維，或由於這是職場課程的一部分而即將習得；相反地，對其他人而言，由於缺乏聚焦於專案的模式，便導致了很大的落差。無論是多麼隨興的想法，都需要有方法支持加以實踐。正式的企畫會議與高效率企畫工具（例如：專案管理軟體）有時候的確很實用，但通常與會者必須再另開一次會議，包括信封背面（或白板）計畫的會議，才能真正充實、具體掌握詳細工作項目。此外，正式會議時常會忽略下列關鍵議題：一開始要進行這項專案的原因，或是沒有充裕時間用於腦力激盪、發展可以讓專案更有趣、利潤更高、或僅只是更好玩但從沒人想過的點子。最後，這類會議很少能夠嚴謹地決定行動步驟與顧及專案計畫各層面的職責。

> 最終目標是要使專案和情勢保持明朗、盡在掌握中，這樣便可將之置於腦外，卻又不會讓我們錯失任何有潛力的有用點子。

所幸，思考專案、情勢和主題時，還是有些方法能以最少的時間和力氣來創造最高的價值。當我們有意識地試圖掌控一件專案，或者單純為了獲得某種預期結果而執行時，自然而然就會出現上述的高效方法。根據我的經驗，隨興且順其自然地做計畫時，可以大大舒緩人們的壓力並協助取得更好的成果。

自然計畫模式

　　全世界最聰慧、最有創造力的計畫專家就是我們再熟悉不過的大腦。其實人本身就是一台「計畫機器」。穿衣服、吃午餐、購物或講話，我們隨時隨地都在計畫。雖然過程可能有點毫無章法，但大腦會在事情實際發生前，先進行一連串相當複雜的步驟。大腦在完成任何一項任務時，幾乎都會經歷下列 5 個階段：

> 人類的大腦就是全世界最有經驗的計畫專家。

1. 定義目標與原則。
2. 想像預期結果的畫面。
3. 腦力激盪。
4. 整理。
5. 定義下一步行動。

簡單案例：計畫外出用餐

　　上次打算外出用餐時，是什麼引發你最初的動機？原因可能有很多，包括：填飽肚子、與朋友交際、慶祝特殊日子、敲定一筆生意或與情人約會。只要以上任何理由變成想要採取行動的意向，計畫便會萌芽。意向就是**目標**，會自然而然觸發心裡計畫的流程；而**原則**則會為計畫設定界線。人們可能不會意識到自己外出用餐的原則，但其實萌生的想法都不會超出此界，包含：食物與服務水準、經濟能力、便利性和舒適性等都可能有所影響。無論如何，目標和原則會定義計畫的動機與界線。

　　一旦決定要實現的目標，第一個冒出來的念頭是什麼？應該不是「計畫書第二冊、第一章、第三節、第二點 II. A. 3. b.」吧？最初的想法比較可能是「喬凡尼餐廳的義大利菜」、「坐在小酒館的露天咖啡座」，或是想像可能會體驗到的

美好畫面，甚至是今晚最終的結果。想像的內容可能包含一同用餐的人、氣氛與結果，也就是**想像預期結果的畫面**。目標是外出用餐的原因，而畫面就是想像現實生活中最可能實現的樣貌、聲音或感受等情境。

一旦定義出預期結果的畫面，大腦自然而然會開始做什麼、想什麼呢？比如：應該幾點出發？晚上有營業嗎？餐廳會客滿嗎？天氣如何？該穿什麼衣服？車子的汽油夠嗎？大家有多餓？……這就是**腦力激盪**。「問題」是自然產生的，任何尚未實現的承諾都會經歷這個過程。大腦會留意到預期結果與現況之間的差距，然後開始試圖填補空白，藉此化解認知失調。這就是自然計畫中「如何階段」（how phase）的起始點。不過，這種思維模式有點隨意和隨機，光是為了外出用餐就可能浮現許多不同想法，但其實不必全都寫下來，只要在腦袋裡把流程跑過一遍即可[1]。

人一旦產生大量構想與細節，就會忍不住想要**構成要素**。例如你可能會浮現「必須先搞清楚餐廳有沒有營業」或「打電話給安德森，問他們一家人要不要一起吃個飯」等念頭，這些與結果相關的想法會讓大腦自動按事件的構成要素（子專案）、優先重點或順序開始分類。**構成要素**可能是「安排好對象、地點等相關事宜」；**優先重點**可能是「確認對方是否願意共進晚餐，這件事很重要」；**順序**則可能是「首先必須確認餐廳有營業，接著打電話給安德森，然後才是換衣服準備出門」。這就是自然計畫的細節，其本質囊括**挑戰**、**比較**與**評估**：有件事比較好、比較重要，或比其他事更優先。

理性思維的關鍵就是要更理性地思考。

最後（假設真的要投入某項專案——以外出吃晚餐為例），請將焦點放在必須採取的**下一步行動**，確切落實構成要素中最優先的部分。例如：打電話到 Café Rouge 法式連鎖餐廳，詢問今天是否有營業，然後訂位。

---

1 不過，如果是最要好的朋友最近取得殊榮，而你是慶功宴的主辦人，這時「信封背面計畫」多少能發揮作用，處理那堆塞在腦袋裡的繁複細節。

無論每天要完成什麼事，自然都會包含這 5 個做專案計畫的階段，也就是做事的方法，包括：吃晚餐、度過悠閒的夜晚、開發新產品、籌設新公司等。整個過程就是：產生想實現某件事的衝動，然後想像預期結果、冒出相關構想，再將想法分類，安排到某種架構中，最後決定能讓事情開始成真的具體行動。整個過程都是自然而然發生的，不需要想太多。

自然計畫無須中規中矩

然而，公司資訊部著手安裝新系統、你在規畫婚禮或盤算購併案時，會採取上述模式嗎？

你已經理清專案的初始目標，並傳達給所有該知道的人了嗎？為了成功達到目標，你是否認同必須遵守的標準與行為呢？

你近來暢想過任何大獲全勝的場景嗎？

你是否想像過成功的模樣，並仔細思考實現目標可能帶來的所有創新變革？所有可能的構想（也就是所有可能影響結果、必須納入考量的事情）是否全擺在檯面上了？

你是否已經理清關鍵任務的構成要素、重要里程碑與預期結果？

針對目前能讓專案繼續進行的種種面向、每個環節的下一步行動、由誰負責什麼任務等，是否都已經理清了？

如果對於以上問題的答案都是：「大概沒有吧！」那麼很可能無法落實自然計畫模式中的某些構成要素。

在幾場研討會中，我讓與會者使用這套模式實際計畫自己當前負責的策略專案。短短幾分鐘，大家就將 5 個階段全部走過一遍，然後相當訝異於這種模式與從前採取的方式相比所帶來的大幅進展。有位男士在會後告訴我：「我不知道該

感謝你還是恨你。我剛剛竟然完成了自己一直認為要花好幾個月才能完工的營運計畫書。這下我就沒藉口逃避這項工作了。」

如果你願意，現在就可以試試這種模式。挑一件全新、動彈不得、或單純想要有些許進展的專案，思考一下目標，接著想像成功的樣貌：在物質、金錢、名聲或其他哪些方面想達到什麼程度？腦力激盪一下可能的步驟、整理你的想法、決定下一步行動。現在是不是更清楚自己的方向和抵達目的地的辦法了呢？

非自然計畫模式

為了凸顯處理複雜專案時運用自然計畫模式的重要性，現在就以在大多數情勢中的「正規模式」作為對照。我稱之為「非自然計畫」。

當好構想其實是壞主意時

有些經理或專案主導人會出於好意地在會議一開始就問：「針對這件事，誰有什麼好點子？」

這句話的預設立場是什麼？在採信任何針對「好點子」的評估標準之前，必須先理清專案目標、定義願景（預期結果），並收集腦力激盪的結果與分析整理好相關資料。「有什麼好點子」只有在思考程度達 80% 左右，才會是個好問題。以這個問題開頭，很可能會澆熄任何人迸發的創意火花。

> 如果在想出任何點子前，就期望該得到好點子，反而會無法產出太多構想。

在處理任何專案時，如果切入的視角與大腦自然運作的方式相悖，就會陷入困局。許多人總是用這種方式做事，也幾乎總是導致事務模糊不清、增添壓力。與別人互動的過程中，這種方式會讓自負、勾心鬥角與模糊焦點等問題乘隙而

入，支配原本的對話與討論（總而言之，激烈的言語攻擊會操控一切）。再者，單就個人而言，在尚未理清目標、設立願景，以及收集各式各樣初步的不良構想之前，就企圖提出好點子，反而很可能讓創意更難產出。

被動計畫模式

大多數人仍認為非自然模式才算是「計畫」，但由於這種模式往往造作不自然，又不適用於實務工作，所以許多人會逃避做計畫。這種不做計畫的情況時常會在作業前期出現：抗拒做會議、簡報與執行策略的計畫，直到火燒眉毛的最後一分鐘。

> 當你發覺自己陷在坑裡時，就別再繼續挖洞了。
>
> ——威爾・羅傑斯

然而，不提前做計畫會發生什麼事？很多時候就是身陷危機（比如：「你還沒拿到票嗎？」「我以為你會處理那件事！」）。接著在迫在眉睫的緊要關頭時，被動計畫模式就會應運而生。當陷入最壞的情況時，人們最先專注的重點會是什麼？當然就是「行動」，包括：更賣力工作、加班、加派人手、更忙碌！導致一堆人被工作壓得喘不過氣。

接著，當一堆人忙得不可開交、無法跳脫困境時，經驗老到的人就會說：「我們需要好好整理一下！」（現在清楚了嗎？）然後大家就繞著問題畫圖框、貼註記標籤，或重畫圖框、重貼註記標籤。

到了某個時間點，大家意識到光是反覆畫圖框對解決問題並沒有太大幫助，這下又有個人（經驗更老到）會建議必須更有創造力：「大家來腦力激盪吧！」於是所有人齊聚一堂，老闆就問：「那麼，在座誰有『好點子』呢？」

> 別只是埋頭苦幹，停下腳步。
>
> ——羅謝爾・麥爾

當沒什麼人提出好想法時，老闆很可能就會臆測員工多半已經黔驢技窮，該是聘請顧問的時候了！當然，如果聘請到的顧問能力出眾，到某個時間點他就會問這個重要問題：「你們現在到底真正想做的是什麼？」（目標、願景）

自然計畫模式 5 階段的技巧

雖然這件事不言而喻，但仍必須重申：以更有效的方式思考專案和情勢，可以讓事情更快、更好且更順利實現。如果大腦總是以自然的方式做計畫，我們可以從中學到什麼？該如何運用這種模式在思維中結出更豐碩、更美好的成果？

以下就來一一了解該如何善用自然計畫模式的 5 個階段。

目標

多問「**為什麼**」不會有任何損失。以高度專注的方式仔細審視，幾乎能改善正在執行的任何事，甚至激發行動力。為什麼要去參加下一場會議？任務目標是什麼？為什麼要請朋友吃晚餐？為什麼要聘請行銷主管，而不是委託代理人？為什麼公司的服務單位要容忍這種狀況？為什麼要擬定預算？……不斷地深入問下去。

> 狂熱者一再加倍努力，以至於忘記了目標是什麼。
>
> ——喬治·桑塔亞那

事實上，這只是更進階的常識。若要任何活動達到精準聚焦、發揮創造力與協力合作，對目標瞭若指掌是最基本的要件。然而一般人不常實踐這項「常識」，因為對我們來說，把事情做完易如反掌，但又很容易糾結於做事的形式中，讓自己的行為與初衷脫節。

根據我在很多公司與不少經驗豐富人士共事數千小時的經驗，問清楚「為什

麼」確實不容忽視。當有人抱怨要開的會議太多時，必須問：「為什麼要開這些會議？目標是什麼？」當有人問：「該邀請誰參與企畫會議？」必須問：「企畫會議的目標是什麼？」當有人為了是否要在度假中上網處理工作與電子郵件左右為難時，必須問：「度假的初衷是什麼？」若無法回答出這些問題，就不可能想出適切的解決之道。

思考「為什麼」的價值

詢問「為什麼」有下列好處：

- 清楚定義成功。
- 樹立衡量決策的標準。
- 集結資源。
- 激發行動力。
- 理清專注重點。
- 擴充更多選項。

> 大家都喜歡當贏家。但如果你對自己當下正在做的事，目標無法全然清楚時，就無法在競局中獲勝。

以下將進一步探究這些好處。

清楚定義成功：現在的人都渴望成為人生勝利組。人們很愛競爭，也很喜歡當贏家，或再怎麼樣也要有勝券在握的感覺。如果完全不清楚當下正在做的事目標何在，根本就沒有機會制勝。最終目標能清楚定義成功的樣貌。上至決定參選，下至設計表格，目標都是評估要投入多少時間與精力的首要參考。

如果不了解職員大會的目標何在，就不會對參與會議有任何好感。當董事會詢問為何要解雇行銷主管，或聘用企管專家擔任新財務長時，你最好有個令人滿意的答案，否則休想一夜好眠；此外，除非透過詢問「為什麼我們需要營運計畫書」來定義衡量成功的標準，並將營運計畫書與該標準做比對，否則也無法確實了解計畫書是否完備。

樹立衡量決策的標準：該如何決定簡介手冊是要多花錢做彩色印刷，還是只

一般而言，要做出艱難決策的唯一辦法，就是回歸做這件事的目標。

要印雙色湊合著用即可？怎麼知道雇請大公司設計新網站值不值得？要如何判斷是否該送女兒去讀私立學校呢？

這些問題全都要回歸到「目標」二字。對於自己試圖完成的事而言，有必要投入那些時間、精力、費用嗎？除非清楚定義目標，否則一切全都無從得知。

集結資源：該如何在公司有限的預算內配置人力？該如何善用目前的現金流讓明年的零售能力臻至巔峰？每個月的聯合會議應該把款項用於提升午餐品質，還是邀請客座演講人？

無論何種情況，答案全視真正企圖達成的事而定——也就是「為什麼」。

激發行動力：大家要面對的事實是：如果找不到做某件事的好理由，這件事就不值得做。我時常驚訝於竟然有那麼多人會忘記自己之所以行動的原由，也很

如果你無法確實理解自己執行這件事的原由，就會永遠辦事不力。

訝異只是問一個像「為什麼你要做這件事」的簡單問題，竟然就能如此快速將大家導回正軌。

理清專注重點：無論做任何事，只有在觸及真正目標時才能讓事情更加明確。只要花 2 分鐘寫下做這件事的初衷，必定能讓願景的清晰度就像用望遠鏡聚焦一樣逐漸增加。本來看似分崩離析與含糊不清的專案或情勢，往往能透過詢問：「當前真正企圖達成的是什麼？」進而日益清晰並回歸正軌。

擴充更多選項：矛盾的是，當事務因目標明確而更聚焦時，反而會開啟人們的創造力，拓展更廣闊的可能性。無論會議、員工聚會、休假、撤銷管理職或購併案，一旦真正明白做這些事背後的原由，就會擴展思路激發更多實現預期結果的方式。我看到一些人在「搞定」的課程中，在寫下自己的專案目標時，經常會形容這個動作就像一道清風拂過心頭，理清了自己當下工作的願景。

你的目標夠清晰明確嗎？如果你曾真正體驗過專注於目標的好處（包括：激發行動力、更清晰、擁有衡量決策的標準、集結資源與提升創造力等），就表示

你的目標很可能已經足夠明確了。然而，許多人描繪的目標過於模稜兩可，以至於無法產生成效。舉例來說，「目標是擁有優質的團隊」就是太粗略或含糊不清的描述。歸根究柢，組成一個「優質團隊」應具備什麼條件？是指團隊士氣十足、合作無間並主動出擊嗎？或是務必謹守預算？換句話說，假如沒有確切搞清楚自己有沒有走在朝目標前進的軌道上，就不會有實際可行的方針。「該怎麼知道自己有沒有偏離目標呢？」這個問題必須有個明確的答案。

原則

每個人堅守的標準與價值，就跟驅策、指導專案的主要標準同等的重要。這些標準與價值儘管鮮少被人們意識到，但永遠確實存在，一旦違反便會產生無可避免的分心與壓力，導致行動白費功夫。

> 簡單清晰的目標與原則會啟發複雜與明智的行為；繁複的規則與條例則會造就膚淺與愚蠢的行為。
> ——狄伊·哈克

你的原則是什麼？完成下列句子是思考這個問題的絕佳方法：「我會完全放手給別人做，只要他們……」只要別人具備什麼條件呢？當團隊的行動滿足什麼明文規範或約定成俗的潛規則嗎？或是只要開支符合預算？讓顧客滿意？保證是健全的團隊？宣傳正面形象？

當別人的行徑超出你的個人標準時，可能就是壓力的主要來源。如果你從來不必應付這些問題，真的是受到上天眷顧。若必須面對這類壓力，理清原則與針對原則的建設性對話將有助於集結力量，避免不必要的衝突。人們可能會自問：「哪些行為可能會不知不覺破壞正在執行的工作？該如何防範呢？」這個問題是定義個人標準時很好的出發點。

專注於「原則」還有另一個絕佳理由：原則是理清正向行為的參考依據。在

一項專案中，你希望或必須如何與他人共事才能確保任務成功呢？在家庭假期中，小孩可以做什麼又不能做什麼呢？自己該有什麼言行舉止才能與他人處在最佳狀態？

目標能帶來行動力與方向，而原則會界定行動的範圍與衡量標準。

願景／預期結果

為了以最高效能的方式，取得自己能意識到或甚至尚未意識到的可利用資源，人們都必須在腦袋中清晰勾勒出成功的樣貌、聲音與感受。目標會帶來動力、原則具有監督作用，願景則能描繪出最終成果的實際藍圖，以「是什麼」（what）而非「為什麼」（why）呈現。比如：未來專案或情境成功問世時，實際樣貌是什麼？

舉例來說，參加研討會的結業學員可以將所學知識貫徹在實務上、東北部的市占率比上個年度增加 2%、女兒非常清楚你在她大學第一學期所給予的指引與支援。

專注的力量

1960 年代開始，有成千上萬本書在闡述適度正向肯定的想法與專注的重要性。在奧林匹克等級的運動訓練中，「前瞻式專注」（forward-looking focus）甚至是個關鍵項目，運動員要想像體力付出、正面能量與勝利的結果，以致於無意間也能帶來最高程度的支援、提升表現成果。

> 想像力比知識更重要。
> ——亞伯特‧愛因斯坦

我們專注的重點會影響自己覺察到的事物與表現方式，這道理適用於高爾夫球場、員工大會，或甚至是與另一半的嚴肅話題上。我感興趣的是，提供在實務

上（尤其在構思專案時）具有極高機動性的專注模式。

人們專注於假期安排、即將參加的會議、試圖發展專案等事務時，會立刻萌生想法與思維模式，這是其他方法都無法辦到的，甚至連生理機制都會對大腦的想像產生身歷其境般的實際反應。

腦部的網狀活化系統：《科學人》（*Scientific American*）雜誌 1957 年 5 月號有一篇文章描述在大腦基底部發現的網狀組織。網狀組織基本上是自覺意識的通道，負責切換人們感知想法與資訊的開關，讓人在音樂播放之際依然能睡得很沉，但隔壁傳來寶寶的啼哭聲又能立即醒來。

大腦就像電腦一樣擁有搜尋功能，但能力比電腦更卓越。人們專注的、認為較重要的，以及認同的事物，就好像已在大腦中設定了程式一般，也是許多人維持心目中的典範的方式。人們只會留意到符合自身內在信念系統與認同的事物。比方說，驗光師在擠滿人潮的場所中，往往會格外留意到戴眼鏡的人；營造承包商則可能會特別注意室內的施工細節。如果你現在把目光專注在紅色，接下來環視周遭時，任何一丁點的紅色都逃不過你的眼睛。

> 自發的創意機制屬於「目的論」，也就是說，會依據你的目標與最終成果來運作。一旦有個要達成的明確目標時，便可以仰賴此機制的自動導航系統引領你至該目標，而且效果遠比透過意識思維所達到的更好。當「你」提出目標，並認定這就是應該達成的結果時，自發機制就會因此提供方法。
>
> ——麥斯威爾‧馬茲

人如何在無意識狀態中意識到資訊呢？若真的要探究這種過濾功能的運作方式，就算不必花上一輩子，也足以開上一整週的研討會。總而言之，當人們專注於清楚勾勒出期望事務最終結果的畫面時，某件事就會離奇地自動浮現在腦海裡。

理清結果

　　理解人類感知過濾能力的運作方式，將發現一個簡單卻意義深遠的原理：人們在見過自己的行動後，才會知道該怎麼做比較好。

　　若曾發生過類似的事，或曾體驗過類似的成功經驗，之後要想像實現類似情景的模樣就相當容易。然而，若要勾勒全新的陌生領域，要如歷其境地想像成功畫面則是極大的挑戰。也就是說，如果你對一件事情沒有什麼經驗可以參考，很可能就無法讓它實現。

> 若要在人生中實現期望，需要先經常在腦海裡編織期望。

　　很多人不敢想像預期結果，除非有人告訴我們該**怎麼做**。遺憾的是，這也是人類大腦在產生、辨識解決方案與方法的運作上，仍舊停滯不前的地方。

　　要淬礪與拓展職場與個人的成功，最強大的生活技能和最重要的事，就是創造清晰明確的結果。這點可能沒有聽起來的那麼簡單。人們必須時常定義（與再定義）自己在許多不同層面上試圖完成的事，並持續重新配置資源，盡量以有效益、有效率的方式完成各項專案。

> 我一直想成為大人物，其實我應該想得更具體一點。
> ——莉莉・湯姆琳

　　當專案大功告成時會是什麼模樣？向客戶簡報之後，會期待對方有何感受、了解到什麼，並執行哪些事？從現在起算 3 年後，預期事業會達到何種境地？理想中的財務主管該盡到何種程度的職責？公司網站在滿足期待時，會呈現出何種畫面、具備哪些功能？當你與兒子有必要談心，溝通最順利的情況下，彼此的關係將感覺如何？

　　預期結果或願景的內容，可以是簡單的專案陳述，例如：「完成安裝電腦系統」，也可以像是電影劇本般詳盡呈現未來的場景。

　　當人們能夠專注於描繪自己負責的專案成功的情境時，通常會感受到強烈的

熱情，同時產生很獨特的想法，對專案也會抱持正向肯定的心態，這是許多人過去從未體驗過的。針對某個情況，「如果……，會不會很棒呢？」是不錯的思考開端，至少能提供足夠的時間找出獲得解答的選項。

腦力激盪

一旦確立自己想要實現的事情與背後原由，「如何」的機制就會發揮作用。當人們認定腦中情境與現狀有所差異時，大腦就會自動填補兩者間的落差或進行腦力激盪。腦袋裡開始會隨機冒出無數的點子，其中可能包含了瑣碎、重要、普通或絕妙的想法。大多數人面對大部分的事情會於內在進行這個過程，而且效果往往相當顯著。例如：你和主管在走廊上談話，邊走邊想著要跟他說什麼。此外，用某些外部的方式寫下或捕捉雜事，也可以大幅提升產出效能與思考力。

> 想出一個好點子的最佳方法，就是想出很多點子。
>
> ——萊納斯・鮑林

> 人的大腦總想要推算出事務該如何，才會由這裡轉向那裡。但思路開始時，常常是散亂無章的。

捕捉你的想法

針對專案與專題，過去數十年來有許多人導入圖解式的腦力激盪技巧來輔助創意思考。這些技巧包括：心智圖法（mind mapping）、群聚法（clustering）、形式模仿法（patterning）、網狀圖法（webbing）與魚骨圖法（fish boning）。儘管各種技巧創始人所呈現的思考過程可能各有千秋，但對大多數實際使用者而言，基本前提始終相同：讓自己能夠捕捉與表達任何想法，然後再想出安置與處理的方法。如果沒有別的想法（以及太多「旁生枝節」的想法），這項練習將會明顯提升效率，亦即牢牢抓住萌生想法的那一刻，讓人不必再努力「發想」。

「心智圖法」是這些概念與技巧中最流行的方式。這套方法的命名者暨創始人，英國的大腦功能研究者東尼‧博贊（Tony Buzan）將腦力激盪產生點子的過程歸納為圖解的形式。在心智圖中，核心想法會置於中央，衍生的相關想法則會以略微隨興的形式圍繞著核心。舉例來說，若是決定要搬遷辦公室，可能就會想到電腦、重印名片、需更換線路、新辦公室設備、重牽電話線、大掃除與打包等事宜。若以圖解的方式捕捉這些想法，一開始可能呈現的樣貌如下：

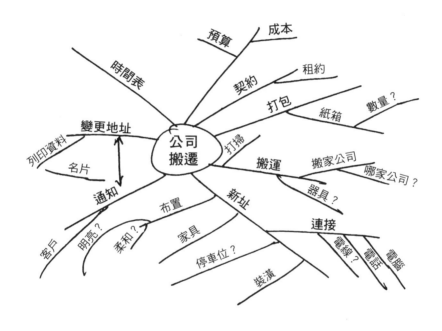

這類心智圖可以畫在便利貼上，然後再貼到白板上，或者將想法輸入文書處理軟體、大綱整理應用程式，或許多坊間的心智圖應用程式之中。

分散式認知

運用外部的方式進行腦力激盪，最棒的是除了捕捉初步構想之外，還能在缺乏記憶與持續回顧的自然反應之下，幫助人們產生許多可能從未想過的新點子。

就彷彿大腦在說：「看啊！我打算提供數量足夠你自認有能力有效運用的想法。倘若你不用可靠的方式收集起來，我就不會提供那麼多給你；但如果你確實想用這些點子做些什麼，即使只是記錄下來留待日後評估也好，我現在就能給你一堆點子！哇！好極了，這讓我又創造出一個點子，接著又冒出另一個……。」

> 如果你只有一個想法，這個想法會是世上最危險的。
>
> ——埃米爾·恰堤爾

心理學家現今將此過程與類似的過程稱為「分散式認知」（distributed cognition）。分散式認知會將事情逐出腦袋，擺在客觀與可檢視的形式中，也就是建立「延伸的大腦」。我的高中英文老師並不知道這個理論，但卻也能教我學習的關鍵訣竅：「大衛，你以後上大學、寫論文時，要將所有筆記和引述分別寫在 8x12 公分大小的卡片上。接下來，當你準備要整理想法時，只要將卡片攤在地上，就能檢視其結構與分析遺漏的部分。」愛德蒙森老師就是授予我自然計畫模式主要精髓的泉源！

在缺乏某些外在的結構、工具或誘發因子的情況下，很少有人可以連續好幾分鐘聚焦在同個主題上。挑件手邊的大專案，嘗試一下心無旁鶩地思考超過 30 秒……，這其實是非常艱鉅的挑戰，除非手邊有筆和紙，並運用任一種「人造認知工具」（cognitive artifacts）作為想法的靠山，才有辦法持續思考好幾個小時。這就是為什麼在使用電腦文書軟體處理專案、在筆記本上畫心智圖、在餐巾紙上塗鴉，或和別人聚在一起開會掌握來龍去脈（這時麥克筆和白板也很管用）等時刻會出現絕佳的構想。

> 唯有能夠駕馭自己想法的人，才是想法的主人；也唯有這種人才不會成為想法的奴隸。
>
> ——林語堂

腦力激盪的關鍵祕訣

能輔助腦力激盪與激發思考跳脫框架的技巧很多，基本原則可歸納如下：

- 不批判、不質疑、不評價、不挑剔。

- 求量不求質。

- 將分析與整理視為次要。

不批判、不質疑、不評價、不挑剔：「非自然計畫模式」很容易在腦力激盪的過程中跑出來作怪，讓人瞬間落入過早的批判與挑剔的漩渦之中。如果受到批評的影響，即便只是略微在意，人們也會為了尋找「正確」的說辭而停下來審視自己的想法。該鎖定主題持續腦力激盪，還是扼殺發揮創造力，兩者之間還是有相當微妙的差異。將腦力激盪置入計畫過程的整體情境中相當重要，因為當人覺得自己是為了腦力激盪而腦力激盪就會顯得很無趣，也完全偏離本意；當我們真正了解腦力激盪的妙趣，未來在任何專案找到最終解決辦法之前，就可以更輕鬆地享受這個過程。

> 有時，確認可能發生的最糟情況，是形成邁向成功的絕妙主意的最佳途徑。

這並非建議人們斷絕批判，而是在這個階段，每件事理當持平而論。如果覺得「使用這套方法可能導致某些錯誤」，那麼就必須拿到檯面上討論。最具挑釁意味與批評的想法常是絕佳主意的開端。避免批評不過是明智地先了解自己現有哪些點子，然後以最恰當的方式保存，留待日後使用；評判的基本準則亦需兼容並蓄，而非一味束縛與壓迫。

求量不求質：追求數量才能讓思維持續延伸。人們經常不知道什麼是好點子，直到自己創造了一個為止。有時候，人們需要過一段時間後才會意識到原來那是個好想法，或只是個絕妙點子的雛形。點子數量越豐富，就像在大賣場看著琳瑯滿目的商品，那種選擇夠多而令人安心的感覺。做專案計畫也是同樣的道理。擁有越多可以運籌帷幄的想法，就越能創造出更好的情境，也會更信賴自己的選擇。

將分析與整理視為次要：分析、評估與整理想法也應該要充滿創造力、跳脫思考的框架，但在腦力激盪的階段，不應將這種批判性質的活動視為重點。

條列清單可以很有創意，用來考慮應加入團隊的成員、顧客對軟體的需求，或是營運計畫書的內容。只要確保持續抓住所有的想法，直到進入去蕪存菁、整理專注重點的下一階段為止。

整理

若已在腦力激盪的階段中將所有點子徹底清出腦袋，便會發現整理的條理已自然逐漸成形。正如我高中老師建議的方法：一旦將所有想法逐出腦袋、全攤在眼前時，自然而然會注意到其中的關聯與結構。這就是大多數人面對整理專案時會提及的狀況。

> 專案計畫可以分別出更小的結果，並進行自然的安排。

「整理」通常會在確認專案的構成要素和子要素、順序與優先重點時出現。最終成果必須在哪些事到位之後才會產生？這些事必須依照何種順序出現？確保專案成功最重要的要素是什麼？

這個階段可以善加利用的整理工具，從在信封背面潦草條列重點，到功能強大的專案規畫軟體皆可。當一項專案需要實質與外部的控制時，必須藉由層級大綱列出構成要素與子要素，或以甘特圖呈現依時間規畫的專案階段，以及獨立和從屬的環節、里程碑，並確認這些細節與整個專案的關聯。

創造力思考並不會就此打住，而只是轉換為另一種形式。人們一旦理解出一個基本架構，大腦就會開始試圖填補缺口。舉例來說，當你在專案上發覺有 3 個必須處理的關鍵事項，而將之全部攤開來看時，可能就會引發你聯想到第 4 個、第 5 個關鍵事項。

整理的基本條件

這個階段的關鍵步驟如下：

- 判別重要部分。
- 依照下列方向（一項或多項）分類：
    一構成要素。
    一順序。
    一優先重點。
- 達到要求程度的細節。

我從未見過有兩項不同專案在將事情逐出腦袋以順利推進時，擁有完全一樣的結構與衍生相同數量的細節。不過，幾乎所有專案都可以運用大腦主掌排序的部位產生創造性思維，同時提問：「有什麼計畫？」

下一步行動

計畫的最後階段，歸根究柢就是決定該如何配置與重新配置實質資源，以利確實推動專案進行。這個階段要提出的問題是：「**下一步行動**是什麼？」

前一章提到，這類實事求是的思維結合理清預期結果，就是定義與理清實際工作樣貌的關鍵構成要素。就我的經驗，一般認為的專案計畫內容有 90% 是建置一份清單、列出該實際執行的項目，以及持續管理每項下一步行動。這種「地面層級」的處理方式會讓人誠實面對所有事：自己確實有認真做這件事嗎？由誰負責？每件事都想得夠透澈了嗎？

若專案可行，到某個時間點時，就必須思考下一步行動[2]。想測試自己對專案的思考是否周到，可以試著回答：如果沒別的事要做時，你特別想實際做些什麼呢？如果還沒辦法回答這個問題，就有必要回頭依序複習自然計畫模式的步驟，充實一下。

---

2 無法行動與不需要下一步行動的專案仍然可以先做計畫，例如：設計夢想中的房子。缺少預設下一步行動的專案，就會列入「將來／也許清單」之中。

基礎條件

- 針對專案當前的每個「行動環節」來決定下一步行動。
- 有必要的話，在計畫過程中決定下一步行動。

啟動每個行動環節：每次都事先決定好確實可執行的下一步行動，且不會有其他必須先完成的環節冒出來時，專案才算具備了妥善的執行計畫。若一項專案擁有諸多構成要素，則必須適當評估每個要素的價值，評估時可以提問：「此刻有什麼是任何人都可以做的事？」舉例來說，在協調研討會主講人時，可以同步尋找合適的演講地點。

有時候，只要啟動一個行動環節便會牽一髮而動全身，這時可能只要有一個「下一步行動」就夠了，其他全得視該部分的結果而定。

有太多專案需要計畫時：萬一在放心進入下一步行動之前，仍有許多專案需計畫，該怎麼辦呢？不妨先採用這個稱為「加工」的動作來告一段落。至於還在計畫中的專案，下個步驟就是：提出更多初步的想法。像是發電子郵件給安娜．瑪莉亞和史恩，請他們貢獻想法，或是交代助理安排與產品部門的人開會。

無論身處何種情況，都要習慣於理清所有專案的下一步行動，這是讓你輕鬆控制局面的基本功。

當下一步行動由他人負責時：若下一步行動不在你的職責範圍內，無論如何都必須理清責任歸屬（這就是「等待行動清單」的主要用途）。在團隊一起計畫的情況下，無須所有人都知道專案中每個環節的下一個步驟。通常唯一需做的就是將專案的每個環節分派給合適的人負責，然後下放權力讓負責人判別其職責任務中的下一步行動。

這種針對下一步行動的討論會迫使組織提升透明度，因為問題與細節只有在有人施壓、強迫大家面對資源分配的現實層面時才會浮上檯面。這個簡單實用的討論可以推進事物，也能夠明顯擾亂局勢與促進認清弱點。

真正需做的計畫有多少？

許多人會問：專案計畫要做到什麼程度才算足夠？細節要多詳盡才行？答案很簡單：只要夠讓你的大腦擺脫這項專案即可。

一般而言，事情會在腦海中盤桓的理由在於：預期結果與行動步驟尚未獲得合宜的界定，而且（或者）並未將其備忘提示放在自己會適時查閱的可靠地方。除此之外，人們也可能尚未充分構思細節、觀點與解決方案，因此無法信賴自己策畫藍圖的能力。

需要新的證券經紀人嗎？只需打通電話請朋友推薦即可。想在家裡安裝新印表機嗎？只要上網瀏覽不同印表機的型號與價格就搞定了。我估計大概有 80% 的專案內容都屬於這一類。針對這些工作，仍然要採行充分計畫的模式，但只要在腦袋中就足以搞清楚下一步行動，並可持續進行至完成為止。

另外有約 15% 的專案內容，可能需要借助外在的腦力激盪形式（也許是運用心智圖，或在文書處理、簡報軟體上記錄幾項重點）來完成，這對計畫會議議程、假期、當地商會的演講就綽綽有餘了。

> 若專案仍盤據在你腦海中，就表示需要更多思考。

最後，有 5% 的專案內容可能需要審慎執行自然計畫模式 5 階段中的 1 個或多個階段。該模式提供了讓事情不糾結、有解決之道，並能持續高效進展的實用訣竅。如果你發現自己的專案需要更加清晰明確或實施更多行動，那麼使用自然計畫模式往往是有效推展進度的關鍵。

讓專案更清晰明確

如果需要專案更加清晰明確，請將思維切換到自然計畫模式中最後一個階段，然後依序回溯。許多人經常忙得不可開交（行動），但感覺很困惑，也缺乏

明確的方向；他們需要攤開或擬定初步計畫（整理）；如果在計畫階段發現少了清晰明確的要素，很可能就需要激發更多構想（腦力激盪）與資料，建立計畫的可靠度；如果在腦力激盪階段陷入模糊的思考而停滯不前時，專注的重點就應該回溯到理清預期結果與願景，確保啟動大腦網狀組織的過濾功能，以傳達如何應對的想法。如果不明確的是預期結果或願景，就必須回歸到投入這項工作的原因（目標）並進行徹底分析。

擁有更多可執行的行動

如果需要更多可執行的行動，就必須循著自然計畫模式的階段往下推進。也許專案的目標令人熱血沸騰，但也會同時存在某些抵抗的力量，拒絕確實想像目標在現實中成真的可能遠景。近年來，經理人可能會關心「要提升工作品質」，但卻時常沒有為預期結果的樣貌界定清晰的畫面。請務必將思緒集中在願景的具體細節上，然後再次自問：「結果會是什麼模樣？」

如果已經明確回答了這個問題，但事情仍然無法推進動彈不得，或許就該努力克服如何執行的操作細節與觀點（腦力激盪）。我經常遇到的客戶狀況是，接手了一項定義相當清楚的專案（例如：實施新的績效評核系統），但卻因為並未抽出幾分鐘疏通一些想法，檢視實施後可能需承受的後果，導致專案無法推展。

如果腦力激盪陷入膠著（通常是因為過於「天馬行空」），那麼在評估與決定如何處理可交付的關鍵任務時，就必須有嚴謹的要求（整理）。有時會出現的狀況是：在沒完沒了的非正式會議中已經提出很多構想了，但最後卻沒有對專案必須落實的下一步行動做出任何決定。

即使眼前有計畫，卻未按計畫執行，就必須要有人評估其中每個要素的價值。此時問題的焦點需擺在：「下一步行動是什麼？由誰負責？」有位經理為了一場大型年度會議已籌備了好幾個月，她問我：「我的團隊去年在接近截止期限時經歷了通宵加班的噩夢，今年該如何預防重蹈覆轍？」當她概略整理出手中

專案下的各個環節時，我問：「哪些部分可以馬上推行？」我們找出 6 件事項，一一理清其下一步行動，然後著手執行，及時避免再犯同樣的錯誤。

前面兩章中介紹了如何在生活與工作中的兩個基本面，花費最少的心力以維持最高效生產力並掌握主控權。這兩個基本面為：我們採取的行動與所涉入的專案（專案會衍生出很多需採取的行動）。

> 提高生產力與減輕壓力其實不需要什麼新技巧，只需要應用一套經過改良的系統化行為。

請務必收集所有懸而未決的「開放式迴路」（open loop）事項，針對這些事項採行前期思考的步驟，接著以整理、回顧與執行的方式管理成果。這些基本原則依然適用。

對於自己承諾要完成的所有事情，自然計畫的流程會帶領你達成目標。善用自然計畫模式的 5 階段技巧，通常有助於進展更順利、快速與高效。

> 計畫會將你捲入工作之中，但你要設法找尋出路。
>
> ——威爾·羅傑斯

這些模式簡單易懂，也容易實行，而且應用這些模式會創造出驚人的成果。你根本不需要新的技巧——因為你早已明白該如何記錄事情、理清結果、決定下一步行動、將事情分門別類、檢視並以直覺做出選擇。此時此刻，你已經有能力專注於成功的願景、腦力激盪、整理思緒，並依照下一步行動持續向前邁進。

然而，只**知道**如何實行並無法真的產生成效；空有提高生產力、放鬆與掌控的能力，並無法真的**辦到**這一點。如果你和大多數人一樣有這種狀況，或許可以請一名指導教練帶著你按部就班地親身體驗，並在過程中提供一些實用技巧與指導，直到這種新的行事風格已潛移默化、深植你心為止。

接下來，第 2 篇中將介紹這些技巧。

實踐無壓力
提升工作效率

gtd®

第 4 章

準備著手
設定時間、空間與工具

　　第 2 篇將從概念架構和掌握有限的工作流程應用，進一步邁向全方位實踐「搞定」（Getting Things Done，簡稱 GTD）。通常人們會在這段過程中，感受到從未體驗過的，既放鬆又能掌握情況的心理層次；然而，要達到這種境界，需循序漸進地慢慢催化人們前進。因此，我將提供一連串合乎邏輯順序的任務，好讓人們不僅能輕鬆加入我們的行列，同時能從這些技巧中獲取寶貴的價值。

　　人們初次接觸以下資訊時，或許會認為大多數細節看來過於艱澀、難以吸收與實踐。成功實踐「搞定」的模式至少需要花整整兩天，而且是在不受任何干擾的情況之下，本章也將依序提供詳盡的實施指引。一旦踏上「搞定」之路，許多人可能在不久後就會想要重新閱讀一遍這些資訊和建議，以將應用範圍提升到嶄新的境界。

實踐「搞定」的關鍵秘訣

　　即使你尚未確定自己是否打算全心投入全方位實踐「搞定」模式，我都能保證：人們通常得以從本書中獲得諸多提升生產力的寶貴秘訣。有時只要一個很棒

的小技巧，就能讓閱讀本書值回票價。舉例來說，曾有人告訴我自己在「搞定」研討會上學到最棒的資訊就是「2分鐘定律」。這些實踐「搞定」的訣竅，對我們內在那個不甚聰明、自覺程度不高的部分來說將非常有用。

我認識最善用「搞定」模式的人，絕大多數都很懂得在生活中施展這些絕妙技巧。我個人也是如此。我們潛意識中那個有智慧部分會指示待辦事項，讓較不聰明的部分可以自動自發地應對，進而採取能產出最佳結果的行動。我們使用一些小技巧來催眠自己，以執行需要完成的事項。

> 透過行動讓自我感覺良好，要比透過自我感覺良好後再進入較好的行動狀態來得容易。
>
> ——奧維爾・霍巴特・莫瑞爾

舉例而言，若你跟我一樣沒有規律的運動習慣，可能也會有些強迫自己去健身的小撇步。**衣著**就是我個人的最佳招數：一旦穿上運動服，我就會開始想要運動；否則，穿其他衣服時，我就很可能會想去做些別的事。

以下來觀察一個有關工作效率技巧的真實案例。你應該也有過把工作帶回家，而且隔天需要帶回公司的經驗吧？「隔天早上記得把工作帶出門」是這個例子中最重要的事。你是否會把它放在門口或鑰匙旁，好確定自己一定會記得帶走？你受教育的目的難道就是為了這個？那還真是為自己的人生建立了非常精妙的自我管理技術啊！但話說回來，實際上真是如此。那個「聰明的你」清楚知道，在隔天一大早，「不甚聰明的你」很可能根本還沒清醒過來。「門口這個是什麼？喔對了！我需要帶去公司！」

這個例子真的很經典，也是我稱之為「放在門口」的小秘訣。為了達成我們的目標，這扇「門」將會根據和上述案例相同的概念，轉換成一道**心智的門**。

如果現在拿出行事曆仔細查看接下來14天的所有事項，你應該至少會想到一次：「喔對！這提醒了我，應該要去＿＿＿＿＿＿」。接著，如果把這個有附加價值的念頭捕捉到某個能提醒你採取行動的地方，你就會感覺更輕鬆、思路更清

晰，進而能積極完成更多事項。然而，這不過是一個小小的訣竅，不是什麼艱深的學問。

現在請立刻拿張乾淨的白紙和最喜歡的文具，花 3 分鐘全神貫注在腦海裡最棒的專案，我敢發誓，每個人至少會冒出過一次「哦對！我需要考慮到＿＿＿＿」的想法。接著捕捉腦海中的念頭、寫在紙上，並將這張紙放在現實中可能需要用到這個想法或資訊的地方。

雖然這個行動無法讓人比 10 分鐘前更聰明，但確實能為工作和生活增添更多價值。

> 高效、創新並富有成效的思維與行動，其最大秘訣就是：在對的時間專注對的事情。

學習如何精通管理工作流程的關鍵，在於妥善運用各項道具和技巧，進而讓所需的思考過程自動運轉，更能專注於當下。下述關於設定時間、空間及工具的建議，都是能將事物提升到超凡新境界的方法。

如果真心期盼個人管理系統能有大幅度的躍進和改善，建議你務必全神貫注、仔細吸收，並**完整實踐**下列內容。因為完整實踐的成效將遠大於個別實踐各部分的總和。同時，在「實際執行」的過程中，你也會發現對當下日常生活的具體改善與進展。我們將會以令人驚喜、嶄新及有效率的方式，大幅完成你想完成的事項。

刻意挪出空檔

請試著空出一段時間、準備一個具備適當空間、家具及工具的工作環境來進行下列過程。妥善規畫的精簡空間不僅可以降低人們潛意識中抗拒處理雜事的心態，甚至也能讓人渴望靜下心來，努力征服各項思緒及工作。一般來說，保留「連續整整 2 天」來實行此過程是最理想的狀態（倘若沒有這麼多時間，先別放

棄：無論花多少時間練習這些建議事項，效果都能立竿見影，不一定需要等到有整整兩天時才能從中獲益）。實施完整的捕捉過程可能需要花 6 小時以上，而將所有思緒具體捕捉到你的系統中，可能還要用上 8 小時來理清下一步行動。當然，你也可以一次收集與加工這堆雜事，但是先處理完每件事的前端會更加輕鬆。

> 確認了方向就別害怕跨出一大步，蹦兩下是無法越過峽谷的。
>
> ——大衛・勞合・喬治

我認為學習實踐這個方法的最佳時間點在外界干擾最低的週末或假日。如果我需要在週間教導某人學會這個技巧，就必須先確認對方當天沒有任何約會，而且除了緊急狀況外，電話都必須暫時轉接到語音信箱、或由助理記錄來電對象，在休息時間才能處理。此方法不建議在下班後使用，因為那時人的精力通常已經嚴重下降，很可能會深陷在「鬼打牆」中無法自拔[1]。

對我曾訓練過的許多高階主管來說，整個過程中最艱難的部分就是要暫時拋開這個世界整整兩天——他們總覺得「上班時需一直保持在有空開會與溝通的狀態」，若剛好在開放式的環境工作，想在上班時撥出足夠的時間更是難上加難；因此，週末正是最理想的時間點。

> 對於你的工作效率和心理健康來說，花兩天實踐這個過程，將會是非常值得的投資。

實踐「搞定」的過程並不會很神聖或需要保密，之所以有上述建議，只是因為要捕捉自己龐雜的想法，並理清所有「開放式迴路」需要花費許多心力，尤其當這些思緒早就存在、尚未解決或卡住太久，更是勞神勞心。外界干擾會拖垮完

---

1 下班時間很適合拿來完成平常上班時不會處理的事項。例如整理積壓許久的紙本文件、收拾書桌抽屜、上網計畫即將到來的假期，或是處理開銷收據。

成所有事項的速度。若能在預定時間內把事情加工完成，將會帶給人們絕佳的控制力與成就感，並解放儲存已久的能量及創意，進而能在日常生活中以更短的時間維護個人的管理系統。

準備恰當環境

請準備好一個實體空間作為個人指揮調度中心。若原本的工作環境已經有書桌及辦公設備，就會是最好的起跑點；而若是在家工作的 SOHO 族，那家裡當然就是最佳位置；如果是兩種情況兼備的工作者，最好還是在兩邊的工作場所中建立起一模一樣、甚至可以互換的系統；若這兩種空間都沒有（真的沒有任何一個可以稱之為家，或處理雜事的實體場所），那麼創造工作空間絕對是當務之急。就算是生活在以電子產品、網路或行動裝置為主的高科技世界，還是需要設置一個管理事務的個人基地。雖然我們希望在任何環境中都能有效實踐「搞定」的流程，但先從一個主要地點著手才是最佳方式。

有個可以書寫的桌面、能放置收件匣和必要的電子器材（大多數人有此需求）的地方，是工作空間的最基本配備。對某些人來說，例如機械工廠的領班、第一線醫護人員或幼兒保母來說，可能這樣的環境就已綽綽有餘；大多數家管也不需要太大的空間來管理工作流程，但由於這種令人昏昏欲睡的日常生活瑣事通常都是隨機分散在廚房、走廊、餐桌、書櫃和電視櫃上，因此絕對要有一個可以專心處理筆記、信件、家庭計畫和活動、理財及其他類似事務的個人場域。

對大多數專業人士而言，書桌上當然需要增加其他物品，例如：電話和手機（以及充電器）、電腦、收納盒、文件櫃與儲藏櫃等；對有些人來說，印表機、白板和（或）多媒體通訊設備也是必需品；即使是不與外界接觸的人，可能也會想準備有運動健身器材、休閒娛樂或各種嗜好的設備。

功能性良好的工作空間是不可或缺的必要條件。如果尚未擁有個人專屬的工

作空間與收件匣，請馬上打造一個。這也適用於學生、家管與退休人士；每個人都需要可用來處理所有事務的實體控制中心。

　　若需要在短短幾分鐘內建置好一個緊急工作空間，我會去買一扇沒有門把的門板、將這扇門放在兩個文件櫃上方（一邊一個櫃子），並在那上面放三個收納盒，再加上紙張、筆記本和筆，我的控制中心就大功告成了。（如果有時間坐下的話，我也會買張小板凳！）信不信由你，但我看過好幾間執行長辦公室的功能遠遜於此。

在家中設置工作空間

　　即使已經擁有辦公室，也請別吝嗇在家裡準備好另一個工作空間，尤其是讓家中和辦公室擁有全然相同的工作空間非常重要。有很多我曾指導過的人對自家的髒亂程度多少覺得有點尷尬（與乾淨的辦公室形成強烈對比），然而，若在這兩個地方建立起一模一樣的工作環境，對這些人而言可說是無價之寶。花點週末的時間設置一個在家的工作空間，將對整理生活的能力帶來革命性的轉變。

移動時的辦公室

　　對經常出差的商務人士或單純經常外出的人來說，設立一個經整理且高效的微型移動辦公室也很重要（其中可能包含：公事包、背包或手提包，以及數個合適的資料夾和輕便的辦公用品等）。

　　許多人由於沒做好這些準備，以至於無法好好把握在異地或移動途中所遇到的各種際遇，而喪失了提升工作成效的機會。結合優秀的處事風格、適當的工具及家裡和辦公室中的良好互聯系統，人們就算在旅途中也能以絕佳的高效能完

成特定工作。隨著科技日新月異，更強勁的行動裝置與更迅速的全球網路應運而生，也因而提升了以數位方式管理生活的可能性；然而其問題在於，管理行動裝置及其諸多功能，也可能造成不少混亂。若沒有建立起良好的捕捉、理清與整理的方法，並擁有能立即提供協助的適當軟體與工具，不僅無法妥善運用這個全球行動連線的世界，甚至還可能成為降低工作效率的干擾及壓力來源。

別與他人共享空間

擁有專屬的個人獨立工作空間非常重要——至少，請務必擁有屬於自己的收件匣與能處理文件和其他實體素材的地方。我遇過太多在家試圖共用一張書桌的夫妻，當他們發展出兩個工作空間後，便明白這種轉變所帶來的差異簡直大到無法想像，並非僅是預期中的「分開」而已；這個動作其實能讓他們釋放有關處理共同生活雜事的壓力，也給了彼此在關係中喘息的空間。有對夫妻甚至決定在廚房裡為擔任家庭主婦的妻子設置一個迷你工作平台，好讓她可以一邊照顧嬰兒、一邊處理工作。

有些企業組織對於「類旅館」的概念非常感興趣，亦即讓員工創造出完全自主且可移動的工作空間，好讓他們可以在公司任何角落隨時隨地開始辦公。在公司內每個員工都能自主運作的前提下，公司便可以藉由讓員工脫離「母體」獨立發揮來將經營模式虛擬化，因此降低辦公室的空間需求。想成功運用此模式，需要全體員工的全然支持；有些相關實驗之所以失敗，是因為擾亂了正常的工作空間——需要隨時隨地重置收件匣、文件分類系統，以及確認該如何與在哪裡處理工作（「那該死的便利貼到底在哪？還有訂書機呢？」），導致成為無窮無盡的紛擾來源。

> 你需要一個好用的系統——而不是時不時得重新創建的那種。

如果擁有簡潔便利的工作系統，並了解自己該如何以輕便的方式迅速處理事務，基本上隨時隨地都可以工作。但當你需要一個定點時，還是會希望能有個已

經備好所有工具、擁有足夠空間存放所有需要常在手邊的參考資料的基地。大部份我指導過的人都需要至少 2 個文件櫃來存放一般參考資料與支援專案的紙本文件。拜數位掃描機與不斷進步的科技所賜，這些支援文件將來或許全都能被存放在雲端系統，不管我們身在何方，皆可立即存取以滿足需求。然而我們離再也不需要實體護照、現金，以及暫時還需要以紙本為主的任何文件，還有很長的路要走，目前紙本仍然是處理那些資料的最佳方式。不論數量多寡，人們都需要有個便利的空間來存放累積的參考資料和附件。

備妥所需工具

工欲善其事，必先利其器。若想全面執行「搞定」的工作流程系統，當然需要先準備好基本用具和設備。隨著過程的推移，人們可能會在過去慣用的工具與嶄新的用品間搖擺不定。

請記住，昂貴的工具不一定就是好工具。通常在不需要用到高科技的範疇中，看起來越「高檔」的東西就越不好用。

基本的加工工具

假設剛開始時什麼都沒有，那麼除了可以書寫的桌面空間外，還會需要：

- 可以放置紙張的文件盤（至少 3 個）。
- 一張空白 A4 紙。
- 一隻鉛筆／原子筆。
- 7×7 公分大小的便利貼。
- 迴紋針數個。
- 一台訂書機與訂書針。

- 透明膠帶。
- 橡皮筋數條。
- 一台自動貼標機。
- 資料夾數個。
- 一份行事曆。
- 垃圾桶／回收箱。
- 目前用於捕捉、整理待辦事項清單的工具，包含：行動裝置、個人電腦與紙本筆記本（若有的話）。

放置紙張的文件盤

這些文件盤的用途分別為收件匣（in-tray）、已處理文件匣（out-tray），以及視需要，有一兩個可用來放入正在處理的專案支援資料，以及（或）需要閱讀及審視的參考資料。功能性最佳的文件盤是單一層、面朝上、可以讓一整疊 A4 紙張平躺放入的款式，而且不會讓紙張不小心掉出來。

空白紙張

在捕捉想法的過程中會用到這些空白紙張。你相信嗎？在一張完整的白紙上寫下一個想法，就能帶來極大的助益。大部分的人都會在事後將隨手筆記整理成某種清單，但若一開始就把思緒分別放入已劃分屬性的提示清單中（與毫無規畫的整頁清單相比），之後在征服理清及整理的步驟時會更加輕鬆。總而言之，為了方便記錄含有特殊意義或突如其來的思緒，簡化捕捉過程，手邊有足夠的 A4 白紙或平板電腦很重要。

便利貼、迴紋針、訂書針等

便利貼、迴紋針、訂書針、膠帶及橡皮筋等文具，對傳遞和儲存紙本資料非

常有用。雖然如今使用這些文具的機會已越來越少，但由於目前紙本與其他實體資料仍受到廣泛使用，因此管理這些文件資料的基本工具依然扮演相當重要的角色。

要時時刻刻收集、思考、加工和整理的難度已經很高了，因此請確保自己擁有可以簡化這些過程的工具。

貼標機

貼標機（labeler）是個出奇有用的工具。我們曾指導過的數千名人士都擁有個人專屬的自動貼標機，而在我們蒐集的回饋中，也充滿他們對這個小工具的驚喜，例如：「太不可思議了！我真不敢相信貼標機竟能造成這麼大的差別！」貼標機可用來為資料夾、活頁夾和其他東西製作標籤，而我個人則比較喜歡一體成形或能立刻做出單一標籤的簡易式電腦貼標機，以減少任何在需要製作標籤歸檔時的阻礙。

檔案夾系統 [2]

你不僅需要許多個資料夾，可能還需要相應的掛鉤把資料夾掛在個人的檔案夾系統（tickler file）中歸檔。此外，不需要耗費心力以複雜的顏色分類，只要用同個顏色的資料夾讓一般參考資料的檔案系統維持成簡潔的圖書館狀態即可。

行事曆

雖然在收集未完成事項時可能不需要用到行事曆，但無論如何一定還是會有需要記錄在行事曆上的活動。就像先前提到的，行事曆不該是死板的活動列表，

2　在很多國家，要找到簡單、便宜、適用於我提倡的檔案夾系統的資料夾並不容易。你可能需要湊合一下，找些可用的替代品。

而是要用來追蹤需在特定日期或時間內完成的專案。

如今，大多數專業人士都有類似的工具，像是活頁記事本、企業共享行程表軟體等，都屬於工作行事曆系統的一部分。

行事曆通常是人們賴以維持秩序的核心工具，也是管理有關特定時間或日期的待辦事項、資訊和備忘錄時，不可或缺的要素。你會用行事曆來管理許多備忘錄及相關資訊，但不該只專注於此；在應用「搞定」模式時，請將行事曆和工作環境系統進行更完備的整合。

下一章節中，我們會更仔細討論到底哪種行事曆最好用；目前就先繼續使用手邊現有的吧！有關該改用哪些工具，只要熟悉整體系統後，就會有更加清晰的概念。

垃圾桶／回收箱

大多數人在實踐「搞定」過程時，會丟棄比預料中更多的東西，所以先做好製造出大量垃圾的準備吧。我指導過的某些高階主管發現，若在課程中直接將一個大型垃圾桶擺放在辦公室外面會非常方便！

是否需要整理的工具？

若要整理完善，是否需要有助於管理的工具？該選擇什麼工具比較好？答案取決於好幾個因素：是否準備好用某種工具來管理清單和手邊的參考資料？希望以何種方式呈現各項下一步行動、議程與專案的備忘提示？需要檢視備忘提示的時間和次數是？因為大腦並非專門用來記憶東西的，所以人們當然需要外部工具來管理各項提醒和辨識前進的方向。無論是以低科技手法單純使用紙張、資料夾、紙本筆記本、電子筆記本，抑或是混合使用，都是不錯的方式。

一旦了解該如何處理雜事，以及要整理什麼之後，真正需要做的就只是創造及管理清單而已。

之前列出的所有低科技工具，都是要用於收集、加工與整理階段。你會以收件匣和紙張來收集捕捉到的資訊；在為收件匣中的雜事加工時，會包含很多可以在 2 分鐘內完成、需要用到便利貼、訂書機與迴紋針的行動；需要花超過 2 分鐘閱讀的雜誌、文章和報告等資料，則會放入另一個文件盤中；此外，應該還會有許多需要分類歸檔的文件。剩下的部分——維持好專案進度、記下行事曆事項、下一步行動與議程等備忘提示，以及追蹤尚在等待的事物——則需以清單或可反覆檢視的類似形式進行管理。

你可以用最低限度的科技（像是資料夾中零散的紙張）來管理清單，例如：在「電話聯絡」的資料夾中，分別以不同的紙張或紙片記錄每一個需要致電聯絡的人，或是在「付款」資料夾中記錄所有應付帳款。你也可以使用中度科技（如活頁筆記本或手帳本）來管理，例如：在標題為「電話聯絡」的頁面寫下所有聯絡人資訊。此外，使用高科技的數位工具也是一種方式，例如：在某個軟體中，有關「專案」或「待辦事項」分類下的「電話聯絡」類別。

除了儲存可攜式的參考資料（如聯絡人資訊）外，大多數整理工具的主要用途都在於清單管理（其實行事曆也是一種按順序排列出特定時間及日期的備忘提示清單）。從早期的 Day-Timer 和 Filofax 手帳本、更精緻的 Time / system 及 FranklinCovey 手帳本，到使用方便的 Moleskine 筆記本風潮再起，以及時下包羅萬象的任務管理應用程式[3]——從 20 世紀末至今，可能已有數千種不同形式的整理工具問世。

> 提升工作效率的最佳秘訣之一，就是擁有自己樂於使用的整理工具。

該用目前使用的工具實施「搞定」的步驟，還是加入新的工具呢？答案是，請選擇你能妥善運用且確實有助於改變行為的工具。「效率」是應該考慮的因素

---

3 自《搞定》首版發行以來，有很多以「搞定」核心方法為基準架構的軟體問世，大部分為簡易的數位式、移動式待辦事項及任務清單管理程式，並具有多種增強元素、多機連結與圖形介面的功能。

之一。如果會收到很多數位資訊，使用電子產品來記錄是否會比較容易？需不需要使用紙本行事曆來記錄時常更動的約會？而在旅途當中，該在何處、如何提醒自己撥打重要電話，才是最輕鬆的方式？此外，美感及趣味性也應列入考量。某

> 參考資料系統一旦失控，就會成為工作流程的阻礙，使缺乏整理的內容堵塞你的世界。

些我最棒的專案計畫和進度更新，是在餐廳內獨自等待上菜時完成的。而當時我僅是想找點事來使用（其實就是把玩）智慧型手機罷了！

然而請記住，無壓力的生產力來自於自己善用「搞定」模式，而不是任何工具。因此，雖然使用何種「架構」對如何表達與實踐「搞定」非常重要，但卻無法取代「搞定」這個系統。一個再棒的鐵錘都無法造就一位傑出的木匠，但一位傑出的木匠往往擁有一把很棒的鐵錘。

當考慮是否需購買、使用任何整理工具，以及該選擇哪些工具時，請記得，你最大的需求其實只是管理清單罷了。你需要能立刻建立、並在需要時得以輕鬆檢閱這些清單。一旦了解該如何使用與記錄清單內容，不論用什麼工具都能達到一樣的效果。重點擺在追求簡單、快速及樂趣就對了！

歸檔系統的要件

在「搞定」的管理模式中，擁有簡單且實用的個人參考資料系統非常重要。在對任何人進行管理步驟的輔導之前，對方辦公室中的歸檔系統是我會優先評估的主要因素之一。如同第 2 章所提到的，缺乏整理完善的一般性參考資料系統，會阻礙個人管理系統的落實，而大多數我所輔導過的高階主管，在這方面仍有很大的改善空間。這並非因為歸檔系統的內容有多重要或多具策略性，而是若沒有整理完善，諸多檔案資料就會以非比尋常的狀態占滿人們實體與心神的空間。若沒有妥善加工、整理無需立即使用、卻可能很重要的資料，就會阻塞人們的大

腦，導致精神衰弱。更重要的是，這些文件會阻礙人們的工作流程，造成待辦事項有如堵住的水管般擠成一團。我曾多次陪同客戶前往辦公用品店，購入一個文件櫃、一大疊資料夾及一個貼標機，好讓我們有辦法清除客戶桌上和辦公室中2/3的雜物，然後妥善歸檔，不僅能大幅改善客戶思緒的清晰度及專注力，也戲劇性地提升了工作效率。

> 若參考資料系統缺乏快捷、實用以及有趣的特性，你就會抗拒捕捉資訊的整個過程。

　　在此談的是一般性參考資料的歸檔，不同於具有保密性質的歸檔系統（像是合約、財務報表、病患資料等）以及其他專屬的歸檔系統。一般性參考資料包括文章、傳單、紙張、筆記、列印及其他文件，甚至是票據、鑰匙、商場會員卡或USB隨身碟等實體物品。基本上，就是基於其具備有趣或實用的特性讓你想要留存，卻無法被歸類到各種專屬系統、也無法擺在櫃子上排排站好（比如很厚的軟體操作手冊及研討會資料夾）的任何東西。

　　對於數位化導向的人，或許會認為沒有必要使用檔案夾系統來收納這些實體且瑣碎的雜物。未來人們可能再也不需要任何紙本護照、出生證明、老舊的廚具使用手冊、醫療紀錄、很少用到的鑰匙或其他國家的貨幣，但在那天來臨前，還是需要一個可以收藏這些物品的空間。

> 請捕捉過往的經驗並進行歸檔，同時為此建立一個資料夾……當你被某些事物或想法深深觸動時，千萬別讓它們從腦海中溜走。將它們收進資料夾，找出其中涵義，並讓自己了解這些感覺或想法到底是愚蠢之見，或是與工作成效有關。
>
> —— C. 萊特‧米爾斯

　　如果能在文件上簡單貼著「放到X分類」的便利貼，並交由值得信賴的秘書或助理來歸檔到系統之中固然很好，但請捫心自問，自己是否有些很有趣、實用或極機密的文件或物品，需要能夠隨時（就算助理不在）檢閱呢？有此需求的話，最好還是在辦公桌或周遭空間準備好自己的歸檔系統。

無論參考資料是紙本還是電子檔，道理都一樣。隨著資訊虛擬化程度越來越高，在電腦或手機中安裝適用於特殊訊息的參考資料歸檔系統就越加重要。很多人到現在仍然將電子郵件的收件匣當成毫無分類的一般資料儲藏空間，比如：「我需要保留這封 email，裡面有兒子學校活動的時間表」，但卻不願設立一個名為「羅伯特」或「學校時間表」的資料夾來收存相關郵件，也沒有將信件備份存到某個優秀的資料收納程式或資料庫之中。雖然市面上已有許多可以記錄並分類資訊（還能在多台裝置上同步更新）的軟體，但還是需要費點心思想想該如何善用軟體，才能讓資訊自動歸入正確的位置，避免數位環境反而更複雜、造成困擾。我自己在電腦上安裝了一個新的資料分類應用程式時，花了差不多 3 個月的時間實驗，才成功找到最佳的整理方式，接著又花了 3 個月才能「操作自如」，直到現在，我無須耗費心神思考，就能夠直接運用這個應用程式了。

歸檔的制勝關鍵

　　我強烈建議維持實體及數位能即時歸檔的個人系統。從收件匣拿出文件或是列印電子郵件，接著判斷該文件無須進行加工，但未來可能需要用到，最後將之收到值得信賴的歸檔系統裡——這步驟應於 1 分鐘內完成；掃描與儲存、在電腦中複製貼上文件也應如此。比起紙本資料，你可能更偏好電子檔（或正好相反），但若缺少紙本與電子簡潔的歸檔系統，就會阻礙收存具潛在價值的資訊，或會讓資訊堆積在不適當的地方；然而，若歸檔的動作需花費超過 1 分鐘，人們很可能就會乾脆隨手亂放。除了迅速之外，這個系統也需要饒富趣味、易於操作、因應潮流且完備，否則人們的潛意識就會抗拒清空收件匣——因為你知道裡面可能殘留很多需要好好歸檔的資訊，但卻根本提不起勁處理那一大疊文件或塞爆的電子信箱——別擔心，許多人設置好並啟用個人歸檔系統後，都能從抗拒轉為享受整理自己的文件與數位空間。

　　在歸檔某份零散的新文件，甚至是隨意寫下的小紙片時，一定要將這些資訊

視為正式且大宗的文件來處理。因為建立和整理文件需花費許多心力，多數人都會乾脆把東西丟掉，或將同類型的項目塞進櫃子和抽屜裡（如咖啡廳外送菜單或火車時刻表等）。若你相信這些資訊隨時可以在網路上找到、永遠不需要紙本的話，就請確保自己沒有重複運用歸檔系統，而且自己採用的方式與結果可以緊密結合。

不論建立參考資料歸檔系統需要付出什麼努力，才能輕鬆且迅速地取用資料，放手去做吧！我的系統對許多用過的人來說（當然包含我自己）都非常好用，同時也強烈建議大家將下列所有技巧都應用到自己的系統中，好讓歸類系統自動運作。

將一般性參考資料歸檔系統放在唾手可得的地方：歸檔需具備即時且容易取得的特性。若每次想將什麼特殊文件歸檔時都必須起身動作，或得在電腦中搜尋良久才能找到適當的檔案空間，就很有可能會隨意堆疊，或將文件留在原處不歸檔，也可能會拒絕整理收件匣（因為裡面很可能有需要歸檔的內容）。我有不少學員因而重新規畫自己的辦公室空間，好讓原本擺在房間另一端的參考資料櫃，現在只要一旋轉椅子就觸手可及。

使用單一系統：我只有一個照字母順序排列、由 A 到 Z 的參考文件實體歸檔系統，而且用同樣的方式來整理電子郵件的資料夾。由於人們傾向於將歸檔系統規畫為個人管理系統，因此會試著用專案或專注領域來設計。然而，一旦忘記特定文件擺在哪的時候，這種方式只會耗費更多的搜尋時間；反之，只要過濾所有行動的備忘提示，並將該採取的行動列入「下一步行動清單」中，這些資料就會變成個人圖書館的專屬內容。人們理當擁有盡情收納、歸類所有東西的自由，唯一須煩惱的問題就是有多少收納空間，以及取得資料的難易度。單一簡潔的系統會依照主題、人物、專案或公司來歸類，因此，倘若忘記自己將某文件

> 一個有效簡化又容易取用的一般性參考資料歸檔系統，能讓你隨心所欲地保存大量資訊。

收到哪裡時，只需要找尋這 3 ～ 4 個地方。此外，也可以在每個標籤中加入 2 個以上的副標，例如被歸檔在「ㄩ」開頭的「園（ㄩㄢˊ）藝－花盆」和「園藝－構思」等。

數位世界具有大範圍搜尋的功能、使用關鍵字標記內容，好讓資料更容易被取閱。然而，當資料儲存的空間與選擇過多時，數位世界的優勢也可能會讓生活變得更複雜而混亂。大多數忙碌的人都不會花太多時間與心力使用軟體工具進行歸檔，因此，雖然電腦具有可創造很棒的參考資料圖書館的強大力量、彈性與機會，但對於設計出簡單又有效的專屬歸檔方式，難度卻反倒比較高。

就算是使用數位工具，擁有一個以索引或資料群組等有意義方式整理完善的視覺地圖將非常有幫助。想搜尋喜歡的倫敦餐廳時，我會點開目前的一般性參考資料應用程式，找到「當地」，接著點選「倫敦」，然後是「餐廳」，而且每個層級都有按照英文字母排序做分類。

對於傾向使用電子產品的人而言，最大問題在於捕捉與儲存資訊太過方便，以至於很容易發展出「光寫不做症候群」，變得只願意捕捉，而非真正有意義地使用這些資訊。若想把資訊過多的電子圖書館維持在功能良好的狀態，就必須花些心力仔細思考，而不是任意寫下幾句話、將資料隨手一丟，造成資訊黑洞。「因為搜尋功能可以很有效找到需要的資料，所以我不必整理那些雜事」的想法，距離「最佳模式」還有一大段路要走。我們都需要找到可以宏觀檢閱大量資訊的有效歸檔模式。

有時候，人們會擁有關於特定題材或專案的大量參考資料，數量多到需要用專屬抽屜、櫃子或電子目錄來收存。不過，若實體資料的數量占不超過半個文件櫃，建議將這些資料放到你的單一歸檔系統中；倘若是一堆電子檔案，或許也可以歸類到專屬的子目錄之中。

輕鬆建立新資料夾：我個人會在手邊放置一大疊新的資料夾，讓我在為收件匣中的雜事加工時，能隨時取用不必起身。沒有什麼情況會比需要歸檔某個文

件，卻發現資料夾不夠用更糟了。請確保永遠都有足夠的資料夾可以隨時取用。至於數位環境，只需要熟悉如何在存取軟體中建立新目錄（資料夾）即可。

確定擁有足夠的儲存空間：請試著將實體文件櫃和抽屜一直保持在不超過3/4滿的程度。若空間已經被塞滿，人們的潛意識就會不想把東西放進去，進而開始隨意堆疊各式參考資料。若抽屜開始越來越滿，我就會在等候來電時清理其中的東西。如果注意到了數位裝置的儲存空間，也是一個開始檢視與清理的好機會。

我認識的人當中，幾乎每個人都至少有一個塞爆的文件抽屜。若你很在意保養指甲、想擺脫拒絕歸檔的潛意識，就必須讓抽屜保留一定的空間，以便放入及取出文件時不會那麼吃力。相對的，在數位環境下，倘若對於電腦硬碟或雲端儲存空間有任何疑慮時，就必須持續做出判斷，決定該給自己多少空間來維持儲存內容的意義與易於讀取的特性，而不至於創造出像黑洞一樣大、未經妥善整理歸檔的資訊。我有時會一邊等電話，一邊清理電子郵件資料夾與老舊的資料。

有些人對此問題的反應是：「我需要買更多文件櫃！」或是「我需要容量更大的硬碟！」好像建立歸檔系統是什麼很可怕的惡夢一樣。如果那些雜物值得保留，應該也會希望能夠輕易存取吧？否則為什麼要留下來呢？在資訊時代中做一些阻礙有效使用資訊的行為……，實在不是什麼明智之舉。

在有了個最基本的一般性參考資料的檔案夾系統後，你可能會需要在手邊額外建立另一個層次的參考資料儲存空間，讓自己有個更充裕的工作場域。例如，已完成的專案筆記或已無效的客戶名單雖然仍需保存，但卻可以存在「身邊之外」的空間（如外接硬碟、雲端等外部裝置），或至少離主要的工作空間遠一點的地方。

使用貼標機來標記資料夾：無論實體參考資料庫的儲存份量有多少，都要以積極正面的心態去面對。標籤會改變實體資料的性質，以及人們對於資料的態度。會議桌上放著有標籤的資料夾會讓人感到很安心；每個人都可以辨識出這些

資料；可以輕易地從遠處或公事包中迅速認出資料的屬性；而打開文件櫃、看到資料彷彿有目錄般依序整齊歸納時，就會讓歸檔或取用文件變成一件有趣的事情。

> 你擁有自己已命名的事物；而那些只收集卻未命名的事物則會征服你。

　　或許在未來，腦內科學家會用一堆複雜深奧的神經科學詞彙，來解釋為什麼貼上標籤的文件會如此有效。不過在那之前，試試看買個專屬的自動貼標機吧！能夠隨時使用貼標機來分類文件，對整個「搞定」系統的順暢運作有很大幫助。

此外，請不要跟別人共用貼標機，因為一旦有東西需要分類，而貼標機卻不在手邊時，人們就會開始隨意堆疊而非歸檔。貼標機應被視為像訂書機一樣的基本工具。

> 在十萬火急的現實工作中，如果得花60秒以上才能歸檔某樣東西，人們就不會去做，而會隨便堆疊。

　　至少一年清理一次文件檔案：定期進行「文件大掃除」不僅能讓資料免於陳腐或演變為黑洞，同時也可以騰出空間，以便隨時隨地都能收納任何「可能需要」的資料。因為幾個月後，所有東西都會被再度檢視，到時可以再次決定什麼文件值得留下。無論是數位或紙本參考資料都一樣。如同先前提到的，我在等電話（或是在對方講個不停、沒完沒了的電話會議中）時就會清理我的文件。

　　我建議所有企業機構（若是目前還沒有的話）都應該建立一個「清掃日」。在那天，所有員工都能穿著輕便地來上班，並將電話調成勿擾模式，接著動手處理自己所儲存的東西[4]。公司會提供大型垃圾桶、回收箱及寫著「請用碎紙機銷毀」的盒子，每個人都可以花上整天的時間來清理自己的電腦與工作空間。無論假期、過年或是初春時需要審視前一年財務檔案的報稅季節，都最好在備忘錄上

4　平安夜當天、或其他靠近節日卻是工作天的日子，是很好的執行時機。由於大部分人都已經處在「派對模式」，因此會是一個能讓大家惡搞並徹底大掃除的好機會。

選一天作為「個人清掃日」。

歸檔本身就是成功的指標之一

整體而言，參考及支援資料很少被視為有急迫性，或與任何策略有關。因此，這些資料是否有受到完善的整理往往也不獲重視，甚至完全缺乏整理。然而問題在於，這些不可行動、卻可能有用的雜事，會占據人們的心思與實體工作空間。對於沒有整理完善的小角落，人們的潛意識會充斥著「這是什麼？」「這東西為什麼在這裡？」「我該如何處理？」以及「我現在要用到的資料到哪去了？」

> 無論在哪裡，當有不同特性或含義的事物被堆疊在一起時，要不斷思考內容物的性質其實是一項繁重的工作，因此人腦就會乾脆對那堆東西感到麻木。

不論是實體或數位的參考資料，都需要被妥善整理、歸檔到專屬的位置，避免干擾個人系統中的其他分類，同時可用於特定目的並快速存取。由於這些資料可能非常龐大，因此加以有效管理相當重要，才能讓人得以輕鬆捕捉、整理、隨時隨地取用所需內容，以及不會干涉個人系統中其他需要立即處理的事項。我曾花無數小時在指導世界上某些最精明的專業人士該如何清理、建立簡單而功能良好的參考資料歸檔系統，而成效往往能讓這些人獲得更廣闊的空間及視野，以將心力投注在更重要、更遠大的事物上。

最後的準備

你已經挪出了一些空檔、準備好恰當的環境，也備妥實踐「搞定」模式所需的基本工具。現在該怎麼做呢？

若已決定要投入部分時間來架設個人工作流程系統，為了讓系統達到最佳效率，你必須在這過程中，先暫停、甚至淨空所有其他待辦事項。

若有任何一定要電話聯絡的人、交辦秘書處理的事，或需要關心一下另一半，請**現在立刻**完成，或是計畫好將在**何時**完成這些事項，然後設定好備忘提示，並將提示放在顯眼的地方。請務必全神貫注於手邊該做的事務。

每當我坐下來，準備開始提供教育訓練時都會發現，雖然這些學員已空出一段時間，也花了不少錢請我上課，但在我們請他們終止當天所有工作前，他們往往還有許多需要處理的事務尚未妥善安排到個人系統中。

他們會說「對了，我需要在今天回電給這個客戶」或「我需要打給我先生，問他是不是已經買好今晚的門票了」。竟然有這麼多高階主管會對自身該承擔的責任毫無概念，足以顯示我們的文化中缺乏自覺及成熟的現象。

因此，你是否已經處理完那些事了呢？很好。現在就是收集腦袋中所有開放式迴路，然後整理到一處的時刻了。

第 5 章

捕捉
收集雜事

第 2 章描述了捕捉潛在事務及有意義資訊的過程,本章將會詳細說明其中流程,以及如何將所有「待辦事項」及「雜事」,匯集到所謂的「收件匣」裡。這是達成「心境如水」(mind like water)所需的第一階段。捕捉到比既存想法還多的思緒,能創造絕佳的感受,若能更進一步,堅持、徹底執行捕捉過程,甚至會帶來戲劇性的改變和體驗,帶領人們達到工作與生活的巔峰,進而打開嶄新的眼界。

根據我輔導客戶的經驗,完成捕捉過程通常需要花 1 ～ 6 小時,其中還有位學員甚至需要整整 20 小時(最後我直接告訴他:「我相信你現在很有頭緒了。」)。若決定要全面收集思緒(包含工作與其他方面),可能會花上比預期更久的時間;這也意味著要仔細觀察每個儲存空間,包含所有電腦、車子、遊艇、車庫和房子(若有這些空間的話)裡的每個角落。

請確保自己能花至少 2 小時來實踐此過程,並完成絕大部分的收集工作,同時也可以製作包含位置的實用筆記來輔助,例如「清掃和處理船棚」、「收拾走廊的衣櫃」等。

> 在捕捉完所有吸引自己注意力的事情前,你都不會完全相信,自己有活在個人世界的全貌中。

在真實世界中，人們可能沒辦法隨時隨地完美地收集所有雜事。因為大多數人在一週之中，可能經常快速移動或是同時執行過多事項，導致無法確實記錄所有想法及許下的承諾。另一方面，「捕捉所有事」其實也是個理想標準，讓人有充分的動機持續清理在工作和生活中啃噬注意力的雜事。

預備……

以下是在「理清」之前，必須先匯集所有思緒的重要原因：

1. 了解需加工的雜事數量有多龐大將很有幫助。
2. 明白「隧道的終點」到底在哪。
3. 進行「理清」及「整理」時，別讓一堆尚未分類、可能連在哪都不知道的雜事干擾注意力。若能將所有需要關注的東西匯聚到同個地方，自然就能更加集中精神及注意力，進而更能掌握狀況。

要一次捕捉這麼多缺乏妥善分類的資訊，的確有點令人畏懼，這個過程可能甚至有違常理，因為那些資訊不論何時來看，大部分都「沒那麼重要」，而這也是它們之所以仍舊散落各處的原因。這些訊息第一次出現時就已經不是緊急事件了，因此沒有加工應該也不至於造成任何損害，就像放在皮夾裡可能偶爾會想聯絡的名片、書桌最下層抽屜缺了一個齒輪、沒時間安裝的軟體，或是辦公室中一直想移到另一個位置的印表機……，這些事情都會不斷形成干擾，但你卻還沒決定是否該將它好好加工，或乾脆把這些事從開放式迴路中剔除。由於你認為這些東西裡**或許**還有什麼值得保留之處，所以這些雜事就會反過來控制你、消耗你的精力。

只有完全理解所有無需處理的事情，才能因為「選擇不去處理」而感到愉快。

現在，啟程的時刻到了。請準備好收件匣和筆記用的空白紙張，讓我們迎接這個過程吧！

開始！

收集實體物品

首先，請搜尋實體環境，找出任何並未妥善歸位、不該出現在那裡的物品，然後將之放入收件匣。此步驟收集到的東西可能都處於「未完成」狀態，還在等待人們做出決策和行動。它們會被放到「收件匣」中，以便進行後續加工。

無需移動的物品

只要清楚知道什麼東西「不該」放入收件匣，就能簡潔明快地做出最佳判斷。以下 4 類物品可以維持原狀、不必放入收件匣中：

- 辦公用品。
- 參考資料。
- 裝飾品。
- 設備。

辦公用品：包含任何需要經常使用的東西，如文具、名片、郵票、訂書針、便利貼、書報夾、備用筆芯、電池、需不定期填寫的表格和橡皮筋等；也有不少人會在辦公室準備一個專門用來放牙線、面紙及口香糖等個人物品的抽屜。

參考資料：意指任何為了資訊需求而保留的東西，像是軟體操作手冊、快餐店的外帶菜單、孩子的球隊時間表，或是辦公室內線電話一覽表。此類別包含了所有地址和聯絡資訊，以及任何與專案、主題或議題相關的素材及資訊，如字典、百科全書、年鑑、封存的記錄，以及任何可能需要參考的書籍和雜誌。

裝飾品：比如家庭照片、藝術品，以及釘在個人記事板上那些有趣、能激發靈感的小玩意；或是獎牌、紀念品和盆栽等。

設備：電話、電腦、印表機、掃描機、垃圾桶、家具、充電器、原子筆和筆

記本等皆屬之。

　　大家一定都有不少可歸到這些類別的物品。基本上，所有不需移動的用品或工具都算，而這些範疇外的其他東西都應放入「收件匣」中。然而，很多一開始研判為辦公用品、參考資料、裝飾品或設備的東西，也可能因為尚未被仔細歸類、收到正確位置，所以需要加以移動和管理。

　　舉例來說，大多數人都會在抽屜、櫥櫃、記事板，甚至是某個藏在電腦深處的資料夾中，存放大量過時或需要被重新整理的資訊和素材，這些東西都應該放到收件匣中。同理可證，若存放辦公用品的抽屜亂七八糟、堆滿許多老舊或沒整理過的東西，這個抽屜就是該捕捉的未完成事項。孩子的照片是近期更新的嗎？牆壁上真的想掛那幅畫嗎？還想收藏這些紀念品嗎？家具的設置是否足夠完善？滿意目前電腦安裝的軟體嗎？辦公室裡的植物還活著嗎？換句話說，擺放位置或本身就不恰當的辦公用品、參考資料、裝飾品及設備也應放入收件匣。

捕捉過程中的潛在問題

　　捕捉過程中可能會遇到的問題：

- 東西太多，無法放入收件匣。
- 注意力可能會被干擾，會想開始清掃及整理。
- 有些東西可能已經收集和整理好了。
- 發現某些東西非常重要、希望能擺在手邊。

物品體積太大無法放進收件匣：此時，請在一張空白 A4 紙上寫下來，然後將這張紙代替該物品放到收件匣中。假設辦公室門後貼了一張海報或掛了其他藝術品，就在空白 A4 紙上寫「門後的藝術品」，再放入收件匣即可。

　　請務必在紙上標示日期，這個小動作有很大的助益。因為一旦日後有更多這類表示其他物品的白紙進入個人管理系統中時，知道記錄的日期將很有幫助。此外，在交給助理的便利貼、寫在便條本上的語音留言、與客戶通話時的隨手筆記

等情境中都記下日期，是個很好的習慣。若是使用有日期記錄的數位工具，也應好好善用這項功能。只要這個微不足道的小動作有 3% 的機率能帶來極大助益，就應該養成這個習慣。

雜物實在太多，無法放進收件匣：在我們個別指導過的客戶中，有 98% 的人在剛開始整理時會收集太多東西，導致無法輕鬆放進收件匣。面對這個情況，只需把東西整齊堆放在收件匣周圍即可，甚至放到地板上都沒關係。後續的加工及整理過程，就是要減少這些堆積如山的東西。現階段只要確保自己能清楚判斷哪些東西應該放到收件匣裡就好。

立刻丟棄：一眼就可看出是垃圾的東西，別猶豫，馬上丟了吧！我有某些客戶還是第一次清理辦公桌中間的大抽屜呢！

如果不確定東西的性質或是否該保留，那就先放進收件匣，到了加工收件匣內容物時再做決定。我們最不希望發生的，就是被任何雜物困住、掙扎著試圖立刻做出決定。「理清」和「捕捉」兩個步驟所需要的心態截然不同，因此最好分別執行。無論如何，收件匣裡的內容物都需要整理，而專心採取「決策模式」也能讓整理和判斷過程更加輕鬆。捕捉的目的在於用**最快速度**將所有東西放入收件匣，以利適度精簡，進而向這些物品宣戰。

小心「清掃及整理」病毒：很多人在仔細檢查辦公室（及家中）各個角落時，都會感染「清掃及整理」病毒，但只要能空出一段時間（至少一整個星期）來緩緩完成「搞定」的整個過程，症狀就能完全痊癒；否則就得將這些雜物和事項擊碎成小塊，視為該完成的個別專案或行動進行捕捉，並在個人系統中設立備忘提示，例如「清理五斗櫃」或「清潔衣櫃」。

> 任何識字的人都無法成功將閣樓清掃乾淨。
>
> ——安・蘭德斯

別讓自己落入鬼擋牆的陷阱中，乍看好像很努力收拾工作文件，實際上卻無

法好好完成行動管理的實踐過程。這很可能需要比預想中更多的時間，但請堅持到底，用最快的速度加工完所有雜事並設立好你的系統。

已列在清單上或整理工具中的東西：人們手上可能已有些清單或某種整理系統，但除非已經非常熟悉而且實際運用過「搞定」的工作流程模式，不然還是建議將那些現有的清單視為需加工的物件，跟其他東西一起放進收件匣吧！用相同觀點[1]來審視所有物品，才能創造出環環相扣、銜接流暢，且具一致性的系統。

發現需「緊急處理」的事項：在捕捉的過程中，常常會有人看到某張紙片或文件時驚呼：「天哪！我完全忘記這件事了，必須趕快處理！」該紙片可能是兩天前記下、需要回覆的來電，或是某份讓人想起需在兩星期前完成某事的會議紀錄。此時，人們會不願再把這項事物放入塞滿資料的收件匣，以免再次忘記。

若發生這種情況，請先試問自己是否**真的**必須暫時放下當前正在進行的實踐過程，先處理那件事？如果答案是肯定的，請立刻處理，免得一直糾結於此事；反之，請將它放進收件匣吧！我們很快就會開始加工並清空收件匣，那項雜事不可能消失不見的。

若當下無法處理那件事，卻又必須就近提醒自己，那就在手邊建立一個放置「緊急事件」的空間吧。雖然這並不是最好的解決方案，但勉強還過得去。請記住，當人們試圖針對這些東西做出判斷時，腦袋裡可能隨時都會冒出潛在的緊張感。因此，請妥善建立所需的支援。

從桌面開始

準備好了嗎？開始把桌面上的東西放入收件匣吧。我們身邊時常會有很多需要放入收件匣的東西，很多人甚至會將整張桌面空間當成收件匣使用，導致在開

1　若曾試圖使用「搞定」模式，已設立了某些行動及專案清單，但內容已過時或缺乏足夠的機動性，那麼最好的方法就是把這些資料列印出來，然後作為新的資訊放入收件匣，重新開始。

始收集時手邊已經堆了好幾大疊了。第一步先從工作空間的某一端開始，然後四處移動，處理所有眼見所及的東西。典型的項目包含：

- 堆疊的信件、備忘錄、報告及閱讀素材。
- 便利貼筆記。
- 收到的名片。
- 收據／發票。
- 會議紀錄。

請試著克制「我知道那堆東西是什麼，但我就是想堆在那裡」的欲望。之前這麼做不是沒成功嗎？因此，這些東西全都必須放進收件匣。我還沒看過有誰在放棄抵抗、並將熟悉的所有雜物納入系統中後，不為自己做出這樣的舉動倍感欣慰的。

> 人們很容易就會抗拒、避免從自己的世界中，拾起任何需要思考的事情。

在審視桌面上的東西時，請問問自己，是否希望更換任何現有工具或設備？行動裝置和電話系統都堪用嗎？那電腦呢？桌子呢？若有任何需要更換的東西，請記錄下來並放進收件匣。

辦公桌抽屜

接著，若辦公桌有抽屜的話，就一個個檢查吧。知道裡面放了哪些東西嗎？有任何可行動的事項嗎？有不該放在抽屜裡的東西嗎？若以上有任何一個問題的答案為肯定的，請將可行動的事項放進收件匣或記錄下來。再次重申，是否要利用這個機會清理、整理抽屜，或是乾脆先記下來、之後再加工，皆取決於眼下有多少時間及抽屜中有多少雜物。

工作檯上

繼續巡視辦公室，並收集所有放在櫃子、桌子或工作檯上，但卻不屬於那些

地方的東西。很多時候人們會發現一疊一疊的資料、信件、報告及有關行動或專案的各式資料夾與支援素材。請全都收集起來。

此外，如果找到已經用過卻沒有妥善歸位的參考資料，而放回正確的文件櫃或書櫃花不到一秒的話，就馬上放回去吧！不過在放回文件前請仔細檢查一下是否有需要採取任何行動的可能；若有，就放進收件匣裡等待後續再進行加工。

櫃子裡

現在，請仔細觀察櫃子裡有些什麼？對於較占空間的辦公用品及參考資料來說，文件櫃不但是完美的儲存空間，也會吸引人們放入更深層的事物。櫃子裡有任何壞掉或過時的東西嗎？我經常發現，許多人會堆積對自己已經沒有任何意義的收藏品或懷舊物品；例如有位保險公司總經理，一口氣丟棄了至少 3 打多年累積而來的表揚獎牌。

請衡量你的收藏品和懷舊物品是否仍對你別具意義。

再次強調，若某些空間已經塞爆，需要被清理和整理，請記錄在紙上並放到收件匣裡。

地板、牆壁和書架

記事板上有任何需要執行的事項嗎？牆上是否應該出現那樣東西？對於照片、藝術品、獎牌或裝飾品有什麼想法？那些開放式書架呢？有任何必讀或可捐贈的書嗎？目錄、使用手冊或資料夾是否已經過時、或是有執行的可能嗎？地板上有沒有堆疊的雜物？把這些東西都移到收件匣旁邊，加入收件匣清單裡。

設備、家具和固定裝置

想改變辦公室設備、家具或空間設計嗎？所有東西都還堪用嗎？燈光夠不夠亮？在此若有任何需要執行的項目，你現在已經知道該怎麼做了：記下來，然後

將筆記放到收件匣裡。

其他位置

根據人們在這過程中想解決的目標，也可能會想到要在其他收藏空間中應用類似的收集過程。正如第 4 章所說的，想要完整清空大腦，就必須將此過程運用到每一個地方。

有些客戶認為，請我也到他們家或另一個辦公室，然後同樣在該處進行輔導的成效相當顯著。很多時候，人們會在家中或第二辦公室落入「不是很重要」的陷阱，消磨掉自己的精力。

別讓那些你認為「不太重要」的事情啃噬了你的能量和專注力。

不必丟掉可能想保留的物品

很多人經常誤以為我是提倡極簡派的狂熱分子。相反的，我認為若丟掉東西對你來說很痛苦，你就**應該**將這些東西保留下來[2]；要不然你的注意力就會被「失去想保留或可能需要的東西」的想法給消磨掉。我的指導重點在於該如何評估、整理人們保留在自我世界中的所有事物，好讓這些東西不會無故干擾個人的專注力。從許多層面來看，我是一個什麼都不想丟的人（包含照片電子檔）。問題在於究竟有多少儲存空間，以及是否已適當分類，讓保留下來的事物不會卡著任何專案或需要執行的事務。喜歡留著 12 箱大學時期的日記和筆記嗎？喜歡在辦公室放很多瘋狂的玩具、藝術品和小玩意來激發創造力嗎？只要能妥善放在適當的位置、維持良好狀態，而且所有想做、需要做的事也都已經捕捉到系統中也加工完成，這些都沒問題。

---

2 像是強迫症般大量累積東西又是另一回事。這樣的症狀無法單純透過這個方式、或是我的專業來處理。

收集腦內思緒：清空大腦（the mind sweep）

　　一旦收集完周遭環境中所有需要加工的實體物品，就可以開始收集可能落在大腦記憶體中的東西了。想想看，除了收件匣中的內容外，還有哪些事物占據了你的注意力？

　　現在可以好好使用那一大疊空白紙了。建議將每個吸引注意力的想法、念頭、專案或事物，**分別寫在不同紙上**。雖然也可以在筆記本或是某個數位軟體中列出一張冗長的清單，但由於稍後需要一樣一樣加工這些事物，所以寫在不同紙張上其實會更有效率。在加工每項事物的過程中，維持專注力是一門學問。因此，讓每個思緒有其專屬位置，能使這個過程進行得更順利。人們捕捉到的第一個想法，往往都不是想追蹤的最終內容（**預期結果**及需要採取的**下一步行動**才是）。人們或許不想保留這些紙張，但在加工階段，將個別紙張視為獨立問題來處理會非常方便[3]。

　　在收集完所有其他東西後，將大腦中所有思緒清出來到紙張上，可能需要花20 ～ 60分鐘。你會發現，無論是細微的瑣事、重大事件、私人事務或工作專業上的待辦事項等，腦中的思緒通常是以隨機、毫無順序的形式出現。

　　在這個步驟中，「數量」是我們追求的重點。與其漏掉任何思緒，不如多花點時間和心力來以防萬一，之後再丟掉不需要的廢物就好。比如你的第一個念頭可能是「因應全球氣候變遷的措施」，接著突然想到「我需要買貓飼料！」請將這些想法全都記錄下來。若在這個過程中，製造了一大疊需要放入收件匣的紙張，請別太驚訝。

3　很多人（包含高科技產品的愛用者）一旦體驗過將思緒分別寫在不同紙張上後，便把這個技巧變成持續實踐個人自我管理的一部分。給可能有潛在意義的想法一個應得的位置，是件很棒的事！

觸發清單（triggers list）

為了順利清空大腦，下列「未完成事物的觸發清單」是很好的輔助工具，讓你可以一項項逐步檢視，找出自己遺忘的任何事情。很多時候人們只需要被輕輕觸發一下，就可以挖掘出埋藏在大腦深處的東西。請記住，一旦出現什麼想法，就立刻寫在紙上，放入收件匣（請見第 152 ～ 153 頁）。

盤點收件匣中的內容

現在，大腦已經清出所有與個人和工作有關的思緒，但收件匣應該也快塞爆了吧？收件匣中除了紙本及實物外，任何目前在通訊軟體收件匣中的語音留言、電子郵件等訊息也要涵蓋在內，甚至應該囊括行事曆上任何尚未決定下一步行動的事項。

> 當能夠清楚看見所有以任何方式吸引自己注意的積存事項的盡頭時，捕捉就完成了。

我通常會建議人們最好把收到的語音留言用紙筆寫下來，並將那些筆記和使用過的行事曆、筆記本一併放入收件匣，原因是這些內容往往還需要再次詳細檢視。除了行事曆及聯絡人資訊外，如果有使用任何軟體、APP 來管理其他事項，最好也將所有可能的待辦事項清單列印出來，一起放入收件匣中；至於電子郵件，由於資訊量過於龐大，而且在專用系統中處理的效率最高，因此無需移動到別的地方。

東西不能總待在收件匣

完成上述所有過程後，就可以開始邁向下一個步驟了。然而，若沒有取出收

未完成事物的觸發清單：職業方面

專案 已開始、尚未完成的。

專案 需開始進行的。

專案 評估中的。

對他人的承諾 老闆、同事、顧問、教練、合夥人、下屬、其他公司的人、客戶、其他專業人士、供應商。

需進行的溝通（發出或收回） 電話、信件、語音留言、傳真、電子郵件、簡訊、會議記錄、社群媒體貼文。

待完成／繳交的文件 報告、評鑑、回顧、提案、文章、行銷方案、使用手冊、結論、會議記錄、編寫與修改、進展匯報、需追蹤的對話與溝通。

閱讀和評論 書籍、期刊、文章、列印的資料、網站、部落格、RSS 訂閱、影音頻道。

財務 現金、預算、資產負債表、損益表、預測報表、信貸額度、應收帳款、應付帳款、預備金、銀行、投資人、資產管理。

計畫／整理 正式計畫、短／中／長期目標、目前專案的下一階段、商業計畫案、行銷計畫、財務計畫、公司活動、即將進行的活動、會議、演講、大型會議、公司結構、改變各項設施、架設新系統／設備、旅行、休假、出差。

公司發展 公司架構圖、重組、職權關係、工作內容、設施、新系統、領導人、提倡改革計畫、計畫接班人、公司文化。

行銷／推廣 宣傳活動、宣傳素材、公共關係。

管理 法務、保險、人事、人員配置、政策／流程、訓練。

人事 招聘、解雇、升遷、考核、員工發展、薪資、回饋、士氣、溝通、道德、賠償。

業務 客戶、潛在客戶、營業目標、銷售流程、訓練、關係建立、回報、關係維護、客戶服務。

系統 行動裝置、手機、電話、電腦、軟體、資料庫、網路、電信、歸檔、參考資料、收納、水電、倉儲、個人文件／電子檔案管理。

辦公室／場地 空間／擺設、家具、固定設備、列表機、傳真機、裝飾品、公共設施、辦公用品、文具、維修／清潔、安全管理。

會議 近期會議、議程、需安排的會議、被要求參加的會議、需簡報的內容、哪些人需要知道哪些決定？

職涯發展 培訓、研討會、需學習的內容、需了解的內容、應練習或發展的技能、要讀的書、研究、正規教育（取得執照、學歷）、專業研究、履歷表、績效目標。

等待中 訊息、委派他人的事項／專案、對溝通／建議的回覆、問題的答案、他人的決策／回覆（電子郵件、信件、提案、電話、邀請函）、授權申請、報銷金額、票據、保險理賠、已訂購項目、維修、為推進專案完成而採取的行動（決定、執行、改變……）。

衣櫃 專業服飾。

未完成事物的觸發清單：個人方面

專案　已開始、尚未完成的。

專案　需開始進行的。

專案—其他團體　服務、社團、志工、心靈團體、信仰。

對他人的承諾　伴侶／配偶、孩子、父母、家庭、朋友、專業人士、要歸還的東西、債務。

需進行的溝通（發出或收回）　電話、電子郵件、卡片、信件、感謝、傳真、簡訊、語音留言、會議記錄、社群媒體貼文。

近期活動　生日、紀念日、婚禮、畢業典禮、郊遊、年節、度假、旅行、晚餐、聚會、派對、訪客、文化活動、體育活動、招待會。

管理　家庭辦公用品、設備、電話、電子設備、行動裝置、影音媒體設備、語音信箱、電腦、軟體、網路、電視、電器、娛樂、歸檔、收納、工具、電子檔案儲存／備份、移動設備。

休閒　書籍、音樂、影片、旅行、想去的地方、想拜訪的人、瀏覽網站、攝影、運動器材、嗜好、烹飪、娛樂。

財務　帳單、銀行、投資、貸款、稅務、預算、保險、房貸、記帳、會計師。

寵物　健康、訓練、用品。

法規　遺囑、信託、房產、法律問題。

家庭活動　與伴侶／配偶、孩子、父母、親戚一起參與的專案或活動。

房子／家務　不動產、維修、建築、整修、冷暖氣、水管工程、供電、公共設施、屋頂、庭院造景、車道、車庫、牆壁、地板、天花板、裝飾、家具、家電、燈具及電線、廚房用具／設備、洗衣機、清理、整理、打掃、收納、出租房屋的服務。

健康　醫生、牙醫、視力、保健專家、體檢、減重、飲食、運動。

個人發展　課程、研討會、教育、教練、職業進修、創意表達（如繪畫等）。

交通　汽車、機車、腳踏車、保養、維修、通勤、預定。

服裝　專業、輕便、正式、運動、飾品、行李箱、縫補、量身訂做。

外出　購物、商店、五金、文具、雜貨、禮物、藥局、銀行、乾洗店、維修店、清潔用品。

社交　社區管委會、鄰居、社會服務、學校、公民參與、投票。

等待中　訂購的產品、維修、退款、借出的物品、訊息、他人的回覆、家人或朋友完成的專案。

件匣裡的事物，這些沒有好好加工的東西一定會逐漸占據人們的腦袋；因此，請不要讓這些雜物長時間堆在收件匣裡。當然，人們之所以抗拒將東西聚集起來、放入收件匣中，最主要的原因之一就是缺乏一個好方法來加工及整理這些事物。

接下來，讓我們前進到第 6 章：清空收件匣。

第 6 章
理清
清空收件匣

假設現在已經收集完所有占據注意力的東西，下一步就是要從頭到尾徹底檢視「收件匣」。清空收件匣不表示要實際執行所有捕捉到的行動和專案，而是要判斷每個物件所代表的意義，以及自己需要採取的下一步行動。

此概略過程可參考第 156 頁的工作流程圖，圖表中央的縱向方框代表加工雜事的步驟，並指引人們如何決定下一步行動。

本章將聚焦於這個流程圖中央縱向方框的部分，也就是從「收件匣」到「下一步行動」的幾個步驟。只要按照這個過程一步步執行，就能立刻看見每個開放式迴路自然整理完成的成效。舉例來說，當你從收件匣裡拿出某樣東西，發現「我需要打給安卓亞告知這件事，但必須等到星期一她上班時才能打」時，就會立即延後這項行動並記在行事曆上，成為星期一的待辦事項。

在開始加工自己捕捉到並放入收件匣的雜事前，建議先仔細閱讀本章及關於如何整理行動的第 7 章，或許能節省不少工夫。我在輔導客戶實踐此過程時，總是會看到人們往返於「**加工**開放式迴路並做出決策」這個簡單的階段，與「將決策放入特定的**整理**系統」這個棘手任務的兩端之間。

舉例來說，我們有不少客戶都對設立一個能與公司電腦同步更新電子郵件和行事曆的行動裝置非常感興趣。因此，我們要做的第一件事（在完成收集後）就

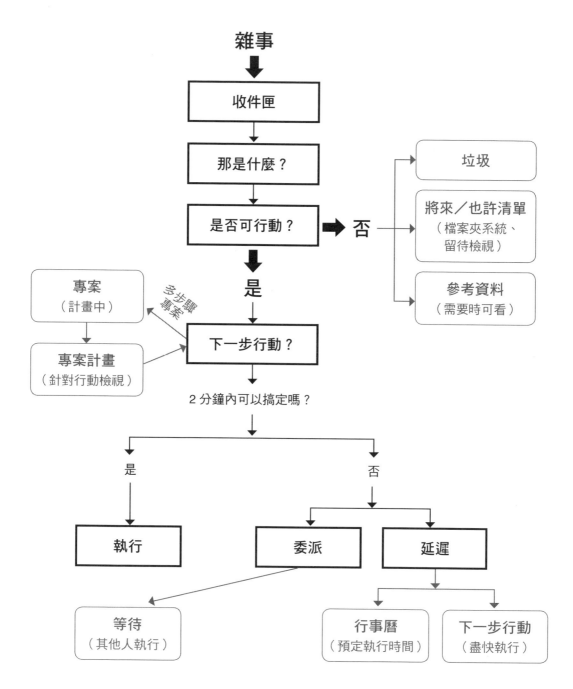

工作流程圖：理清

是確認所有軟硬體都能夠使用，然後清理（通常是列印出來並刪除）先前曾試圖整理的所有工作清單，並將所有事務放入收件匣。接著，我們會建立某些工作類別，例如「去電」、「出差」、「議程」及「電腦上」等。當我們開始加工收件匣時，就能立刻在電腦系統上輸入自己的行動步驟。

若尚未確定該用什麼工具作為個人提示系統，別擔心，以簡單的活頁筆記本或目前用來列清單的任何工具來執行這個步驟都很適合。一旦系統設定好後，就能隨心所欲地升級自己的工具。

加工指南

學習此模式最好的方法就是實際執行。以下是需要遵守的基本條件：

- 優先加工最上面的東西。
- 一次加工一項事務。
- 絕對不能把東西放回收件匣。

優先加工最上面的東西

就算最上方的是封廣告信件，而信件下方就是總統的親筆信，也一定要先處理那封廣告信件！聽起來有點誇張，但這是非常重要的基本原則：**要平等加工每一項雜事**。「加工」這個詞不代表「花時間在那件事上」，而是「判斷那是什麼、決定要採取何種行動，以及按照決策進行安排」。人們本來就該盡己所能、迅速檢視整個收件匣的內容物，並以同等方式處理所有事。

加工不表示要「花時間」。

緊急掃描不等於理清

大多數人在處理收件匣或電子信箱時，都會優先處理最緊急、最好玩、最容易或最有趣的事。有時候「緊急掃描」的確是無傷大雅的必要動作（我自己也常這樣做）。或許你剛開完一場會，但要在 15 分鐘後參與另一場非常耗時的電話會議，因此你開始檢查信箱，確保沒有任何迫在眉睫、即將爆炸的事情，然後看看是否有客戶回信表示接受重要提案。

然而，這只是緊急掃描，並非收件匣加工；在加工模式中，必須從任何一端開始、一次一項地按順序進行加工。一旦打破這個條件，不顧順序地加工自己想處理的事，就一定多少會殘留一些尚未加工的事物；同時，加工步驟所帶來的「事務漏斗」功能也會因而消失，讓這些東西再度堆疊儲藏在桌面、辦公室和電子郵件的收件匣中。很多人其實都生活在這種緊急掃描的模式中，永遠被剛放入收件匣的東西干擾，導致若沒有隨時隨地瞄一下電腦或行動裝置的內容，就會覺得渾身不自在。只要有「收件匣一定會在一兩天內處理好」的認知，這種「不停檢查郵件」的症狀就會迎刃而解。

要「先進先出」或「後進先出」？

理論上，人們應該將收件匣倒過來，然後優先加工最上方的那件事。但實際上，只要能在合理的時間內，從一端完整清理到另一端，這兩種方式並沒有太大差別，反正總會加工完的。若你正在嘗試清理電子郵件收件匣中那些沉寂已久的一大堆信件就會發現，由於所有往來的訊息都會依序出現，為了確保在回信前得知所有溝通內容，優先處理最新收到的電子郵件效率最高。

收件匣並不是儲藏室，而是加工的工作站。

一次加工一項事務

在加工收件匣時，很可能會發現自己有這種習慣：拿起一樣東西後，在尚未決定該如何處理時，目光就開始轉向收件匣深處的另一項事務，然後開始執行那件事。因為後者可能對你較有吸引力、你能馬上就想到處理的方法，但卻不想多花點心思想一下手邊的事情該怎麼做。

這個行為是踏入危險區域的警報。一旦被其他更容易處理、更重要或更有趣的事情干擾，手邊的東西就很可能會被再次隨便塞到桌上一角。

> 人們通常不會主動去思考已經累積許久的雜事。你需要有意識地要求自己思考，就像是要求自己去運動或打掃家裡一樣。

大部分的人都會想一次從收件匣中拿出好幾樣、甚至是一整疊的東西，然後將這些東西全部擺在眼前，試圖一口氣迅速加工。我能體會想要一次處理很多事的念頭，但還是得不斷提醒大家，除了最上方的那樣東西外，其他的都先放回去吧！「一次專注一件事」能迫使人們在試圖加工收件匣時，有足夠的注意力與決策能力；這樣一來，即便過程被打斷（這很可能發生），也不會有無數個本來應待在收件匣裡的東西散落在外、發生再次失控的情況。

多工作業的情況除外

「一次一項」的法則可以有個微妙的例外。有些人真的需要在決策某件事前，先轉移注意力至少 1 分鐘以上。在這種情況下，我會讓對方在加工時一次拿出 2 ～ 3 樣東西，讓他們可以更簡單、更迅速地決定需採取的下一步行動。請記住，多工作業是個例外——而且這只有在完全按照順序處理事物、不逃避做出任何決策時才有效。

絕不能把東西放回收件匣

　　收件匣是個單行道的概念，也就是所謂的必須「一勞永逸」。事實上，「要一次把事情做好」是個很糟糕的念頭，因為這樣一來，人們就會在看到任何事情的當下馬上處理完，就永遠不會有什麼清單；此外，由於大部分需執行的事項都無法一口氣完成，因此也會造成行事緩慢、效率不彰的結果。所謂的「加工收件匣必須一勞永逸」的原則，核心用意在於杜絕以下情形：不斷將東西從收件匣裡拿出來，卻沒有判斷事務的意義、決定接下來該採取的行動，最後卻只是把東西放回去。更清楚地說，就是：「請在第一次從收件匣中拿出某項事務時，就決定下一步行動與目標結果。絕對不能再次放回收件匣裡。」

　　如今認知科學家已經證實了「決策疲勞」（decision fatigue）的現象——人們所做出的每個決策，無論大小，都會消耗掉部分腦力。對一封電子郵件或其他事務做出「不做決定」的決定，也會耗損心力、造成決策疲勞。

加工的關鍵：找出「下一步行動」

　　到這裡，你可能已經知道要一次處理一件事，而且謹慎決定每樣東西的「下一步行動」。聽起來好像很簡單（也的確很容易），但迅速且深入的思考仍然是不可或缺的要素。需要採取的下一步行動時常不會自己浮現，而需要人們做出適當的判斷。

> 我有點像是出現在天體營的蚊子：知道該做什麼，但卻不知道該從何著手。
>
> ——貝恩

　　舉例來說，第一件雜事是否有讓你想起需打電話給某人？填某個表格？上網取得資訊？去商店買東西？跟助理討論事情？寫電子郵件給老闆？對於有需要採取行動的事務，其特質會決定下個階段的可能選項；但若是「真的不需要做些什

麼」的事情呢？

不需採取行動時

收件匣中可能會有部分事務不需採取任何行動。分別是下列 3 種類型：

- 垃圾。
- 孵化事項。
- 參考資料。

垃圾

遵循建議一步步走來的人，想必已經丟掉一大堆東西，或是將很多事項（包括再也不需要的東西）放入收件匣裡了。因此，若在加工時發現還有很多東西要丟，也不必太驚訝。

加工個人世界中的所有事物，會讓人們更加專注於「需要做什麼」及「不該做什麼」兩大面項。有位我曾輔導過的基金會董事，赫然發現自己一直以來都累積了太多其實不需要回覆的電子郵件（超過上千封！）。他說，我的方法迫使他將個人世界中未完成的事項「用健康的方式減肥」。

有時候，某些東西還是會面臨該丟棄或該保留以備不時之需的難題，這種情況下，有兩種解決方案：

- 當有疑慮時，就丟掉吧！
- 當有疑慮時，就保留吧！

我覺得這兩種方式都很好，只要相信自己的直覺，並對個人空間抱持實際的觀念，都可以自行選擇。大多數人由於從前都缺乏清晰實用的系統，因此對這些過程抱著些許擔憂的心態；若有能力清楚判斷什麼東西要歸類為參考資料或辦公用品、什麼事項需採取行動，同時建立簡單又好用的個人系統，就可以在空間許

可的範圍內保留所有想保留的東西。既然這些東西不需要採取任何行動，擁有多少實體空間及其去處安排就成了唯一重點——你想要有多大的參考資料圖書館和工具箱？

關於這點，收納專家能提供更深入、更詳盡的指導，而會計師則可提供紀錄保留時間表，說明各類財務資料所需保留的時效。我的建議是：以「某件事是否需採取行動」作為判斷及區分的標準。一旦發現某件事不需進行任何行動，就可以基於個人喜好、收納空間與儲存條件，產生很多不同的選擇。

> 保存過多的資料跟資料不足沒什麼兩樣：都無法在需要的時候、以需求的形式取來用。

對於該保留什麼、該丟掉什麼的決定，由於電腦及雲端技術的日新月異，數位化世界將帶來更多機會和挑戰。好消息是，人們能獲得更多的儲存空間與更強大的搜尋功能；但壞消息是，這些科技容易助長胡亂歸檔的行為、讓人們對數量麻木無感，以及雖然搜尋功能非常好用，卻還是可能不知道東西放在哪裡。

由於缺乏深謀遠慮的數位儲存空間幾乎是完全自動運作，因此很可能創造出一個不停接收、卻從未善用資訊的環境，就好像一個巨大又混亂的圖書館，限制了人們運用這套系統來處理重要工作的能力。這裡的關鍵在於定期檢視、清除過時的資訊，並在加工時有意識地進行篩選：「這真的實用或有必要保留嗎？還是我可以在需要時從網路或其他地方找到這項資源呢？」

孵化事項

收件匣中可能會有些讓人覺得「目前不需採取行動，但未來或許會需要」的東西，類似例子可能有：

- 一封邀請函，內容是某個商會與你有點感興趣的講者將共同舉辦餐會，但活動訂在 2 週後，而你不確定自己那時是否會出差。
- 一份邀請你參加的董事會會議議程，但該會議訂於 3 個星期後。除了會議

前一天可能需要閱讀這份議程來大略了解狀況外，無需採取任何行動。

- 你最喜歡的 APP 即將推出軟體升級的廣告訊息。然而你還不確定是否真的需要這個新版本，再考慮 1 個星期比較好。

- 一個想為明年的年度業務大會做些什麼的想法。雖然目前並沒有任何事要做，但你想提醒自己需開始準備做計畫的時間。

- 一個寫給自己看、關於上水彩課的紙條，但現在完全沒有時間去上課。

這些事項該怎麼辦呢？有 2 種可能的處理方式：

1. 寫在一張「將來／也許清單」上。

2. 在行事曆上寫下備忘提示，或歸檔到檔案夾系統中。

進入孵化過程的目的，是讓人們在決策的**當下**可以不必思考這件事，而且又能有信心在適當的時間點收到「可採取行動」的提示。這點在下一章關於「整理」的部分會有更詳細的說明。目前只要把寫了「也許」或「在 10 月 17 日提醒」的便利貼貼在這些事項上，然後放入你會持續累積的「待處理」類別中，之後再進行管理[1]。

> 只要擁有一個「決定不做決定」的系統將這件事從腦海中移除，那麼即使決定不對這件事做任何決定也沒關係。

參考資料

收件匣中會有許多事務不需採取任何行動，但可能對專案和特定主題具有潛在價值。最好的情況是，人們已經為自己的參考及支援資料建立好可行的歸檔系統（如同第 4 章所介紹的）。如果在收件匣或電子信箱中找到想儲存或具備支援效果的資料（包含電子郵件中的附件檔案、網址），就立刻歸檔吧！

人們常發現很多五花八門、想保留的雜物，但卻因為參考資料系統太過正

---

1 多用一個資料夾就可以完美達到這個目的。剛開始加工時，請將這些事暫時收集起來就好，後續再進行整理。之後可以用該資料夾來裝待處理的進行中文件，以及用來提醒下一步行動的物品。

式、或根本沒有建立這個系統，而會將這些物品隨意塞在抽屜裡。一個觸手可及、有趣又能在 60 秒內完成的一般性參考資料歸檔系統，是全面執行「搞定」模式不可或缺的必要條件。在節奏緊湊的真實世界中，若歸檔過程困難、緩慢又無聊，人們就會把事務隨意堆積，或乾脆留在收件匣裡，而非進行整理，導致事務更難維持在「已處理」狀態。

無論在什麼時候，只要找到一件想要保留的東西，就請貼上標籤並收到資料夾裡，然後將該資料夾放進歸檔系統櫃；抑或是在該事務上貼張便利貼，指示助理完成歸檔；或運用適當的標籤、分類進行電子檔案的歸檔。在剛開始輔導客戶時，我曾答應讓客戶留有一個「之後再分類」的空間，但我再也不會這樣做了。因為我發現，若人們無法在當下立刻將某件東西收到系統裡，很可能就永遠都不會收了。

至於想留下來作為參考資料的數位資訊，則有一大堆選擇。若只是一封想留到未來能再次讀取的電子郵件，建議可以用一般電子信箱工具列中都會有的「封存」功能。很多人會把這些無需採取行動的電子郵件，亂七八糟地堆在收件匣裡，造成系統嚴重阻塞。因此，請自由地隨時為新專題、主題、人物或專案建立新的參考資料夾，並立刻將相關的電子郵件丟進去。

若只想保留電子郵件中的文件、附件、文字和圖片，就要建立個人的歸檔程序。現今已有效率極佳的雲端文件儲存 APP，以及可用多項裝置讀取的筆記與文件整理程式。強大、多元與迅速發展的科技環境，帶給人們無限的創造力，也因此，在數位資料的歸檔上，並沒有什麼「全球通用的最佳方式」。為了找出最適合自己的模式，每個人都應該自己去實驗、個人化並盡力修改專屬於自己的數位圖書館。其中，維持效率的關鍵在於，定期重新檢視資料與自己的整理方式，將內容維持在最新且實用的狀態。

再次強調，關鍵的驅動力應該是：你對自己的參考資料內容或系統是否仍然抱有關注？若答案為肯定的，請建立專案和下一步行動來啟動，讓這個重要面向

能運作自如。

需要採取行動時

這或許是「搞定」中最基本的練習。收件匣中若有某樣事務需完成，就表示必須做出判斷下一步行動的決策。再次重申，「下一步行動」表示為了讓這件事能夠達成目標，所必須採取的具體、可見的行為或活動。

> 執行一項直接、明確、有頭有尾的任務，足以平衡那些既複雜又無窮無盡、困擾我餘生的事。這是一種非常神聖的單純。
>
> ——羅伯特・富爾格姆

這比聽起來的要容易，卻也難上許多。

人們通常可以輕易想到所需的下一步行動，但在決策時也經常尚未想好相關細節，以及計畫有哪些步驟。而在你確實想好、決定出**真正的**下一步時，很可能就是已經要做的時候，就算那件事再簡單也一樣。

現在來看看人們可能會將注意力放在哪些事情上：

- 打掃車庫。
- 報稅。
- 需要參加的會議。
- 鮑比的生日。
- 發布新聞稿。
- 績效考核。
- 管理階層的改變。

雖然個別來看，上面每個事項似乎都是還算明確的專案或任務，但仍然必須仔細思考，才能判斷出每件事所需的下一步行動。

- 打掃車庫：

「嗯，我只要進到車庫開始整理就好。喔不，等等，我需要先處理掉車庫裡的大型冰箱。我應該先問約翰·派崔克，看看他露營時會不會需要用到那個冰箱。我應該……」

➤打給約翰，詢問他是否需要車庫裡的冰箱。

那這個呢？

• 報稅：

「我得先拿回最後一份投資收益文件才能開始計算稅務，目前什麼都沒辦法做。所以我必須……」

➤等待 Acme Trust 投資公司將文件寄來。

接下來這個呢？

• 需要參加的會議：

「我需要先了解珊卓是否會準備好新聞稿資料。我想我需要……」

➤寄電子郵件給珊卓，回覆：關於會議的新聞稿資料。

……以及其他待辦事項。這些行動步驟，如：「打給約翰」、「等待文件」和「寄信給珊卓」等，正是判斷收件匣中所有「需要採取行動」事項時，應做出的具體決策。

下一步行動務必是具體行為

請記住，這些行動必須是具體、可見的行為。許多人認為寫下「訂定會議時程」幾個字，就等於確認好下一步行動了；然而並不是，因為那完全沒有提到任何具體行為。該如何安排會議？可以用電話或電子郵件來確認；該聯絡誰？請做出明確的決定。現在不決定，之後還是得做出決定。這個步驟的目的在於，讓人們確實完成這些事項必經的思考過程。若沒有決定能推動進展的下一步具

在知道具體的下一步行動是什麼之前，都還是要持續思考，直到任何事得以實現，也就是你適當執行之前。

體行動，每次想起這件模糊的事項時，都會產生心理上的落差，進而開始抗拒回想這件事，導致事情延宕、停滯不前。

當你走向電話或電腦時，請先妥善思考過所有該處理的事項細節，讓自己能更輕鬆地使用工具與工作空間來搞定各項事務。

然而，假如認為「我該做的下一步行動，就是決定自己該對這件事做點什麼」時，又該怎麼辦？這情況有點複雜。「做決定」其實不是一項行動，因為「行動」需要花時間，而「做決定」不用。事實上，永遠會有些可採取的實際行動能協助完成決策。在 99% 的情況下，人們只是單純需要更多資訊才能做決定罷了。額外的資訊可能來自於外部資源（「打給蘇珊，問問她對提案的想法」）或內部資源（「寫下自己對組織重組的想法」），無論是哪一種，還是要判斷出需採取的下一步行動，才能讓專案繼續前進。

> 判斷需要做什麼具體活動，能讓你做出決定。

決定好下一步行動時

一旦決定好所需的下一步行動後，接下來有 3 個選擇：

- 立刻執行（如果該動作可以在 2 分鐘內完成）。
- 委派他人（若自己並非執行該動作的最佳人選）。
- 延後執行（將該事項及行動放入整理系統中，列為之後再進行的事項）。

立刻執行（do it）

若下一步行動能在 2 分鐘或更短的時間內完成，請在從收件匣中拿起時就立刻執行。若一封電子郵件只要 30 秒就能讀完，並迅速回覆「是／否／其他」給寄件人，那就馬上做吧！若能在 1 ～ 2 分鐘內就大致瀏覽過、判斷是否感興趣的

商品型錄，請趕快翻閱，然後根據型錄內容決定要丟掉、轉寄或收入參考資料；若某件事的下一步行動是聽取某人的簡短留言，那麼請趕快拿起電話吧！

就算某件事的優先順序並不高，但若想要執行這件事，就馬上做吧！**2 分鐘定律**的目的是，若儲存及追蹤某件事要花的時間，比「立即處理」還多的話，或許初次接觸到這件事時就立刻完成會更有效率。換言之，就是所謂的效率臨界點。若某件事沒有重要到必須完成，那就**丟了**吧！若很重要、也需要在某個時間點前完成的話，「效率」就是應該好好思考的因素。

很多人發現，養成 2 分鐘定律的習慣，能對工作效率產生極大影響。一位大型軟體公司的副總裁曾告訴我，2 分鐘定律讓他每天多了 1 小時的時間可以自由支配！他是那種一天會收到 300 封電子郵件的高科技產業高級主管；他收到的電子郵件大多是來自於他的下屬，需要他注意到某件事、提供意見或表示同意，然後工作才能繼續進行。然而，由於這些內容並非他個人關注的主要議題，所以信件會被留在收件匣中以待後續處理。累積了上千封電子郵件之後，他就必須耗費一整個週末來加班、試圖趕上進度。

假如他才 26 歲、體力豐沛、充滿幹勁，那或許還沒問題，但他不僅已經 30 多歲，而且孩子們也都還小，再也不能承受加班整個週末的瘋狂行為了。當我指導他時，他便一一加工好當時還放在收件匣裡的 800 封電子郵件，結果發現，其中有一大部分可以直接刪除、一些需要存起來作為參考資料，另外還有很多則可以在 2 分鐘內迅速回覆。一年後再追蹤，我發現他依然處於極佳狀態，再也不會讓電子郵件多到超出螢幕的範圍。他表示，自己大幅縮短回信時間的情況，甚至改變了部門的特性，現在他的員工都覺

2 分鐘定律充滿了魔力。

得他是鐵打的！

這是一個頗為戲劇化的實際案例，也顯示基本加工動作的重要性，尤其是對個人而言，待處理的事務數量與接收速度都在增長的時候。

2 分鐘其實只是一個參考方向。若有很長的空檔來加工收件匣，也可以將每

樣事項的效率臨界點增加為 5 ～ 10 分鐘。如果需要迅速看過所有累積的事項，才能判斷該如何以最有效的方式來運用時間，就將時間縮短至 1 分鐘、甚至 30 秒，好讓自己能更快瀏覽過每件事。

> 你會為自己能在那些最緊要的專案上落實這麼多 2 分鐘行動而感到驚訝。

在嘗試摸索、熟悉這個過程時，實際測量花了多少時間在處理那些事是個不錯的方法。大部份我指導過的人都對於「2 分鐘實際上到底是多久」感到困惑，導致大幅低估某些行動可能需要的時間。例如，有項行動是留言給某人，但打過去時是本人接聽而非轉接語音信箱，通常這通電話所需時間就會超過 2 分鐘。

對於 2 分鐘內就可以完成的行動，不太需要進行追蹤。但若執行了一個行動，卻無法因此一口氣完成專案，就需要理清該專案所需的下一步行動，並用相同的標準來管理。舉例來說，如果你想更換印表機的墨水匣，卻發現沒有新的墨水匣了，因此決定需採取的下一步行動就是取得墨水匣（如上網訂購印表機墨水匣），以及恰當地選擇該**執行**、**委派**或**延遲**處理。

> 唯有勇於付諸行動而非空想，才能掌握這個世界。手比眼來得更重要……手是你的思想利劍。
>
> ——布洛夫斯基

好好遵循 2 分鐘定律，就能看見清理收件匣時的驚人效率。許多人都驚訝於自己居然能採取這麼多 2 分鐘行動，而且通常還是出現在處理眼下最緊急的那些專案。此外，這個定律也適用於一些非常細微、已經延誤太久又一直干擾專注力的未完成事項，其成果絕對令人非常驚喜。

2 分鐘定律已成為許多人試圖掌管好數量龐大的電子郵件的救星。在電子郵件往來頻繁的情況下，至少有 30% 可行動的電子郵件能在 2 分鐘以內完成回覆（假設打字速度不算太慢的話）。對於正在執行清理電子郵件的人而言，堅守本定律將能大幅改善個人工作效率生態系統中的反應速度。當我跟學員一起清理他的電子郵件庫存時，總是會遇到許多能快速採取行動的時刻，這些行動不但可以

推動許多方面的進度，也能突破不少瓶頸。

　　話雖如此，但也不要成為 2 分鐘定律的奴隸，花上一整天的時間進行 2 分鐘的行動。這項定律主要適用於執行剛收到的新事項，例如加工收件匣、在辦公室或家裡與人互動，或單純在走廊上面臨岔路的時候。因為若這件事在出現的當下沒有立刻執行、之後還是必須處理，那就得花費更多時間和精力去捕捉、理清與追蹤，才能避免這件事占據大腦。

委派他人（delegate it）

　　如果執行下一步行動需要超過 2 兩分鐘，那麼請問問自己：「我是最適合處理這件事的人選嗎？」若答案為否定的，請運用系統化方式將這件事交由適當人選執行。

　　委派不見得總是指「交給下屬」處理，也可能是「必須交給客服」、「主管需要知道這件事」或「需要合夥人提供對這件事的看法」。

　　而所謂的系統化方式可以是下列任何一種：

- 寄電子郵件通知適當的人選。
- 寫張紙條或交辦通知給那位人選。
- 傳簡訊或電話留言給對方。
- 在清單中加入這項議程，作為下次與對方當面交談時的提醒。
- 直接與對方溝通，無論是當面、電話、簡訊或即時訊息。

　　雖然以上任何方式都很管用，但我個人（除了某些特例外）建議依照上述順序，由上往下執行。電子郵件通常是系統中最迅速的方法，不但能提供書面證明，收件人也可以在自己方便時處理。接下來是手寫通知，除了一樣可以立即進入個人系統的流程外，收件人也會收到實物以便整理。若交辦事項為紙本，那麼手寫的溝通內容自然是最佳模式，收到通知的人也可以自行安排時間處理。雖然語音信箱和簡訊的效率很高，許多專業人士也以此為謀生之道，但其缺點在

於「追蹤」會變成寄件人與收件人的額外負擔，尤其所表達的意思可能會被對方誤解，而簡訊更是以意味不明的特性惡名遠播。接著是記錄在會議清單或資料夾中，並在下次與對方碰面時當面溝通。有時由於要交辦的議題具機密性或細節多，所以確實有必要這麼做，但這件事直到碰面前都會暫時被擱置。最不理想的方式，就是為了討論這件事而中斷彼此當下正在分別處理的事情。雖然這方法具有即時性，但會打斷雙方各自的工作流程，也缺乏書面證明。

追蹤已交辦事項：若該行動已交由別人執行，但自己又很在乎結果，那就必須好好追蹤後續發展。下一章討論「整理」時，將會說明其中一個需善加管理的重要類別就是「等待清單」（waiting for）。

一旦建立自己的系統後，所有交辦出去及追蹤中的事項，看起來會像是個計畫列表、裝有分別寫著各項事務紙張的資料夾、和（或）電腦軟體中寫著「等待清單」的類別。以目前的情況來說，若尚未設立好一個值得信賴的系統，就在紙上記下「等待：鮑勃的回覆」，並在加工時多設置一個獨立的紙堆或文件匣，創造出「待處理」（pending）的空間。

當別人已在執行時：在之前提到「等待文件送達才可處理稅務」的案例中，「下一步行動」正掌握在他人手裡。在這種情況下，可以把這項行動當成已委派他人並追蹤進度，抑或是歸入等待清單，將「等候 Acme Trust 寄來稅務資料」之類的字句寫在標示為「報稅」的那張紙上，並放入「待處理」的空間。

此外，寫下所有交辦事項的日期相當重要。在所有個人系統中，最需要追蹤的就是日期。在某些真的要用到日期資訊的時刻（「我明明在 5 月 12 日就打電話去訂購那樣東西了」），會發現養成記錄日期的習慣非常值得。

延後執行（defer it）

理清收件匣內容項目時很可能會發現，絕大多數是需要自己執行、會花費超過 2 分鐘的行動。例如打電話給客戶、要寄給團隊但內容尚未構思完成的電子郵

件、到體育用品店買哥哥的禮物、上網下載要試用的應用程式，以及和伴侶溝通女兒要上哪間學校等。

請在某處寫下這些行動，並將之妥善整理到適當的類別中，好讓你在需要這些資訊時能夠隨時取用。以目前而言，你只需要將這項行動寫在便利貼上，然後貼到收件匣中代表這件事的紙張上，再將它移到「待處理」的紙堆中，就完成加工了。

最後剩下的「待處理」事項

若遵循本章的指示按部就班，想必已經丟掉大量雜物、將不少檔案歸檔、完成許多 2 分鐘行動，並將許多事交由他人執行了。然而，這個階段也會留下很多需要自己執行的事務（可能是盡快、某天，或於特定日期執行），以及正在等待他人完成的備忘提示。「待處理」的類別包括已經委派他人或決定延後執行，但仍然需要在個人系統中以某些方式妥善整理的行動。下一章將循序漸進、詳細剖析這個主題。

定義所有專案

在由上到下清空收件匣的過程中，最後一步就是將視角從個別動作的細節，轉換到更大的格局，也就是「專案」（projects）。

再次強調，我個人將「專案」定義為「需採取不僅一項行動才能達成預期成果的承諾」。現在請瀏覽一下已經建立的下一步行動清單：打給法蘭克問汽車警報器的事、寫信給伯納黛特有關會議資料的事……，你一定會發現，某些事情的規模比其個別行動要大上許多。比如打給法蘭克後，還是需要為汽車警報器採取某些行動；而在寄信給伯納黛特後，也還是有其他會議相關事項要處理。

希望你能明白我將專案視為如此廣義的真正原因：若所設定的行動步驟無法實現承諾，人們就需要許多提示來不斷提醒自己那些正待處理的事項，直到達成目標為止。為此，請製作一張專案清單（projects list），內容可能從「辦聖誕派對」、「撤掉軟體生產線」到「完成薪資計畫」等應有盡有。這張清單的用意，並不是要人們回顧應該處理的優先順序，而只是要確保所有開放式迴路都有被收到特定的提示清單中。

現在，你的手邊可能已有 30 ～ 100 個專案。

　　專案清單不論是要在剛開始加工收件匣時就設立，還是要等到已有下一步行動清單時再設都不重要，只要在「某個時間點」前完成並經常維護即可。這張清單是檢視目前情況、期望達成的目標，以及讓人每週都能感受到「生活盡在掌握中」的關鍵驅動因子。

　　現在，讓我們準備進入下一階段，確認你的整理系統一切到位吧！

第 7 章

整理
設定正確的儲存工具

擁有一個完整而天衣無縫的整理系統能帶來無限力量，因為這個系統能讓大腦自低層次的思緒中抽離出來，並升級到直覺式的專注境地，而不會受到尚未妥善處理的事情干擾。但要達到這個境界，人們必須擁有比心智功能更好、更完備的**實體**整理系統才行。

> 為了讓專注力維持在更廣闊的高度，並排除那些經常感到必須記起來或是被提醒的壓力，縝密的整理尤其不可或缺。

基本上，「已整理」表示事情的現狀符合其對你的意義。決定將某樣東西留作參考資料，並歸位到參考資料應存放的位置──這就是「整理」。若需要透過備忘提示來提醒自己打電話，只要將該提示放在會看到的地方，就完成「整理」的步驟了。看似簡單，實際上卻藏著一個大問題：這件事對你來說有什麼**意義**？正如前一章提到的，很多時候，人們試圖整理的東西其實都尚未妥善理清；即便已經理清，可能仍然存在許多更細緻、能帶來更多創造力及掌控權的差異。本章在說明加工收件匣所需的步驟與工具時，將再次觸及此議題。人們剛開始加工收件匣時，不僅會為想整理的事項建立清單和類別，也無可避免地會想到其

> 我必須創造一個體系，否則就將受制於別人的體系。
>
> ──威廉・布雷克

他可列入清單的事項。換句話說，個人的整理系統不必一口氣建置完成。在加工雜事與測試所有事物是否都已放在自認為最佳的地方時，系統也會隨之進化。對你而言，事情的核心意義永遠是真實的，但用來處理各項事物的最佳管理架構卻可能在一年後截然不同。

當我們對每件事的意義做出判斷，並決定需要採取什麼行動後，這些事項就會進入工作流程圖（見第 177 頁）外層的類別中。

基本類別

從整理與運作的視角來看，要妥善追蹤和管理的事項，可以分為以下 7 個主要類別：

- 專案清單（project list）。
- 專案支援資料（project support material）。
- 行事曆行動與資訊（Calendar actions and information）。
- 下一步行動清單（Next Actions lists）。
- 等待清單（Waiting For list）。
- 參考資料（Reference material）。
- 將來／也許清單（Someday / Maybe list）。

明確分類的重要性

請務必讓上述 7 個類別有明確的區隔，這點非常重要。每個類別都表示人們在心中對自己許下的承諾，而且會在特定時間以特定模式提醒自己這件事。倘若這幾個類別的界線變模糊、不同的類別摻雜在一起，那麼就會失去整理的價值。

因此，捕捉和理清自己與事情間的關係，主要目的是為了達成「妥善整

理」。絕大多數的人都會試著藉由整理好個人世界以取得更大的掌控，但往往卻在重複整理七零八落的堆積物，對其意義仍舊不明不白。一旦試過本書先前建議的處理流程，就會了解自己需要持續追蹤的確切內容，然後能以非常具體的方式安排、創建適當的描述。

類別必須在視覺上、物理上及心理上具有明確區隔，以促進理清。

若沒有做好分類，並讓代表不同意義的事務被歸到視覺上或心理上相同的地方，就可能讓人對其中事項變得麻木無感。例如，若將參考資料與想閱讀的文章放在一起，人們就會下意識開始隨意堆疊；若將行事曆上在特定日期才需執行的事項放入「下一步行動清單」中，人們就會開始不信任行事曆，然後不斷重新審視行動清單；若有近期內都不會接觸到的專案，就必須收入「將來／也許清單」中，好讓自己可以專注在「專案清單」上，認真想出每個專案需採取的下一步行動；而若將等待事項列入行動清單的話，將帶來無濟於事的重複思考，成為持續拖累腳步的負擔。

只要有清單和資料夾就夠了

一旦明白該掌握哪些事項（請見前一章「理清」）後，接下來真正需要的只有清單和資料夾而已，以作為備忘提示、參考資料與支援資料的管理工具。個人清單（如同之前所提到的，也可以是資料夾中的物品）能用來追蹤專案、將來／也許會執行的事項，以及為了處理現有的開放式迴路所需採取的行動，而資料夾（數位或紙本）則可用於存放參考資料與現行專案所需的支援資料。

很多人建立清單的習慣行之有年，卻從未發現這個流程最有效運用的方式，也有不少人對於我建議的超簡單系統抱持懷疑的態度。然而，大部分會建立清單的人都沒有將適當的事項列入其中，抑或內容不甚完整，使清單無法有效淨空大腦。一旦知道該將什麼內容收入清單，事情就會變得簡單許多，接著只需要找到

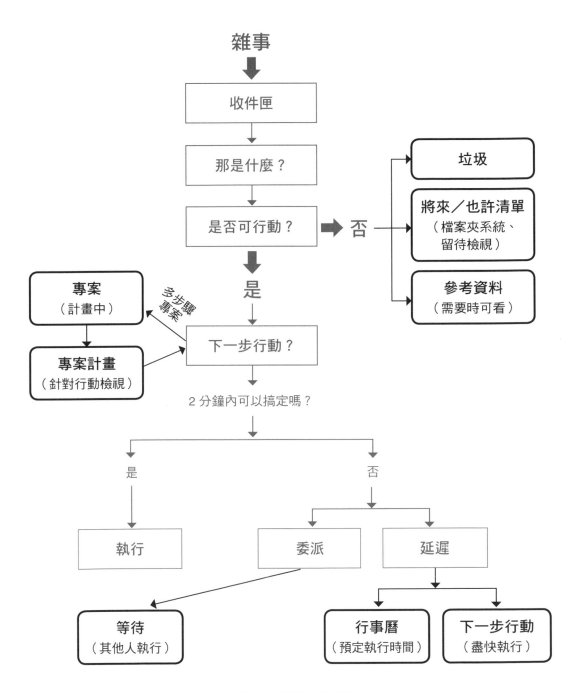

工作流程圖：整理

管理清單的方法即可。

我不屑於簡化複雜的事物；但我願意將生命奉獻給複雜事物背後的單純。

——小奧利弗・溫德爾・霍姆斯

就像先前提到的，清單上無需按優先順序排列，否則當情況有所變動時，就得再次重新安排或重列清單。試圖建立排序架構，一直以來都是許多人在整理過程中困擾與挫折感的來源。當人們看到整張清單和所面臨的多種變數時，就能以更直覺的方式決定優先順序。清單只是一個讓人得以追蹤、檢閱所有承諾過的事項的方式。

當提到「清單」時，請記住，我指的就是一個擁有某些類似特質的項目群組。清單可能有下列3種形式：(1)資料夾或某種容器，其中裝有屬於相同類別、寫著個別事項的零散紙張；(2)附有標題的實際紙本清單（通常出現在鬆散的整理工具或計畫工具之中）；或(3)電腦軟體、數位行動裝置中成堆的項目清單。

整理行動備忘提示

若你已經清空了收件匣，想必也建立好一疊「待處理」的備忘提示，亦即需花超過2分鐘才能完成、且無法委派給其他人的行動。這些事項很可能有20～60件，甚至高達70件以上。此外，你應該累積了不少委派他人執行事項的備忘提示，也整理出一些需要加入行事曆或將來／也許清單的事務了。

為了能在有空檔時檢視這些事務、作為接下來要執行的選項，請將所有東西以對你有意義的方式分類到不同群組中，並用適當的方式劃分為不同的實體類別以便管理，不論是把這些項目放入資料夾或清單中、要用紙本，或者數位的形式都可以。

行事曆上的行動事項

　　為了實現整理的目的，行事曆內的「行動」可劃分為兩種基本形式：需在特定日期和（或）特定時間完成的行動，以及能順應其他既定行程（有些或許有截止日期）調整，可以的話越早完成越好的行動。因此，行事曆上的行動事項，必須有特定時間（例如「早上 10 ～ 11 點與吉姆會面」）或特定日期（「星期二需打給瑞秋，以確認她有沒有收到提案」）。

> 行事曆應只顯示出「硬體景觀」（hard landscape），而其他行動在此時間之外執行。

　　加工收件匣時，某些行動請立刻加入行事曆。比如說，想做健康檢查的下一步行動就是「打電話預約」，而且能夠在 2 分鐘內即可完成，所以當想法萌芽時就立刻執行，並在行事曆上寫下預約的時間，可說是再普通不過的常識。

　　但是，很多人習慣寫下每天的待辦事項，而會把**希望**在某天完成的事項記在行事曆上。舉例來說，有人會在下星期一的欄位中寫上想在那天完成的事，但實際上做不到，導致該事項必須延後執行。**請抗拒這種衝動。**將行事曆視為可奉為圭臬的神聖領域，不僅反映出當天的「硬體景觀」，內容也要保持簡潔明瞭，讓人就算再匆忙，也能一目瞭然掌握重點；行事曆的內容若只有當天**絕對**要完成的行動或必須知道的提醒，整個過程就會輕鬆許多。當行事曆在整理的過程中只剩下其應有的功能時，人們需執行的大部分行動事項，就都屬於「需盡快處理（相較於其他必須完成的事）」的類別中了。

根據情境來整理「需盡快處理」的行動

　　多年來，我發現對於「需盡快處理」的行動來說，依照所需**情境**（即完成該行動所需的工具、地點或情況）來設定備忘提示最有效。舉例來說，若某個行

動需電腦作業，就應列入「用電腦」清單；若該行動必須出門、移動到某個地點（例如去銀行或五金行），則「外出辦事」清單就是追蹤該行動的最適選擇；若所需的下一個步驟是與合夥人艾蜜莉當面討論某些事，則最合理的方式就是將此行動放進名為「艾蜜莉」的資料夾或清單中。

劃分這些類別的標準，取決於 (1) 需追蹤行動的數量，以及 (2) 處理事情時改變情境的頻率。

若是只有 25 項下一步行動需執行的罕見情況，一張下一步行動清單大概就綽綽有餘了。清單內容可能從「買釘子」、「與老闆討論員工異動」到「寫下關於委員會會議的想法」等五花八門的項目皆涵蓋在內。然而，若有50～100件需延遲執行的下一步行動，用一張非常龐大的清單、一口氣囊括所有行動，可能會讓人難以看清真正重要的事情，而且每當有時間能做些什麼時，都得拿來重新排序清單內容，導致工作效率不彰。若想利用會議休息時間的空檔打個電話，就需要從一大堆不相干的事項中找出電話號碼；一旦要外出辦事時，可能也得從那堆雜亂無章的項目中，挑出一些事情另立清單。

因此，提升工作效率有一項重要因素，就是依循情境整理出不同的行動清單，以助於在特定狀態下大量處理同類事務。例如，處於「電話狀態」有助於一口氣打很多通電話，讓人能一通接一通地征服「打電話清單」；當電腦開著、且在數位環境中工作得正順手時，在分心處理其他事情前，請先盡可能完成越多需要網路的行動越好。大部分的人都不知道從某項行為中抽離、進入另一種步調中和轉換工具，都需要耗費很多心力。很顯然，當某位關鍵人物正坐在辦公室中與你面對面時，將所有想與對方討論的題材準備妥當才是最明智的做法。

最常見的行動備忘提示類別

下列是有關下一步行動清單的常見類別，其中或許有些能引起你的共鳴：

- 打電話。

- 用電腦。
- 外出辦事。
- 在辦公室（雜項）。
- 家裡。
- 任何地點。
- 議程（關於人物及會議）。
- 閱讀／檢視。

打電話： 這份清單中涵蓋所有需撥打的電話，只要手邊有電話就可以隨時執行。越常在外移動的人，往往越覺得擁有一張完整的打電話清單相當方便：許多小小的空檔（例如外出辦事、旅行、休息、候機或等待接孩子放學）都是善用打電話清單的最佳時機。擁有獨立的打電話類別能讓人更容易維持專注力，並且直覺地找到當下最適合撥出的電話。

我建議花點時間在每件事項旁記錄要撥打的電話號碼。因為通常若號碼近在眼前，或剛好正在使用行動裝置、只要手指一按就能撥出的情況下，人們就會打那通電話；反之，若需額外尋找電話號碼，行動力就會大幅下降。

用電腦： 對於會使用電腦工作（尤其是隨身攜帶筆電、平板，或辦公室和家裡各有一台電腦）的人而言，把所有需要用到電腦的行動歸到同個群組中將大有助益，能讓人清楚看出需用電腦的所有工作選項、提醒需寄發的電子郵件、要擬定草稿或修改的文件等。

因為我經常飛行，所以還有份和「用電腦」區隔開來的「線上」行動清單。當在飛機上，沒有無線網路、不能看網頁或連到伺服器，卻有許多行動都需上網才能執行時，與其每次瀏覽用電腦清單，都要重新判斷哪些事能做、哪些事不能做，我反而希望能信賴用電腦清單，讓其中沒有任何一項需上網的行

> 仔細思考自己能在何時、何地及何種狀況下採取哪些動作，並且依這些「情境」整理清單。

動，我就能安心自在地根據其他條件做出必要的決定。

　　對於只有在辦公室或家裡才會執行用電腦項目的人來說，雖然將行動放在特定地點清單上沒什麼問題，但你可能會發現，即使坐在那樣的情境中，把所有與用電腦相關的備忘提示獨立出來，會讓清單的功能更佳。另一方面，若個人工作和活動大多以行動裝置為主，且無論是筆電、平板或智慧型手機都能執行的話，將相關備忘提示放入同一張數位情境清單或「任何地點」的類別，可能效果最好。

　　外出辦事：將所有外出才能執行的行動備忘提示歸類到同一群組是非常合理的做法。知道自己要去某個地點辦事時，可以透過檢視這張清單、出門一趟就順便完成好幾件事的感覺很棒。例如「到銀行的保險箱拿出股票憑證」、「去裁縫店拿西裝」以及「到花店買花送羅蘋」都屬於此範疇。

　　這張清單不必多精美，即使只是收在行事曆中或貼在冰箱上的便利貼，抑或是放在數位管理工具裡「外出辦事」類別中的項目都可以。

> 我們一定要努力達到看似「簡單」的「精巧」。
> （譯注：即「大巧不工」。）
> ——約翰・加德納

　　追蹤外出辦事項目列出的子清單通常大有助益。舉例來說，一旦想到要去五金行買東西，便可能會把「五金行」列為行動事項，接著在下面另外建立一份細節清單，列出正在思考、需到五金行購買的物品。使用低科技方式的人，只要用一張寫著「五金行」的便利貼即可，而對慣於使用高科技電子清單的人來說，則可在外出辦事清單的「五金行」項目中附加「筆記」，並寫下所有細目[1]。

---

1 有人認為，個人工作效率科技的大幅躍進（某種程度上來說，也是由於「搞定」模式大受歡迎的關係），意味著「位置導向」備忘提示的發展。行動裝置能透過 GPS 定位感應人們正位於某間五金行、在家或在都市裡，然後便能提示結合當前實體環境的各項行動。雖然這在概念上行得通，但實際上由於變數繁多、且人們會想從不同角度來概略瀏覽行動清單，因此這樣的提示對於縝密的清單來說，只是還不錯的附加選擇，可作為已完整檢視、整合過的系統的一部分。至於若假設這能幫助人們保持頭腦清晰、絕不會錯過任何想看的事物，就這項科技及其使用方式來說，還是太過樂觀了。

在辦公室：若是工作場所為辦公室，應該就有些只能在辦公室才能執行的事項。將這些事項列入清單並放在手邊，是非常有用的做法；若辦公室有電話和電腦，也整理好了「打電話」與「用電腦」清單，就可以在辦公室進行這幾張清單上的行動。我個人會使用「在辦公室」清單來存放任何需實際在辦公室中才能執行的行動，例如：清理辦公室文件櫃、與公司同事一起列印與檢視一份大型文件等。

> 熟悉清單到可以忘掉清單，這樣更能搞定事情。

目前的主流是讓公司組織變得更開放、更有彈性及虛擬化。「旅館化」（hoteling；指無固定座位，在任何可用空間都能接上電源、開始工作）的公司型態也逐漸增加。因此，在「在辦公室」可能也只意味著，某個行動需在公司中某些地點或位置才能完成。有時候，為了更好處理與不同實體位置有關的事項，將「在辦公室 A 處」及「在辦公室 B 處」獨立為不同清單會更有效率。

家裡：由於許多行動只能在家裡完成，因此建立此情境的專屬清單也很合理。大家都有許多屬於個人與家庭的專案，而對這些事項來說，最佳的下一步行動通常就是「開始動手做吧」！像是「把新的水彩畫掛起來」、「整理旅行配件」，以及「將冬天的衣物拿出來放進衣櫃」等，都是這個類別中很常見的項目。

若你跟我一樣在家裡也有個辦公室，所有只能在家中辦公室完成的事務也需要放在「家裡」清單。（但若**只在**家中工作、無需去其他地點上班的人，就完全不需要在辦公室清單，保留家裡清單就夠了。）

就好像有些人需要在多種空間中工作，也有不少人擁有數個私人工作場域，例如：度假小屋、船舶、甚至是當地的咖啡廳；「在星巴克」也是一個絕妙的行動清單類別！

議程（agenda）[2]：許多下一步行動都無可避免地需要與人實際互動，或是在委員會、團隊或員工會議時才能進行。例如需要跟合夥人討論關於明年的規畫、想和伴侶確認對方的春季行程、需委派助理的事項過於複雜，無法用電子郵件解釋、抑或是必須在星期一的員工會議上，報告有關支出政策的異動等。

例行會議與長時間合作的對象，往往也要有專屬的個別議程清單。

　　諸如此類的下一步行動應以個別對象和會議（若需時常參與該會議）為主，建立專屬的議程清單。許多專業人士已在使用類似做法，將要與老闆討論的所有事項收集到資料夾中了；但若想認真確立、決定所有下一步行動，會發現需要3～15張這樣的清單。個人建議可以分別持有數張與老闆、合夥人、助理及孩子有關的清單，同時也應該為律師、理財顧問、會計和（或）電腦諮詢專家，以及任何可能在下次會面或講電話時，需要討論超過一件事的人，準備一份這類清單。

責任範圍越廣、在公司的角色越資深，就越能藉由與他人交流、溝通的方式完成各項事物。

　　若有需要參加如員工會議、專案會議、董事會議、委員會會議、師生座談會等常態會議，則也需要為這些會議設立專屬清單，以便收集需在會議上討論的事情。

　　此外，有時候人們也可能會想替某位只會短期互動的對象準備一份進行清單。舉例而言，若家中或廠房有位承包商正在進行大型工程，便可以在施工期間為該承包商製作一份專屬清單。因為當承包商離開、你正四處檢視場地時，不但可能會發現好幾項需與對方討論的事項，有張清單也能輕鬆按需求來捕捉和存取

2　我所謂的「議程」是指美國的慣用意涵，亦即與他人談話或與會議有關的項目（而非其他文化中，可能表示的「行事曆」、「行程表」或「日記」）。

這些項目。

有了這種裨益良多的清單，你的個人系統將允許隨意、快速且簡易地增加臨時議程。例如在活頁筆記型行事曆中，增加一張特定的議程清單活頁紙只需幾秒鐘，就像在數位工具中的「議程」類別裡，加入一條專屬「筆記」一樣輕鬆。

閱讀／檢視：收件匣中，一定會有些事項的下一步行動為「閱讀」。請持續遵守 2 分鐘定律，在迅速掃描過內容後，立刻處理：丟棄、歸檔或者適度加工推進。

需要花超過 2 分鐘閱讀的紙本素材，最佳管理方式就是放入標示「閱讀／檢視」的實體文件盤。在我的定義中，這仍屬於「清單」的範疇，而最有效率的處理方式，就是將文件或雜誌放入文件盤和（或）可攜帶的輕便檔案夾。

> 最不擅利用時間的人，最會抱怨時間之短促。
>
> ──尚・德・拉布魯耶

對許多人而言，歸到「閱讀／檢視」類別的項目數量非常可觀，這也是為什麼此類別的紙本文件，都得是人們**真的**想在空閒時閱讀、且必須花超過 2 分鐘才能讀完的文件。光進行分類就已經有些難度了，然而一旦此類別的界線開始模糊，事情將一發不可收拾，甚而導致心理麻木。劃定單純的界限至少能讓人對於堆積事項有較清楚的概念，而人們大多也有自我管理機制，能幫助自己覺察想保留什麼，或某些東西丟掉就對了。

有些專業人士（如律師）仍然需要在工作中使用大量的列印資料；雖然大部分文件都可用數位的方式建立及儲存，但在工作時，使用紙本仍是最佳形式。在這種情況下，除了運用「閱讀／檢視」收納盒或文件盤外，認真閱讀其中資料需要一種不同的專注力。

一旦遇到預計參加的會議延後開始、研討會休息時間、等候牙醫看診、搭火車或飛機的空檔時，擁有已經整理好的閱讀資料是很實際有效的做法，因為這些都是瀏覽閱讀的好時機。人生充滿許多零碎的空檔，沒有確實整理好閱覽素材的

人可能會因此浪費不少光陰。

現今人們大量接收需閱讀和檢視的資訊，包括許多來自電子媒體、通常對工作或生活並不重要，但很有趣的文章，因此在虛擬世界中建立一個整理完善的儲存工具將帶來很大助益。例如在電子郵件系統中建立「閱覽／觀賞」的資料夾或「瀏覽網頁」的行動清單，即可成為保留電子郵件中想看的影片、部落格或網路文章的絕佳空間。

整理「等待清單」

正如下一步行動需要有備忘提示一樣，整理、分類所有關於正在等待收回，或是等候他人完成的事項，擁有可追蹤的備忘提示也很重要。通常在此流程中，必須追蹤的是他人負責完成的最終成果，而不一定需要追蹤他人執行的每一項行動；例如預訂電影票、辦公室將收到的全新掃描機、或是等待客戶同意提案等。若某件事的下一步行動需由他人執行，就只需針對正在等候的事務及相關人等建立備忘提示，然後時時檢視這份清單，研判是否需採取行動（例如檢查進度或運用某種方式）來推動這項專案。

在他人因逃避而導致危機前，先管理好對方的承諾。

對很多人（尤其是管理階層）來說，擁有能捕捉、更新、完成並檢視他人尚未完成的等待清單，可以讓人感到鬆一口氣，進而能更專注地向前邁進。

將等待清單與下一步行動清單放在同個系統中、且隨手可得的位置，能產生最佳效果。在專案結束之前，有關下一步行動的責任歸屬，可能會經歷無數次更動。例如，需要打給供應商並要求對方提案（這就得放入等待清單）；收到該提案時需仔細檢閱（這會放到「閱讀／檢視」文件盤或「用電腦」清單中）；看完提案後，則要寄給老闆以徵求同意（現在又回到等待清單了）等[3]。

在會見或與任何可能需要負責相關成果的對象交談時，將等待清單準備好並

隨身攜帶也非常有效。在對話一開始就先提到：「對了，岡薩勒斯提案的進度還好嗎？」比等到該事項已嚴重逾期、狀態緊繃時才來討論要舒服多了。

每一筆輸入此類別的資料都一定要寫上交辦日期，以及任何已承諾的截止日期，這點非常重要。在後續追蹤時可以說出「我3月20日就下訂單了」或「我三個星期前就已經把提案交給你了」，追蹤將變得更有意義。在我的經驗裡，光是這種策略細節就值得多花時間和心力來記錄日期了。

知道等待清單中清楚記載了每件自己很在乎、而他人應執行的事項，會帶來非常美好的感受。

用事情本身作為行動的備忘提示

追蹤行動備忘提示最有效率的方式，就是在想到該行動的當下立刻加入清單或資料夾中。一旦完成加工手續，就再也不需要原先的觸發動機或事物。例如與老闆開會時所記下的筆記，一旦展開任何相關的專案和行動後，就能隨時丟掉筆記。此外，雖然有些人也會試著分類、保留那些仍需採取行動的簡訊或語音留言，但這並不是管理備忘提示的最佳方式。

> 將可行動的電子郵件及紙張與其他事項區分開來。

不過，還是會有些例外。比起在清單中寫下提醒，將某些事項本身當作需採取的行動備忘提示其實更有效率；這種現象在某些紙本素材與電子郵件方面特別顯著。

3　在此，數位清單管理程式（及低科技的方式：個別資料夾中的零散紙張）有項優勢：當行動有所改變時，無需再次重寫或重新思考，就能輕易地將項目從某個類別移到另一個類別。

管理紙本的工作流程

對於需要做些什麼的工作，有些事物本身就是最好的備忘提示。「閱讀／檢視」類別中的文章、出版品及文件就是非常好的例子。與其在某張行動清單寫上「閱讀《VOGUE》雜誌」，不如就直接將那本雜誌放入「閱讀／檢視」文件盤中作為行動提示。

另一個案例是：有些人仍在使用紙本帳單繳費，可能會認為一次付清所有帳單比較方便，因此會把帳單放在標示「需付費帳單」（或更籠統的「應加工的財務」）資料夾或文件盤裡；同樣的，需要報帳的收據也應在收到的當下就立刻處理，或是放在專屬的「應加工的收據」信封或資料夾[4]。

收到的事項、工作本身以及工作空間的實體特性，能讓人們有效率地運用資料本身來整理其類別。例如，一位客服專員必須處理某種制式表格上的多項要求，在這種情況下，針對不同可行動事項、將同種表單放入不同文件盤或資料夾（紙本或數位化的皆可）就是最好的管理方式；而律師或會計得處理的文件，往往需長時間檢閱並判斷所需行動，這些性質相同的文件可以一起收進辦公桌的文件盤。

無論是在清單上寫下提示，或是將原始事項收進文件盤、資料夾或數位目錄中作為備忘，大部分都會視機動性而定。那些備忘提示能在辦公桌以外的地方使用嗎？如果可以，攜帶的便利性也應納入考慮；反之，若只能在辦公桌執行該項工作，那在工作空間中管理這些備忘提示會是比較好的選擇。

> 整理的首要目的是降低認知的負擔，也就是避免不斷地想：「我在這件事上要做些什麼？」

---

4 然而，若沒有將這些「需付費帳單」或「應加工的收據」隨時擺在眼前，這個方法就可能有點危險。光「整理」並不足以讓大腦清空這些項目，還需要「相信」自己一定會妥善檢視並處理這些事才行。

不論使用哪一種方式，備忘提示都應根據所需的下一步行動，妥善收入清晰可辨的適當類別。若某件服務訂單所需的下一步行動是打電話，就應放在「打電話」類別；若是檢視資訊並輸入電腦，就應該標示為「用電腦」。

在我看過的許多工作流程系統中，最會降低效率的就是：儘管每份文件所需的行動不同，人們卻還是將同種類的文件（例如服務請求單）全都收到同個文件盤或資料夾裡，以至於該類別中可能有張請求單需要打電話、另一張要檢視數據，而又一張正在等候其他人回覆資訊……。由於這種安排方式並未決定出個別項目所需的下一步行動，而會讓人對那一大堆該處理的事項感到麻木。

我的個人系統具有極佳的攜帶性，幾乎所有東西都被保存在清單裡。即便如此，我還是會在辦公室設置一個「閱讀／檢視」文件盤，同時準備旅行用的「閱讀／檢視」塑膠資料夾。雖然我還是會收藏與閱讀某些電子雜誌，但我對紙本雜誌依然愛不釋手，不但功能性佳、又美感十足。

管理電子郵件的工作流程

需行動的電子郵件本身（此處指電子郵件系統中的信件）有時也是最佳備忘提示，對會收到很多電子郵件、在工作時會花很多時間處理的人來說特別是如此。與其在另一份清單上寫下每封信需採取的行動，不如直接將需要行動的電子郵件儲存在其系統中。

很多人會發現，在電子郵件的功能瀏覽列中建立 2 ～ 3 個獨特資料夾的成效甚佳。的確，大部分電子郵件系統中的資料夾，都被應用於存放參考資料或已封存的素材，但在「收件匣」（也就是大多數人傾向存放的地方）之外，建立有效的系統分別整理可行動的訊息或郵件，也是非常有用的方式 [5]。

---

5 若在生活中的任何時刻，未處理的電子郵件數量很少超出螢幕範圍，那將郵件留在原處、作為工作的備忘提示就可以了。一旦數量增加到讓人無法一眼迅速瀏覽完所有郵件，就請在「收件匣」之外的空間進行整理。

若選擇這條途徑，請建立一個專屬資料夾，用來放置任何要花 2 分鐘以上、且需採取行動的電子郵件（再次強調，遵守 2 分鐘定律能讓人立即處理掉許多郵件）。資料夾名稱應由一個符號為開頭，以便 (1) 輕易區別該資料夾與其他參考資料夾，以及 (2) 讓該資料架得以排列在功能導覽列中的最上方，像是用「@」或「-」，只要能出現在系統最上方的都可以；例如將資料夾命名為「@ 行動」，來放置需採取行動的電子郵件。

　　接著，請建立一個名為「@ 等待中」的資料夾，當收到的電子郵件是某人將採取自己想追蹤的行動時，就可以將郵件放入該資料夾；這個資料夾也可用來存放「指派任務的電子郵件」作為備忘提示：當轉寄任何信件、用電子郵件提出任何請求或委派任何行動時，僅需儲存一份寄件備份（副本或密件副本），並將之收入「@ 等待中」資料夾即可[6]。

　　有些應用程式能讓人在寄送電子郵件時，將寄件備份存到特定的資料夾（如使用「寄出並儲存」來達成），不然一般程式大多只會同步將備份儲存到通用的「寄件備份」裡。在後者的情況下，對許多人來說最好的方式似乎是一邊用電子郵件交辦事項，一邊備份給自己（副本或密件副本），並將該備份存到「@ 等待中」資料夾。

> 將電子信箱的積壓事務維持在 0，比讓信箱塞滿 1000 封郵件還省力。

　　清空電子郵件「收件匣」：上述詳盡的說明不僅能讓人在實際運用時，得以將所有電子郵件從收件匣中移出，同時也會大幅提升日常工作的思緒清晰度及掌控力。「收件匣」是「收集的工具」，因此裡面的東西應該都要是新的；例如剛收到的語音訊息，或行動裝置上的未讀簡訊，這些都是需要進行加工的線索。大部分的人都會把尚未決定行動的事項、參考資料、甚至垃圾郵件都堆在電子郵件

---

6 有些電子郵件應用程式能讓人將郵件移動或連結到某個「工作項目」清單或空間，這方法也一樣有效。但要能輕鬆流暢地執行此方法，則需要熟悉該軟體功能、具備足夠的相關知識。

的收件匣中，這種做法會使大腦迅速麻木，讓人每瞥一次螢幕，就得重新評估每件事。

再次強調，清空收件匣不表示每件事都需要自己處理，而是意味著你已經**刪除**了需要捨棄的項目、將想保留但無需採取行動的事做好**歸檔**、**完成**了 2 分鐘以內就可解決的信件，並將所有等待中和可行動的郵件都移到備忘提示資料夾裡了。現在，請打開「@ 行動」資料夾，好好檢視這些確定需要花些時間處理的郵件吧！比起慌張地摸索好幾個視窗、害怕會因為漏掉什麼而導致大麻煩，這麼加工不是輕鬆寫意多了嗎？

小心備忘提示的分散

將待辦事項備忘提示放在視線之外其實非常危險。整理系統的主要功能在於，在需要看到備忘提示時提供適當提醒，好讓人們可以信賴自己對於正在處理（以及所有尚未處理）的事務所做出的選擇。下班回家之前、或是決定要花大半天進行一件沒有預先計畫的事項前，請先檢視過每一項「等待中」的可行動電子郵件，就像「打電話」和「用電腦」清單一樣。「@ 行動」資料夾本質上就是用電腦清單的延續，也必須用相同的模式和手法來處理；倘若只有紙本的備忘提示，則其「等待中」的工作流程同樣需被視為清單仔細檢查。

> 紙本資料有時候比數位形式更容易讓人信賴。

分散行動備忘提示並妥善收進資料夾、清單和（或）電子郵件系統中當然沒問題，**只要你會確實、同等地檢視每個類別即可，這是不可或缺的要件**；沒有人想看到事情躲在系統深處，且「提醒」的功能也未被妥善利用。此外，數位世界在這方面也可能導致危機發生，因為一旦資料不在螢幕上，其提醒功能也會跟著消失；這種情況已經讓許多電腦高手重返紙本行事曆的行列了。具實體且明確可見的紙張，能讓人對備忘提示的功效擁有更多信任感！

為了和朋友相約或毫無目的地輕鬆漫步，以及確實清空大腦、不留雜念，不僅一定要知道自己所有可行動事項的位置和內容、了解這些項目確實會留在該處等候處理，也要培養出能在短短幾秒鐘內確認以上資訊的能力。

整理專案備忘提示

建立並維持一個包含所有專案（再次提醒，「專案」是指需要不止一個行動步驟才能完成的目的或承諾）的清單，也可以帶來深刻的體會。人們實際上已持有的清單恐怕比想像中還多。如果沒有這種經驗，我建議可以在開始前先用最簡單的格式列出專案清單，就像建立行動清單一樣，這可以是數位整理工具中的類別、活頁記事本裡的頁面，或甚至是標記「專案」的資料夾（其中包含主要清單或多張零散的個別專案）。

專案清單

專案清單本身並非用來放置專案計畫或細節內容，同時也不應按照優先順序、制式規格或急迫性來整理，因為其用意只是作為存放所有開放式迴路的索引罷了。事實上，日常生活中並不會經常用到專案清單，人們的策略和當前行事重點大多是由行事曆、行動清單及任何突發任務所構成。請記住：我們無法「執行專案」，只能一步步執行專案所需的行動步驟。此外，了解專案所屬的高度，對於延長保有控制及專注力的時間至關重要。

> 一張完整且持續更新的專案清單是，能讓人從一味依賴到邁向管理更大範疇的主要運作工具。

專案清單真正的價值在於能讓人做完整的檢視（至少一週一次），以確保自己有掌握住所有專案所需的行動步驟，沒有遺漏任何細節。不時瞄幾眼這份清單

不僅能提升自己潛在的掌控力，同時在需要衡量工作量時，手邊也有現成的資訊可供自己（和他人）參考。

完整的專案清單的價值

我對專案抱持的簡潔、廣泛的定義（需要執行超過一個步驟才能達成目標的事項）是張重要網絡，得以捕捉那些拉扯著人們意識的細微事務。對在正式專案導向的產業（如製造業、軟體業、諮詢顧問等）中工作的人來說，要將「找一條適合孩子養的狗」與「尋找一位好裁縫」視為專案可能難如登天！不過，無論是否當成「專案」，這些事項都需要花費部分精力來處理，釋放個人內在的壓力。

完成庫存事項、持續更新、清理並養成維持此模式的好習慣，是讓人從現在開始啟動無壓力提升工作效率、最值得做的事情之一。因為這個步驟具有下列幾個特點：

- 對於控制與專注力至關重要。
- 能舒緩細微的壓力。
- 是每週檢視的核心。
- 能促進人際關係管理。

對於控制與專注力至關重要：只要有任何尚未完成、自己也清楚必須執行的大小事項不斷在腦海裡翻攪，人們就絕對不可能真正放鬆、進入有效率的工作模式。在尚未完成與定期檢視存放這些專案的外部清單前，「需換發新駕照」與「需擬定明年的會議議程」兩者在大腦中占據的空間往往是相等的。

能舒緩細微的壓力：許多需完成的瑣碎事項因為不太明顯，往往會成為人們難以處理的壓力和挑戰。專案往往不會以簡單明確的模式出現。有些狀況、溝通或活動一開始可能看似單純，但之後卻會漸漸轉變，成為超乎預期的大型事件。例如，本來以為已經成功將女兒送進幼稚園，結果註冊名單卻出了問題、或是後續細節產生某些變動；本以為自己寄出了完整且正確的請款單，現在客戶卻說他

專案通常不會以清晰俐落的貼心形式出現。許多小事往往會意外演變為更大的事件。

並未答應支付其中部分款項。仔細辨識出這類情況，並將之與預期結果放進個人系統中以便適當執行，就能創造出嶄新的動力和意想不到的正向成果。

每週檢視的核心：先前也有提到，每週檢視是將較大的承諾轉換為日常具體行動的制勝關鍵；而一份完整的專案清單也是此方針的核心重點。每週確認是否應該（或不應該）為孩子尋找寵物，以及是否應該（或不應該）開始準備明年的會議內容，是不可或缺的做法。要能從這個角度思考事情，就必須備妥至少是最近更新過的專案清單。

促進人際關係管理：無論是和老闆、員工、合夥人或家人談話，能掌握住與這些人相關、且應履行的承諾相當重要，因為這將影響自己和這些人之間的關係。然而，要妥善支配時間、金錢與注意力等有限資源也是極大的挑戰。當與他人互動會占用到這些資源時，協商（或常是**再次協商**）那些明確的及引申的承諾，是唯一能有效舒緩潛在壓力的方法。一旦上司、伴侶及員工都清楚了解關於生活和工作中各項承諾的大方向，你就能與這些人產生極為重要而富有建設性的交流；反之，缺乏完整的清單就不會有這種效果。

找出尚未被發掘的專案

下列 3 個主要領域可能潛藏正待被發掘的專案：

- 當前正在進行的活動。
- 更高層級的興趣和承諾。
- 目前的問題、議題與機會。

當前正在進行的活動：行事曆、行動清單及工作空間中通常都會有許多需捕捉的專案。

行程表上有哪些會議（包括過去和即將舉行的），你承諾要實現某些成果，

然而會議本身無法完成或解決的呢？像是某個已列入行程、有關客戶要求全新客製化流程的電話會議，這就是所謂的專案了：「為某客戶尋找可能的客製化流程」；又如行事曆上記錄著需要參加兒子的晚間家長座談會，提醒了自己需要解決孩子課程表的問題；抑或是即將到來的私人旅行、出差等，都應被仔細評估，找出值得確認的專案。

下一步行動清單上的某些項目，可能也存在許多尚未被識別的專案。我們的客戶經常會在打電話清單上記錄「打給馬力歐詢問募款活動進度」，卻沒有辨識出應將「完成募款活動」放入專案清單中。

此外，雖然照理說應該顯而易見，但有時也有例外的是，人們的公事包裡會有些需檢視的提案或合約、家裡書桌上要填寫的銀行表單、或是皮包中那只壞掉的手錶等，其實都是需要執行的專案物件。請再次檢查這些專案物件確實已經和「進一步結果」及「最終結果」相連結，而非處於工作流程遺孤的狀態。

更高層級的興趣和承諾：即便以更長遠、更高層次的角度來審視自身的責任、目標、願景及核心價值，人們還是會注意到那些細微的承諾和興趣所在。

若檢視自己投注在職務上的各項責任，亦即需於工作時妥善處理的各項事物，以及生活中必須適當維持的規範，可能會因而想起自己曾分散注意力的事。為這些事各自設立專案，將產生極大的價值。

如果有工作目標、公司目標及策略性計畫的話，自己是否已經辨識出這些目標和計畫涵蓋（或需要）的所有專案，以便適當進行呢？就我的個人經驗，幾乎所有高階主管在檢視任何長期計畫書時，都會發現至少一項專案需要理清，才能達到自己設定的目標。

是否有什麼未來個人生活中會面臨到的事務及其待辦事項，已經開始逐漸拉扯自己的注意力了？孩子、日漸年邁的父母、退休計畫、伴侶的心願，以及自己渴望開始探索的、有創意的事物？這般回顧通常會帶來至少一項「需要深入」的專案；一旦辨識出這些專案，就能體會到充分掌握自己廣闊的世界的卓越感。

目前的問題、議題與機會：那些未經妥善辨識、未塑造成可行動專案，導致干擾注意力的庫存事務，也是提供專案的豐富來源。可劃分為以下 3 個類別：

- 問題。
- 流程改善。
- 提高創造力與能力的機會。

什麼時候一個問題會變成一項專案？答案是：問題永遠都是專案。人們之所以會將某件事物視為問題，而非直接接受該事物原有的形態時，就是因為假設存在某種潛在的解答；雖然是否有解答仍需仔細判斷，但至少也必須做些什麼來深入了解。「觀察是否能改善弗雷德與學校的關係」、「解決房東和大樓維修的狀況」以及「結束與合夥人有關薪資的紛爭」等，都是非常真實、但人們可能會拒絕定義為「專案」的專案。一旦能冷靜思考這些事、放入清單、建立所需的下一步行動，就會在這場無壓力提升工作效率的賽局中，對自己終究豁然開朗的態度感到驚喜。

無論在職場或個人領域，行政、維修與工作流程中，也無可避免地存在許多專案。有關個人系統或單純完成（或無法完成）事情的方式，自己是否有不滿意之處？你對歸檔、存放、收納、溝通、徵聘、追蹤或管理資料有任何困擾嗎？個人或公司的支出報告、銀行或投資過程，抑或是與親友聯繫的方式中，有什麼需要改進的部分嗎？這些都是很難發現的專案，要注意到這些事情何時從細微的不順轉變為真實的困擾（或靈感來源）、進而演變成需要搞定的項目，是一件很微妙的事。

最後，人們可能也會有些渴望學習或體驗，以進一步提升自我與創造力的事情。想學習煮義大利麵或繪畫嗎？或是否曾想過，要是能上數位攝影或社群行銷的課程一定很棒？許多這種「可能想要」的專案，或許一直被安放在「將來／也許」清單裡。一旦對「搞定」模式有更深入的了解，便可以運用此方法的優勢，在專案清單中設定渴望實現的目標，為生活添加煥然一新、多姿多彩、有趣又實

用的經驗。

要用一張或多張清單？

由於單一清單可作為主要的項目列表，而非日常生活中的優先順序指引，因此大多數人都認為只用一張清單是最好的方式。而整理系統不過是用來提供存放所有開放式迴路和選項的空間，讓大腦能更輕易地隨時憑直覺做出策略性決定。

坦白說，不管有多少張不同類別的專案清單，只要能在需要時、確實檢視**每張**清單即可。人們大多會在「每週檢視」時一口氣瀏覽所有清單。

細分專案的常用技巧

在某些情況下，細分專案清單的內容是很好的選擇（而且還能舒緩壓力）。以下是一些常用的選項。

個人／工作：很多人認為將專案清單依個人與工作來劃分會讓他們輕鬆許多。請留意，一定要以同樣審慎、明智的態度來檢視個人清單和工作清單，而不是留到「每週檢視」時才看。就像其他事務一樣，個人領域中也有許多行動必須在週間處理。通常專業人士面臨最大的壓力，都源自於自己在私生活中忽略的部分。

委派他人的專案：若身為資深經理或領導階層，可能會有許多需要親自負責、但實際上分派給下屬處理的專案。雖然這些項目的確可以放入等待清單，但建立「專案：已委派」清單來進行追蹤，或許是更好的選擇。只要簡單地定期檢視這些清單，確保上面的每件事都在妥善運作即可。

特定類型的專案：有些人在工作和生活中會擁有數個相同類型的不同專案，此時將同類型的專案歸到專案清單下細分的附屬清單也是個好方法。舉例而言，對於一位企業訓練講師而言，可

> 能創造出最佳單純性的複雜度，就是最正確的複雜度。

以運用名為「專案：簡報／演講」的類別，把所有即將舉行的此類活動按時間順序排列。將這類專案獨立出來、按照時序排列整理成清單，或許會有意想不到的幫助。

若身為不動產經紀人、銷售服務專員、或正在替潛在客戶開發提案，要是能對所有「進行中的業務關係」一目瞭然或許將大有助益。這可以用記事本或 APP 來建立專屬清單，然後完整記錄、定期檢視清單上每項事物，確認目前是否有必須採取的行動，以達到最佳效果。

有些人則會想要以專注領域來分類專案，例如家長追蹤孩子的情況、企業家將需執行的各項角色及任務進行分類（財務、業務及經營）等。

再次強調，若要將這些庫存事項從大腦中完整清空，確保所有專案清單都夠完整、已更新至最新狀態與採取適當評估，要比「如何分類專案」重要多了。不論目前採取何種方式來整理專案，當運用系統的經驗更豐富、對工作和生活的專注力改變時，系統結構很可能也會隨之調整。

那子專案呢？

某些專案可能會有重要的子專案；理論上，這些個別的子專案都可以視為一個完整的專案。舉例來說，若你準備要搬進新家，且正在更新原有的裝潢，可能就會有一份充滿可行動事項的清單，例如：布置庭院、提升廚房設備以及架設居家辦公空間等，這些項目都可視為個別專案來執行。此時應將所有專案都寫在同一張「裝潢新家」清單上嗎？還是應把每項子專案都區分開來呢？

事實上，只要能定期檢視專案的所有元素，讓自己隨時保持最佳工作效率，用什麼方式分類其實並不重要。世界上沒有任何一種外部工具或整理模式，能同時完美達成橫向及縱向的專案分類管理，我們還是必須用某種方式（例如每週檢視）將注意力集中在整體事物上。若某個大型專案是以單一項目的方式記錄在專案清單上，就應該要製作另一份子專案清單和（或）以其專案計畫為專案支援資

料，在開始執行該大型專案時仔細檢視（若該專案中有許多部分必須先完成其他細節才能往下進行，建議使用此方法）。由於需等待其他事項完成，因此這種情況可能會產生某些不包含下一步行動的子專案。舉例而言，在完成「評估並更新水電管線」之前，可能無法開始「提升廚房設備」這個專案；或者當前的情況只能一次支付一項重要的家庭專案，因此，將專案依優先順序排列會比較恰當；然而，或許也可以先進行能從其他子專案中獨立出來的「布置庭院」。因此，想在大型專案中持續推進個別進度，就要讓「下一步行動」不斷維持在最新狀態。

別太在意哪種方式最好。若不太確定，我建議可以將大型專案放入專案清單，並把各項子專案當成專案支援資料，然後列入「每週檢視」的項目中。這方法通常能讓人們更容易以較高的視角一眼看清生活的大方向；倘若覺得這個模式不太適合自己，那就試著將進行中的與獨立的子專案都視為主清單上的個別專案來處理。

> 該如何列出專案與子專案清單取決於你；只要記得該去哪裡、及時常檢視所有進行中的部分，好讓你得以拋諸腦後即可。

世界上沒有任何完美的系統能用相同的模式來追蹤所有專案及子專案。請務必了解自己手邊有哪些專案，以及若有支援資料時，又該到哪裡查看適當的備忘提示[7]。

專案支援資料

專案支援資料並非專案的下一步行動或備忘提示，而是用來支援行動並讓人

---

7 當我正執筆創作本書時，我正從美國加州搬往歐洲。我在自己的專案清單中，保留了這個項目長達好幾個月——「搬到阿姆斯特丹」。當事情變得更加迫切，必須多方面處理相關事項時，我便將此單一專案分成 15 項子專案，以便現在每週都能花些時間關注每一項，其中包含「申辦荷蘭銀行帳戶」、「完成在聖芭芭拉市的藝術品倉儲布置」等。

思考專案內容的資源。

別將支援資料當作行動提示：人們常以成堆的紙張、塞爆的資料架和（或）一堆電子郵件及電子檔作為行動提示，來代表 (1) 手上有這項專案與 (2) 需對此做些什麼。問題是，這些專案中包括尚未決定下一步行動與「等待中」的事項，都和成堆的紙張、資料夾和電子郵件積壓在一起，讓人產生更大的不適，進而更不願意採取任何行動。積壓的專案會不停在腦海中默默吟唱：「快做些什麼吧！做點什麼決定吧！追蹤一下該有的進度吧！」當人們正在移動途中、埋首於當日活動時，這類事項絕對是當下最不想碰、最不想細讀的。事實上，人們會對這些資料與堆積的文件逐漸感到麻木，因為這些事項並不會促使你採取任何行動，反而只會造成更多腦內雜音與焦躁不安的情緒而已。

> 周遭環境中有哪些東西不斷在你腦海裡耳語，要求你做些什麼？

面對這樣的情況，首先該做的就是將該專案放入專案清單，作為「需實現的結果」的備忘提示；接著，將下一步行動及等待中的事項放進適當的備忘提示清單中；最後，到了需要**實際**採取行動的時刻（例如為了該專案打電話給某人），即準備好所有自己認為行動時需要用到的資料，以作為支援。

換言之，請**不要**把支援資料當作提醒自己該做什麼的行動提示，這是行動清單的工作。此外，跟收納櫃或電腦中的純粹參考資料相比，該素材（包含專案計畫、概觀、臨時檔案與參考資訊）或許放在手邊會更方便隨時瀏覽；當然，要放在收納櫃或電腦中也可以，只不過在進行每週檢視時，都必須定期打開來一一檢視。若無法做到這點，最好還是將這類專案支援資料收入直立資料架、在桌上放一個專屬的「等待中」文件盤或其他實體可見的空間比較好。

讓我們回到之前那個搬新家的範例：這位屋主可能會有個貼著「裝潢新家：品可頓住宅區 37 號」標籤的檔案夾，裡面包含所有關於庭院、廚房及辦公區域的專案計畫、細節和筆記。在每週檢視的過程中，一旦進行到專案清單上「裝潢

新家」的項目時，就可以拿出其支援資料，並瀏覽所有筆記，確認沒有漏掉任何可能的下一步行動。接著，這些行動就會被立即執行、委派他人或延後執行（放入行動清單中）；這個檔案夾平時會收起來，直到需要採取行動時再拿出來審視，或於下一次「每週檢視」時進行檢閱。

許多和現有及潛在客戶保持互動的人，都曾嘗試使用客戶檔案夾和（或）客戶關係管理（CRM）軟體來「管理客戶」。然而問題是，其中有些資料只是歷史紀錄，應該收藏起來、直到可能要用到的時候再拿出來就好；而有些資料則應確實追蹤，以便採取讓客戶關係得以順利成長的行動，必須放入行動清單系統才能透過妥善整理而提升效率。客戶資料就像這樣處理，可以放入關於客戶的一般性參考資料夾，或儲存在以客戶為焦點的資料庫；但若需要用電話聯絡某位客戶，這項行動的備忘提示就要收進打電話清單中，而不是其他地方 [8]。

整理臨時專案的思維

第 3 章有提到，人們經常會對某些專案產生不少想保存下來的想法，但這些念頭卻不必然是所需的下一步行動。這些想法可歸類到「專案支援資料」的大類別中，包含下次旅行想做的事，或理清某專案計畫中的某些重要元素之類的事情。這些思緒可能在開車行駛於高速公路、收聽新聞廣播，或閱讀文章時突然出現。那麼，該如何處理這類素材呢？

我的建議是，應該要考慮專案或議題本身存放的位置、自己該如何將資料加入專案，以及要將其他延伸出來的相關資訊存放在哪裡。大部分專業人士對於該如何處理支援資料都有許多選擇，包含將筆記作為清單項目的附件、在電子郵件

8　隨著 CRM 和其他應用程式開始具有能提醒行動的備忘提示功能，軟體科技將不斷提升工作流程的自動化。理論上，這能降低人們需要追蹤事務的必要；但實際上，人們還是得執行自己必須負責、由該軟體產生的工作，並於個人的整體系統中進行管理。此外，事情的各種變數和行動往往都過於細微且變化快速；在可預見的未來中，甚至連最精密的科技都仍無法做出讓人全心信任的細膩安排。

和（或）資料庫中整理數位資料，以及在筆記本中保存紙本資料和筆記等。

你可以不必失去任何與專案、主題或議題相關的想法。

筆記附件：大部分整理軟體都能讓人在清單或行事曆項目中附加數位筆記。若在該軟體中設有一張專案清單，就能找出突然有靈感的專案，然後打開或附上一張筆記、輸入自己的想法。這是一個捕捉「信封背面」型專案思緒的絕佳模式。若使用紙本形式的專案清單，則可以在主清單的特定事項旁貼上便利貼，或是附上另一張紙。無論哪種方式，都要記得在檢視專案時一併瀏覽附件，好讓自己得以使用這些資訊。

電子郵件、軟體、應用程式：數位世界為處理專案思維帶來了無限可能。要存放具有專案極佳資料的電子郵件，可收進專屬的電子郵件參考資料夾，並妥善標籤。若關於單一專案有大量電子郵件，或許可以考慮創建兩個檔案夾：「強森合夥案－進行中」和「強森合夥案－封存」等。若你還沒這麼做，也可以考慮設立更嚴謹的電子資料庫來整理關於某專案或議題的想法。本世紀中已出現了大量類似的工具，從擁有無數客製化選項、簡單又優雅的雲端筆記及記事本整理軟體、群組檔案分享、專案管理系統，到能處理自由形式的心智圖與整理大量書寫及研究內容的個人專案整理 APP，各種應用程式應有盡有。

然而，擁有這麼多數位專案管理方式的缺點在於，人們很容易就會受到引誘，導致可能將有意義的資料打散、放入不同的位置和機制中，反而回到原點：不了解資料的全貌、無法在對的時機用對的角度來適當融合並綜觀這些資訊、不確定各種資料的正確位置在哪裡……；最後，也就回到試圖用大腦整理所有事的那一步！我一直以來都不斷在發展以嶄新、有趣的方式來追蹤各種事項的相關資訊，然而，唯有在擁有一份定義明確且有效的專案清單，同時確保自己會定期瀏覽系統中所有相關細節時，我才能保持清晰明智的思緒。

數位世界所潛藏的危機是，有多少資料就可以被輕易分散到多少不同的地方，而沒有相應的連結。

紙本資料：隨著紙本資料不斷累積，為每項專案建立個別的檔案夾相當合理。雖然這看起來很低科技，但仍是一種相當優雅的解決方式。簡易性及處理上的便利性能造就優質的一般性參考資料歸檔系統，讓人得以輕鬆建立檔案夾，存放開會時在廢紙上隨手記下的筆記。有時在計畫會議和對話的當下，為了大略瀏覽與存取專案相關資訊，使用實體檔案夾會比數位工具來得容易。我通常會列印出所有對專案有潛在意義的事物（如：電子表單、行程表、電子郵件及網頁等）放在手邊，以便在上述的互動狀態下作為參考資料。

筆記本活頁紙：使用活頁筆記本的其中一個好處，就是可以將一整頁或一組頁面完整劃分給某項專案。我多年來都持續使用一本中型筆記本，在前面列了一張專案清單，後面則留有「專案支援」區塊，以一些空白頁來捕捉任何與清單上各項專案有關的突發思緒、計畫和細節。雖然相較於數位工具，紙本的個人系統構成元件已越來越稀少，但實體筆記本模式仍有其可貴之處，能為完善導向的思維提供支援更融合、更多層次的平台。

以上介紹的所有方式都能有效整理專案思維。關鍵在於必須不斷在專案筆記中尋找任何可能的行動，同時也要依照專案特性，在必要時經常檢視這些筆記。

一旦筆記失去活性、失真或太過冗贅，就應該加以清理，避免整個系統染上「過時」的病毒。我發現，捕捉這些思維之所以極具價值，並不是因為我能有效使用每一個想法（其實我大多時候都沒有用到），而是捕捉的過程能幫助我持續思考。不過，我會試著不要讓老舊的思維停留太久、或是在想法失去作用時還假裝仍然很實用。

整理不需行動的素材

有趣的是，大多數人的個人管理系統最大的問題之一，就是會將少數幾個可行動項目與有價值卻無需行動、數量龐大的資料混雜在一起。擁有良好的一致性

架構來管理工作與生活中無需行動的事項，就如同管理行動及專案備忘提示一樣重要。當無需行動的事務缺乏妥善管理時，就會堵塞整個流程。

　　無需行動的事項可劃分為 3 大類別：可作為參考資料的素材、未來可能有需要行動的備忘提示，以及完全不需要的東西（垃圾）。

參考資料

　　大部分會擺在桌上和發生在生命中的事務都是參考資料。這些項目不需要採取任何行動，但卻可能有許多讓人想保留的原因，決策的重點在於該保留多少、建立多少專屬空間、使用何種方式、存放在什麼位置。大部分抉擇都取決於個人或公司、依據法律或後續事宜的顧慮、或者是個人偏好。人們只有在目前持有的資訊與自身需求或偏好相比之下，呈現過多或過少的情況，導致必須調整系統的時候，才需要將專注力放在參考資料上。

　　大多數人在面對自身雜事所產生的心理問題就是：這些都還是**雜事**。換言之，人們尚未理清哪些項目可行動、而哪些不可以。一旦做出明確的分類，被歸為參考資料的素材應該就只具備圖書館的功能，而不包含任何待辦或未完成事項。到那時，唯一要決定的就是自己所需的參考資料數量。只要徹底執行這項管理方法，就可以在有限的空間（包含實體及數位）中儲存所有想保留的東西。當我提高了電腦硬碟的容量，並透過外接硬碟與雲端空間增加了幾乎無限制的備份功能，就能在封存檔案中儲存更多電子郵件和數位相片。由於增加純粹的參考資料並不會對我造成心理負擔，所以對我個人來說，這些東西越多越好。

參考資料系統的類型

　　參考資料會以各種形式（不同主題與媒體）出現在我們的生活中，整理這些資料也有很多方式。以下會簡單討論幾種最常見的方法。

- 一般性參考資料歸檔：紙張、電子郵件與簡易數位儲存。
- 大型類別歸檔。
- 聯絡人管理。
- 圖書館與封存等案。

參考資料及歸檔系統應是匯集資訊、方便取閱的簡易圖書館，而非關於行動、專案、優先順序或前景展望的各種行動提示。

一般性參考資料歸檔：正如先前所強調的，優質的歸檔系統不僅對加工及整理雜事至關重要，也是處理有價值的紙本材料與特定數位資料的關鍵；人們需要一個能同時儲存這兩種資訊的方式。最理想的情況是在加工「收件匣」時，就已經建立好一般性資料歸檔系統了。此系統必須能讓人放心地將未來可能引用、參考的任何紙張，或在網路上讀過的文章進行歸檔；此外，也必須讓人在處理及檢視公事和私事時，能立即、輕鬆地將任何事物歸檔。若尚未建立這種系統，請重新閱讀第 4 章以尋求相關協助。

多數人會發現，自己需要 1 ～ 4 個實體檔案櫃、數十個電子郵件參考資料檔案夾，以及其他從幾個到上百個儲存電子檔的位置和類別[9]。網際網路就是一個龐大的數位資料收藏庫，不僅讓人們不必耗費資源建立個人的數位參考資料圖書館，也提供了許多人們想收集、整理到個人系統中的資料。這些不斷增長的資訊量、多元的存取與整理方式，都不停驅使人們從無需行動的事務中辨識出可行動的事項，進而謹慎建立、妥善維護一座便於使用的參考資料歸檔及管理系統。

大型類別歸檔：任何需要超過 50 個資料夾和（或）含有重要文件的主題，都應歸檔到專屬的區塊、抽屜或電子資料庫，並擁有獨特且易於尋找的排列順序。舉例來說，若正在處理一件企業購併案，且需保留大量紙本文件，人們可能會用整整 2 ～ 3 個檔案櫃來放置所有相關文件；倘若喜歡園藝、航海或烹飪，則

---

9 身為一位老饕，我保留了一份全世界任何一間我可能造訪的餐廳（根據親身經驗或他人推薦）的資料，並歸檔在某個應用程式裡面。舉例來說，我可以查詢「地點－倫敦－餐廳」，然後瀏覽這份清單。光是這個主題，就在我的電腦裡占了上百個資料夾與子資料夾。

可能需要至少一層書架來存放自己熱愛的興趣。

請記住，若個人專注的領域含有跨類別的支援資料，則可能會陷入應將資料放入「一般性參考資料」或「特定參考資料」的兩難抉擇。當讀到一篇關於木製圍籬的優秀文章而希望保存下來時，應該要收進園藝資料櫥櫃，還是與其他居家相關專案一起放入一般性參考資料系統呢？建議歸檔的原則是，除了極少數個別主題之外，大部分資料最好還是放入一般性參考資料系統中。

聯絡人管理：請保留絕大多數與自身人際關係網絡直接相關的聯絡人資訊，需要追蹤的種類包含：手機號碼、住家電話、辦公室電話和電子郵件等。除此之外，若有必要的話，也可以保留這些人的生日、家族成員姓名、興趣及偏好等。在氣氛較為嚴謹的職場中，或許還必須保留聘用日期、績效評比日期、工作目標和其他與職員發展及法規相關的資料。

大多數的數位和紙本整理工具（與行事曆）中，「聯絡人」欄位通常都是使用頻率最高的部分。每個人都需要記錄好他人的電話和電子郵件信箱，這些資料只是未來可能會用到、非常單純的參考資料，無需採取任何行動。雖然這個世界日漸數位化，但許多人仍留有一大疊收集到的名片，而這些名片正對人們無聲地嘶吼：「替我做些決定！做點跟我有關的事吧！」

一旦從這些事情中過濾完可行動的項目，除了個人後續的需求外，整理聯絡人資訊將不再是個謎團。再次強調，人們只有在試圖將聯絡人管理工具當作待辦事項的備忘提示使用時才會發生問題；除非是包含已適當分配、整合客戶資訊與行動提示且功能完善的 CRM 系統的一部分，否則那是不管用的。只要辨識出所有與聯絡人相關的行動，並完整記錄在行動清單中，那麼聯絡人管理就可以單純視為資料庫來運用。

唯一的問題（和機會）是：究竟該保留多少資訊以及存放在哪種設備裡，以便在需要時得以即刻瀏覽。任何工具都不完美，但隨著行動上網裝置的效能、及其與各種資料儲存形式連結的大幅成長，存取便利性和選擇過多的煩惱也會隨之

增加。

圖書館與檔案室：個性化的層面。 有用的資訊可能存在於不同層面之中。若願意深入挖掘，人們幾乎能找到任何事物的答案。該保留多少、存放位置與方法等問題，會依照個人需求、對資料的接受程度，以及與全球資訊相連結的途徑而有所差異。這與個人整理及工作效率有關，不過只要將所有專案和行動都放入一個經常使用的管控系統，就不會是什麼大問題。如此一來，不管是什麼類型的參考資料，都可以變成單純依個人特性、需求及能力來捕捉與建立存取位置的素材。

> 若某些材料的用途只是參考，唯一要考慮的問題就是：值得花時間和空間來保留嗎？

維持某種程度的一致性會讓事情變得更容易。你會把什麼東西隨時帶在身邊？請把需要隨時隨身攜帶的東西放在最常使用的行動裝置或筆記本中；你在開會或參加場外活動時會用到什麼？請放入公事包、背包或是皮包裡；而在辦公室工作時會需要些什麼？請存入個人的歸檔系統或是有連接網路的電腦裡；那與工作相關的特殊狀況呢？請將那些情況下會用到的資料存進部門檔案夾、外部倉儲或雲端空間的深處。人們能在網路上找到什麼需要的資訊？事實上，除非在離線狀態下還需要用到這些資料，否則無需採取任何行動；此外，若有必要，也可以在有網路時就把資料列印出來，收進方便攜帶的資料夾供隨時使用。

個人參考資料整理過程的核心，單純就是以目的導向與便捷性而定。成功的第一步關鍵，就是得從無需行動的事情中分辨出可行動的項目；第二步則是判別某項資訊的潛在用途、應該用什麼模式歸檔在何處。世界上並沒有「完美的」參考資料歸檔系統，系統結構和內容都必須經過高度的個人化決策，並取決於個人捕捉和維持資訊需花費的時間、精力與此資訊的價值。請先從實際上想儲存的資訊著手：決定方便存取的資料擺放位置，並從零開始架構系統，這方法好過用理論來決定該如何選擇或設計系統。經過一段時間後，根據每個人對日常生活中各

種事物的管理情形，一定會將參考資料庫提升為規模更大、架構更合理的系統。然而，請多包涵本書對於「如何找出最佳執行方式」的模糊建議，因為最重要的關鍵在於定期檢視、重新評估系統，並在需要時持續修正、以創造力進行轉化。

將來／也許

整理無需行動的項目時，第二個需處理的要素就是：該如何追蹤未來某個時刻可能會想再次檢視的事項。這些事項或許是想在某天展開的特殊旅程、想讀的書、想在下個年度進行的專案，也可能是渴望發展的技巧與能力。要完整實施這個模式，就必須有某些特定的「暫時擱置」構成要素。

> 「將來／也許」不是要拋棄的事項。它們可能會成為你參與過最有樂趣、最具創造力的事。

許多方式都能讓事情稍後再檢視，也可以暫時避免這些事項干擾現正專注的領域和思緒；像是列入各種形式的「將來／也許」清單，或是在行事曆、紙本或數位檔案夾系統中設置提示。

將來／也許清單

當人們完整清空大腦，並收集其中所有事情時，可能會發現某些不確定是否想花時間實踐的事。比如：學西班牙語、買匹馬給瑪西、攀登華盛頓山脈、寫一本推理小說，以及買一棟度假小屋等，都是這個類別中很經典的專案。

無論是用哪一種整理系統，我都建議在系統中加入一張「將來／也許」清單，並准許自己將目前為止想到的所有類似事項都放入其中；最後很可能會發現，只是簡單擁有並著手寫下這張清單，就能產生各式各樣有創造力的想法。

人們可能也會驚訝地發現，有些清單上的項目幾乎在沒有任何刻意努力的情況下，竟然就逐漸實現了！只要願意承認想像力擁有改變感知與行為的力量，

就能輕易看出，將來／也許清單能讓人不知不覺為生活與工作增添精彩的冒險經驗。人們若能辨識並捕捉各種可能性，就更能在事情發生時掌握先機。我自己當然也有這種經驗：「學習吹奏長笛」及「在茫茫大海中航行」這兩項，最初也是從這個類別起步的。

> 活用並維護將來／也許的類別，能解放人們的創意思維——你有權想像去做很酷的事，而無需在當下承諾要做什麼。

為創意想像建立清單：如果有錢、有閒、有興趣，你會想做哪些事呢？將這些事項寫在「將來／也許」清單裡吧！

典型的類別可能包括：

- 添購用品或打造居家空間。

- 培養興趣。

- 學習新技術。

- 拓展創造力表達方式。

- 購買新衣服和飾品。

- 想入手的玩具（當然是高科技的啊不然呢！）。

- 旅行。

- 想加入的團體。

- 想提供服務的專案。

- 想看及想做的事。

重新評估當前的專案：現在就是以更高的視角（即從工作、目標和個人承諾的觀點）來檢視專案清單、妥善考慮是否要將某些進行中的專案轉入「將來／也許」清單的好時機。若在自我回顧的過程中發現，在接下來幾個月或更久的時間內，某項可有可無的專案沒有機會得到任何關注，就移到這份清單裡吧！

有時人們會認為，細分將來／也許清單很有幫助。對某些人來說，與其幻想「死前必須完成的夢想清單」（例如攀爬尼泊爾山脈、或建立貧困兒童基金

會），不如仔細思考自己真的想做、且一有資源便能就近執行的專案，或許更能造就明顯的不同。在企業環境中，前者可能是「擱置區」中的想法（「這件事留到下一季會議時再討論吧」），有別於一旦有大幅資本就能馬上執行的追蹤中專案。此處的關鍵在於，無論是令人恐懼或振奮的清單與子類別，在實驗各種選項的過程中，還是要保持絕佳的專注力。

將來／也許清單的特殊類別

人們可能會有些包含多種選擇的興趣，將這些興趣收集到清單中也可以很有趣。舉例而言：

- 食物：食譜、菜單、餐廳、紅酒。
- 孩子：能和他們一起做的事。
- 想讀的書。
- 想下載的音樂。
- 想看的電影。
- 對禮物的想法。
- 想瀏覽的網站。
- 期待的週末旅行。
- 想法：雜項（表示「不知道該放哪裡！」）。

這種清單可能介於參考資料與將來／也許的類別之間；因為只是收集資訊並放入關於美酒、餐廳或書籍的清單，而且想到時才會瀏覽，屬於「參考資料」，但又具備「將來／也許」清單的特徵：可能會想定期檢視清單內容，提醒自己某天可以嘗試其中一兩樣事物。

無論是哪一種，都是人們該擁有個人整理系統的原因，這有助於捕捉能對生活增添價值、改變及樂趣的事物，同時不會讓未決定或未完成的事項塞滿腦海及工作空間。

「延後檢閱」檔案及文件的危險性

許多人都曾建立過某種形式的「延後檢閱」文件堆或檔案夾（甚至是整個塞爆的抽屜或電子郵件資料夾），其意義與將來／也許清單的類別略有相似。人們會告訴自己：「我有時間時會處理！」然而，「延後檢閱」雖然看似方便，但我個人並不推薦這個附屬系統，因為在我遇過的案例中，幾乎每位當事人都只是持續擱置、未曾真正檢視，而對那一大堆東西及其內容感到麻木與抗拒。若無法以某種程度的一致性專心檢視將來／也許清單，其意義也會消失殆盡。

> 我們有力量決定要做什麼，就有力量決定不做什麼。
>
> ——亞里士多德

另外，已妥善管理的事物（如將來／也許清單）與單純堆放雜事的收集工具，兩者間存在極大的差異。大多數雜事通常需要直接丟棄、有些應放入閱讀／檢視清單、有些必須當作參考資料收藏、有些則需放到行事曆或檔案夾系統裡（請見第 213 頁），並於每月或每季之初再次檢視、過濾出需要採取行動的項目。很多時候，在妥當加工過某人的「延後檢閱」抽屜或檔案夾後，我都會發現：根本沒有殘留任何東西！

將未來的選項放入行事曆中

對未來**可能**考慮執行的事情來說，行事曆是個很方便的工具。我指導過的大多數客戶都不太熟悉行事曆的使用方式，否則應該早就發現更多可以寫在日行事曆上的項目了。

行事曆有 3 個功能，其中之一就是「當日資訊」。這個類別可包含許多事項，但最能發揮創造力的用法之一，就是寫下想從腦海中暫時清除、留待日後再評估的項目。以下是宜考慮記錄的幾項事務：

● 啟動專案的提醒。

- 可能想參與的活動。
- 決策的催化劑。

啟動專案的提醒：若有不太需要立即思考、但未來應該再度檢視的專案，可以挑個適當的日期，在那天（不包含時間）的行事曆上標記關於該專案的備忘提示；接著，當那天到來、看見提示後，便將該項目放入專案清單中，成為進行中的專案。適用此模式的典型項目包含：

- 需要一段前置籌備期的特殊活動（產品發表會、募款會等）。
- 需要花時間準備的定期活動，像是審核預算、年度會議、計畫活動或各種會議等（例如：何時該將明年的「年度業務會議」或「協助孩子為下學年做準備」放入專案清單呢？）。
- 可能會想採取行動、與重要人士相關的關鍵日期（如：生日、紀念日及節慶準備禮物等）。

可能想參與的活動：人們可能隨時會收到關於研討會、會議、講座及社交和文化活動的通知，而且希望在這些活動即將來臨前做出參加與否的決定。因此，找出臨近的時間點，然後在行事曆中的適當日期放入備忘提示。例如：

- 「明天商會的早餐會議？」
- 「獅子足球隊的票今天開始販售。」
- 「今晚 8 點 BBC 有關於氣候變化的特別報導。」
- 「下週六有園藝俱樂部的茶會。」

若能想到諸如此類的事項，而且希望能放入系統的話，就現在開始進行吧！

決策的催化劑：有時人們可能需要做出重大決策，但一時無法（或不想）做出那樣的決定。以個人的自我管理流程而言，只要幫助做出決定的額外資源來自於自己，而非外在事物（亦即需要先仔細想想），或是有將決策延至應負責任的最後時刻的好理由（比如在做出選擇前，所有因素都得保持在最新狀態），就沒什麼大礙。然而，為了達到「**不做決定**也沒關係」的境界，請拿出安全網，確定

自己未來會確實、適當地專注於該議
題。行事曆上的備忘提示能充分達成這
個目的[10]。

> 只要有個「決定不做決定」的系統，即
> 使做出「不做決定」的決定也沒關係。

此類別常見的決策領域包含：

- 雇用／解聘。

- 購併／賣出。

- 轉換工作跑道／職涯規畫。

- 潛在的策略轉向。

我知道這裡只用了極小的篇幅來探討這項巨大的主題，但還是請問問自己：
「有什麼重要決策需要建立未來備忘提示，以便現在能暫時擱置、不必做決定
嗎？」若答案是肯定的，那就在行事曆中設置一些提示，好讓自己未來能再次思
考這個項目。

檔案夾系統（tickler file）

檔案夾系統[11]是個能有效管理「目前不需行動、但未來可能需要採取行動」
項目的方法。檔案夾系統是 3D 版的行事曆，其最原始的設計目的是讓人掌握未
來想看見或記得某些事物的**實體**提示，可說是一項效果極佳的工具，幾乎像是個
人專屬的郵局，能在未來的特定日期「寄信」給自己。我個人已使用檔案夾系統
多年。雖然科技讓這種備忘提示能輕鬆地與軟體和行動裝置結合，但或許仍有不
少東西在這樣的低科技模式下反倒更易於管理。人們或許很快就能以數位化方式

---

10 若有使用群組成員皆可讀取的行事曆，請一定要選擇加密此類型的備忘提示。電子行事曆通常
都有「私人」類別的功能，讓人們可以在希望保有隱私的項目中使用。

11 檔案夾系統是一種實體或數位工具，能提供與日期相關的提醒，可以在特定時間進行檢視；又
稱為週期性檔案（perpetual file）、預測型檔案（bring forward file）、持續追蹤檔案（follow-up
file）或懸而未決檔案（suspense file）。台灣較少使用此種工具，透過網路搜尋「tickler file」的
圖片，有助於了解其具體形式。

管理此類項目，但我的個人系統中，還是有許多事情在有實物作為備忘提示的情況下效率更佳。

　　檔案夾系統本質上不過就是簡易地用許多資料夾組成的系統，能讓人分別放置各項紙本及其他實體提示，以便任何想在未來特定日期看到的項目，都能在那天「自動」出現在收件匣裡。

　　若你的秘書或助理也有類似的系統，可以將這項任務的一部分交給對方來處理。典型的範例如下：

- 「會議當天早上把議程交給我。」
- 「星期一將這個回給我，好讓我再仔細想想，畢竟事關星期三的董事會議。」
- 「在我去香港開會的前兩週提醒我，我們可以一起計畫後續流程。」

接著，每天都要把當天的專屬檔案夾拿出來檢視。

　　即便身為高階專業人士，縱使能（可能也應如此）讓下屬適當處理這類資訊，我建議最好還是能親自維護檔案夾系統的功能性，並將之融入個人的生活風格。事實上，每個人都能親自做很多有用的事，其中多少會有些項目是寧可自己來，也不會想讓助手代理的。我自己是用檔案夾系統來管理必須在特定日期繳交的旅行文件、即將到來的生日與特殊活動的提醒（這會占據數位行事曆太多空間），以及若有空的話，近幾個月會想好好研究的有趣紙本資料等。

　　最重要的是：只需要每天花 1 秒鐘的新行為，就能讓檔案夾系統確實運作，而其價值遠超過所需投注的心力好幾倍。檔案夾系統代表一項獨特的高階功能：決定在特定時間到來前都不做任何決定。

　　設置檔案夾系統：在實體系統中設置檔案夾系統，需要用到 43 個資料夾，其中 31 個需要標記 1 ～ 31，另外 12 個則需標示月份。**每日資料夾**應放在前面，而最前方的是標記著明天日期的資料夾（若今天是 10 月 5 日，則第一個資料夾就是「6 日」），接下來的資料夾即為當月剩下的天數（從「6 日」至「31

日」）；在「31 日」之後的則是下個月的**每月資料夾**（「11 月」），然後是每日資料夾（「1 日」至「5 日」），最後是剩餘的每月資料夾（從「12 月」至「10 月」）。請每一天將下個每日資料夾中的內容物全數放進收件匣，然後將該資料夾放到剛用過的每日資料夾的最後方（屆時該資料夾就不再是代表 10 月 6 日，而是 11 月 6 日）。以此類推，當下個月的每月資料夾來到最前方時（當「10 月 31 日」清空後，「11 月」就會是下一個資料夾，接著是每日資料夾的「1 日」至「31 日」），就要將其中內容全數放入收件匣，再將該資料夾移到每月資料夾的最後方，以代表明年 11 月。這是個週期性的系統，隨時都具有下個 31 天和接下來 12 個月的檔案。

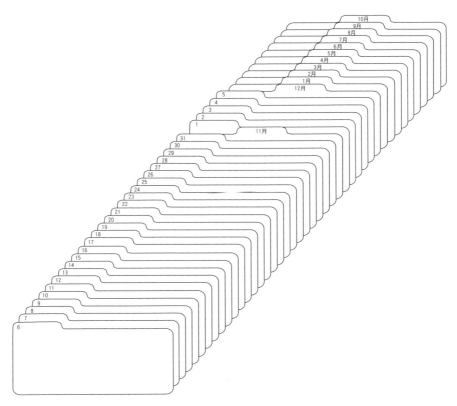

檔案夾系統（以 10 月 5 日為例）

在檔案夾系統中使用資料夾的一大優點，在於能存放實體文件；如必須在某日填妥的表格、需要檢視的會議議程、或直到特定日期才需付款的請款單等。要檔案夾系統成功運作，就必須每天檢查並進行系統更新。若忘記清空每日資料夾，人們就無法信任系統有處理重要訊息的能力，而必須使用其他方式來管理資訊。如果必須遠行（或不會在週末查看資料夾），請務必在**離開前**事先檢查那些無法在當日存取的每日資料夾。

檢查表：具創造性與建設性的備忘提示

個人整理系統中值得一提的最後一項主題，就是維護與打造檢查表：亦即對專案、工作流程步驟、活動，以及個人價值、興趣和責任領域來說，「充滿潛在食材的食譜」。基本上，由於任何我們已經討論過的清單或備忘提示類別，都能具有可核對或檢視的功能，以確保沒有遺漏該領域中的任何事，因此都能作為檢查表。然而，人們對檢查表較普遍的認知，通常都是和某項主題、程序、興趣或活動的內容有關，而且是在特定時刻或進行該活動時會使用的清單。

阿爾弗雷德·諾斯·懷海德（Alfred North Whitehead；英國哲學家）曾中肯地表示：「文明的進步，來自於拓展無需思考就能直接實施之重要事項的數量。」檢查表則提供了對於此宏觀見解的微觀版本：人們一旦在思考任何事情時，無論是規律性地更新觀點（「每年年底，我都需要去……」），或處於某些特定場合，需要遠超過自己記憶力的大量細節（「在研討會開始前，我需要……」），都應該將這個工作交由「外部大腦」（即存放了需於適當時間執行的事項細節的管理系統[12]）來處理。

---

12 葛文德（Atul Gawande）所著的《檢查表：不犯錯的秘密武器》（*The Checklist Manifesto*）中，對這項功能及其價值的說明非常強而有力。

很多檢查表都能讓人們在各種生活及工作場合中，處於更加放鬆卻保持掌控的狀態。例如，當人們為了準備一道特定料理而參考食譜時，就是在使用檢查表來提升專注力及工作效率；若必須處理董事會交辦的 3 項重要提議或當年度的成果，在出席董事會前檢視這些事項也是使用檢查表的行為。

由於我正在說明你可能想像的理清及整理過程，因此在開始實行這個系統前，我會將重點聚焦在大多數人都可能面臨的共同主題，而檢查表往往是最佳解決方案。

你想注意的事情

和客戶一起清空腦海中的事務時，經常會出現類似下列的項目：

- 更規律運動。
- 用更有品質的時間陪伴孩子。
- 為部門進行更積極主動的規畫。
- 保持團隊士氣。
- 確保自己與公司策略同步。
- 將客戶的付款步驟維持在最新狀態。
- 更專注於精神上的修為。
- 更加注意職員的個人目標。
- 讓自己對工作充滿動力。
- 隨時與公司的關鍵人物保持對話並更新狀態。

那麼，該對這些「模糊不清」的內在承諾及專注領域做些什麼呢？

首先，辨識出固有專案和行動

這類事務中，很多都還包含了需辨識出的專案和（或）行動。對許多人來說，「更規律運動」的真正含義是「建立定期運動的計畫」（專案）及「打給莎莉詢問關於健身房和個人教練的建議」（具體的下一步行動）。在這種情況下，必須理清固有的專案和行動，並將之整理到個人系統中。或者，「保持團隊士氣」應轉變為一項專案（「探討增進團隊精神的計畫」），然後擁有特定的下一步行動（「寄電子郵件給人事部主任，詢問她對這個機會的意見」）。

然而，的確還是會有許多無法被歸為此類別的項目，因此必須透過適當的檢查表來加以處理。

畫出工作及責任範圍重點的藍圖

例如「維持良好體態」或「保持團隊士氣」等項目，還是需建立某種形式的概要檢查表並定期檢視。在精神層面與所面臨的選擇上，任何時刻都存在了層層結果與規範；若能了解每一層的結果與選擇為何，將產生極大助益（但這不是個能輕易養成的習慣）。

先前有提到，「工作」的範疇至少能分為 6 種專注高度，每一層高度都應進行個別確認與評估。一張極佳的檢查表，必須針對 6 種專注高度中的其中一層，囊括人們所有至關重要、願意投注心力的事物。可能包含：

- 職涯目標。
- 服務。
- 家庭。
- 人際關係。
- 社群。

- 健康及活力。
- 財務資源。
- 創造力表現。

接著往下一層高度，請在工作領域中找出一些與自己有關的核心責任範圍、員工、自我價值等的備忘提示。這些項目清單可能包含以下幾點：

- 團隊士氣。
- 流程。
- 時間表。
- 員工問題。
- 工作量。
- 溝通。
- 科技。

以上所有事項都可以放入個人系統的清單中，作為需要時的備忘提示，以便讓工作能不偏離正軌。很多時候，這麼做的價值僅在於能確定特定領域處於可接受的狀態，無需增加或改變任何事，但光是有這種認知就能讓人產生放鬆的專注力。

情況越新奇，就需要越多掌控力

維持檢查表與外部工具的掌控程度，都跟人們對於責任範圍的熟悉度有直接關聯。若目前正在做的事是自己一直以來都在做的，而且也沒有任何需要在該領域做出改變的壓力，那麼很可能只需最低的外部個人整理系統，就足以維持操控自如。在這種情況下，人們會知道何時將發生什麼事、如何讓那些事發生，而且系統也運作良好，甚至可以在睡夢中輕易管理這些事項——但通常事實上沒有這麼樂觀。

你是否曾在必須按照某些既定程序，以審慎管理一筆財務交易、登入並重新

整理應用程式的內容、或經過好幾個步驟才能入住好友的度假小屋時問過自己：「等等，現在該怎麼做？」面對上述任何可能想要或必須重複的情況，都需要一張檢查表。我操作電腦與軟體的能力爛到幾乎令人害怕的地步，而且每當接到IT 專家說明有關如何更正某個經常出錯的指令時，還常常輕鬆地說服自己一定能牢記這些動作。經過了無數慘痛的經驗後，我終於學會了該如何為這些事建立檢查表。

很多時候，某些檢查表能幫助人們保持專注，直到更熟悉自己在做什麼。舉例而言，若公司的執行長突然消失，而你需要立刻遞補空位時，往往會有一段時間必須將許多總覽與大綱放在手邊，以確保自己能確實處理最關鍵的任務；若是剛被調到新的工作崗位、負責許多還不甚熟悉的職務，則頭幾個月可能會想訂出明確需要控管及架構的組織圖；又如在公司設立全新的組織架構與營運系統時，

檢查表對於讓人知道「不必」關心什麼事情有極高功效。

往往也會使用許多重要的檢查表來支援會議落實任務，直到這些事能自動運作為止。

有時候，我必須為需要暫時處理、直到能充分掌握的領域製作清單。例如，當我和妻子決定要為我們參與多年的公司建立全新的架構時，我便扛下了會計、電腦、行銷、法務和行政等過去從未接觸過的責任領域。我有好幾個月都必須把這些責任範疇檢查表放在眼前，以確保自己有確實填補所有漏洞，並在能力範圍內努力管理好這段過渡期。當這間公司在某種程度上達到「運作自如」的境界時，我就不需要那些清單了。

各種層面的檢查表

若想建立任何一種檢查表，那就做吧！從「生命的核心價值觀」、「露營要準備的東西」到「節慶禮物的可能選項」……，檢查表擁有無限可能。只要一想

到就立刻列出清單，是人們在生命中可以設置的，最強大、最微妙、又最簡單的步驟之一。

為了激發你的創造力，以下主題是我這些年來曾經看過、也親自使用過的檢查表：

- 工作領域與責任（關鍵責任領域）。
- 健身流程（肌耐力訓練計畫）。
- 旅行檢查表（所有要帶的或旅行前需準備的東西）。
- 每週檢視（以一週為單位，所有需檢視和更新的事項）。
- 訓練計畫的構成要素（列出從頭到尾要處理的事情）。
- 關鍵客戶。
- 需要保持聯繫的對象（自己在人際網絡中所有想保持聯絡的人）。
- 年終活動（總結這段期間所有需採取的行動）。
- 個人發展（定期評估以確保個人平衡與提升）。
- 笑話。

> 即時製作出便於存取、能視需要隨時使用之清單的能力及意願，是高績效自我管理的核心要素。

不論是暫時的或長期的檢查表，都務必讓自己熟悉這種方式，並做好隨時建立與刪除檢查表的準備。請確認自己有個能輕易存取、富含吸引力、甚至會讓你樂於執行的地方（例如隨手可及的活頁筆記本或數位軟體）來放置新的檢查表。適當使用檢查表對於提升個人工作效率和舒緩精神壓力來說，是極為珍貴的重要資產。

如果你已經確實**捕捉**了所有生活及工作中呈現開放式迴路的雜事、**理清**並加工了每樣東西對自己的意義，以及應採取的下一步行動，並將結果**整理**到一個具有最新且完整概要的妥善系統，其中包含當前與將來／也許會執行的大小專案，接著就能準備進入實現無壓力提升工作效率的下一個步驟：回顧。

第 8 章

回顧
更新系統，保持最佳功能性

「搞定」工作流程管理方法的目的並非讓大腦鬆懈下來，而是釋放其中壓力，讓人們能自由體驗更優雅、更有工作效率及更具創造力的活動。為了爭取這種自由，大腦必須在專注於承諾與當前活動時，努力維持某種穩定的基礎狀態。人們必須確保自己正在進行的就是所需採取的行動；這不但能幫助我們**活在當下**，也是最佳的運行狀態。定期檢視系統、回顧其內容並保持在最新、功效最好的狀態，是維持清晰度與穩定度的先決條件。

假設有張需要打電話的清單，一旦缺乏更新、導致與**所有**需撥打的電話不符，人們的大腦就會不再信任這個系統，因而無法從這些低層次的心理任務中解脫；接著，大腦就必須回到一開始的記憶、加工與提醒工作。正如之前提到的，大腦處理這些工作的效率並不高。

因此，系統必須持續運作，不能靜止不動。為了能支援適當的行動選項，系統必須隨時更新至最新狀態，也要能在不同高度中以一致且適當的方式引起對生活與工作領域的評估。

這時會面臨 2 個需處理的主要問題：

• 該著重的點是什麼？又該在何時做出判斷？

- 為了確保所有事物能以一致性的系統運作，進而帶來高層次思考與管理，我們該做些什麼、頻率為何呢？

在生活及工作的關鍵領域中實際執行檢視程序，能帶領人們邁向更強大、更主動的全新思考模式。這種思考模式兼具集中專注力與隨機腦力激盪的效果，而且會由人們以一致性檢視自己的行動和專案清單所觸發。

何時該檢視什麼項目？

個人系統及行為要設定成「一旦需要看到所有行動選項時，就能立刻全部看見」的模式。其實這點不過是常識罷了，但實際上能將各種步驟及整理系統發揮至最大功效的人卻少之又少。

在能任意使用電話時，應至少迅速瀏覽一次打電話清單，然後引導自己採取最佳行動，抑或是允許自己不去處理也沒關係；在與老闆或合夥人談話前，先花點時間檢視一下你們之間尚未完成的議程，以確保自己正以最有效率的方式利用時間；而當需要去乾洗店拿衣服時，則快速檢視過所有可能在路上能一併辦理的其他事務。

> 只要在對的時間檢視充裕的正確事項，通常每天只需花短短幾秒鐘，就能順利完成檢視步驟。

許多人常問我：「你會花多少時間來檢視系統？」我的答案是：「盡可能越多越好，好讓我能對自己的所作所為感到放心。」事實上，我花費的時間可能是這裡 2 秒、那裡 3 秒……的總和。

大多數人不明白，基本上，清單就是我的辦公室；正如人們可能會在工作空間中貼很多便利貼或放一大堆文件來代表必須處理的工作，而我的下一步行動清單及行事曆也具有同樣的功能。完整收集、加工並整理所擁有的項目後，接著只需挪出一點瑣碎時間來存取系統中的備忘提示即可。

先檢視行事曆

人們最常檢視的應該是行事曆和檔案夾系統中的每日資料夾（如果有的話），以確認當天務必進行的「硬體景觀」，再評估其他需完成的事情。首先，請了解時間與空間因素。例如，若知道當天要從早上 8 點馬不停蹄地開會到下午 6 點，中間只有半小時午休，將有助於做出關於其他活動的決策。

接著檢視行動清單

檢視完所有特定時間及日期的待辦事項，並完成應做的準備後，接著，檢視使用頻率第二高的區域，也就是在當前情境中可能需執行的各種行動選項清單。比如說，若在辦公室裡，就會檢查打電話、用電腦及在辦公室清單，以便找出當下能處理的項目。這不表示一定要實際執行其中任何一項，只要妥善評估這些項目、與其他待辦事項做比對，確保目前的處理決策是最佳選擇、相信自己沒有漏掉任何重要事項即可。

> 打理好自己的生活與追求幸福的人生是同一件事。
>
> ——艾茵·蘭德

坦白說，若行事曆非常值得信賴，且行動清單也一直保持在最新狀態，那麼這兩者通常會是整個系統中最需要時常檢視的部分。其實，我曾有很長一段時間沒有檢查半張清單，因為從前端（也就是行事曆）就能明確判斷當時**無法**執行的項目。

在正確情境中正確檢閱

任何時刻都可能產生想要存取清單的需求。例如，當你和伴侶在累了一天後

渴望放鬆身心，又想確保自己會處理你們間有關居家、家庭和個人的共同事務時，就會想看一下自己累積的、與對方有關的各種議程。另一方面，假設老闆突然現身，要求當面談談目前的實際狀況與優先順序時，若手邊能立刻拿出最新的專案清單與議程清單的話，將發揮極大功效；或是突然接到客戶的簡訊，邀請你與一位臨時造訪的潛在客戶一起參加某場沒有事先計畫、但卻策略性極高的午餐會議，你能在多短的時間內安排空檔、列印相關資料，以及重新協調其他待辦事項，以便全神貫注於這場會議？又假如事情順利發展，行程延伸到下午呢？

保持系統更新

要確保整理系統具可信度的小技巧，在於定期從更高的視角來進行思考與系統更新。然而，若清單與實際情況相距甚遠，就絕對無法完成這項任務；人是沒辦法騙過自己的。若系統已經過時，大腦就會強迫自己將注意力完全投入較低功能的記憶層次。

> 為了讓知識帶來工作效率，我們要學會見樹又見林。我們要學會建立其間的連結。
>
> ——彼得・杜拉克

這或許就是整個模式中最大的挑戰。一旦感受過神智清晰與掌控所有事的進展，你覺得自己能持續完成該做的事、並將之轉化為運作標準嗎？經過多年研究與在數以千計的人身上落實「搞定」模式後，證明了「每週檢視」正是得以讓此過程永續發展的萬能鑰匙。

每週檢視的力量

人們再怎麼用心都趕不上世界運轉的速度。許多人似乎天生就特別容易糾結於超出自己能力範圍、無法處理的狀況之中；比如為自己訂下塞滿一整天的會

人們能得到的機會總是比系統每日能加工的數量還多。

議、參加會產生需進一步處理的想法與承諾的下班後活動，甚至讓自己捲入各種可能會爆炸性激發個人創造力的事件與專案等。

如雪片般的各項活動證明了每週檢視的價值所在。每週檢視包含了捕捉、重新評估與再加工的時間，讓人得以保持平衡。在試著全心投入每日工作的當下，絕不可能有多餘的時間和心力完成必要的重整。

處理每週不斷冒出的新事務及潛在干擾時，每週檢視也能增強人們執行重要專案的直覺式專注力。為了保持掌控力並對自己的決策充滿信心，就必須學會說「不」，要試著更快速地拒絕更多事務。分配一些專屬時間將思考提升到專案層級以上，就能讓這個過程變得更加輕鬆。

何謂每週檢視？

簡單來說，每週檢視就是再次清空大腦，以及確定往後幾週的方向，亦即按部就班完成工作流程管理的步驟（捕捉、理清、整理與回顧所有尚未完成的承諾、意圖和期望），直到可以誠實地對自己說：「我非常了解所有目前尚未處理的事；若我決定要做，馬上就能開始。」

從實際面來看，以下是帶領人們進入該境地的 3 個著力點：**收集及清理、更新**，還有**創造力**。收集及清理能確保事務都已加工完成；更新則能讓所有導航「地圖」（即各項清單）都處於經過檢視的最新狀態；最後，創造力就會因此自動萌芽，讓人們自然產生為工作與人生思考增添價值的想法與視角。

收集及清理

這是收集忙碌工作一週所產生的鬆散細節的初步階段。例如開會時寫下的筆記、收集到的收據和名片、孩子學校寄來的通知等。雖然人們並非刻意收集，但

這些瑣碎的雜物還是會堆積在隱藏的小口袋、皮包、公事包、智慧型手機簡訊、外套以及梳妝台上，更別說像是電子郵件收件匣、社群網站等標準收集管道了。

收集零散的紙張與材料：將所有瑣碎雜亂的紙張、名片、收據，及其他悄悄鑽進辦公桌空隙、衣服和配件中的東西都收集起來，全部放入收件匣中以便進行加工。

清空「收件匣」：檢視所有會議筆記、零散的筆記本塗鴉或行動裝置的內容，然後妥善決定、列出屬於行動、專案、等待中、行事曆活動與將來／也許的項目；接著，將所有參考資料筆記和素材歸檔；最後將電子郵件、簡訊及語音留言的「收件匣」都清空。請對自己狠一點，加工所有與互動、專案、新提議，以及自先前下載以來所累積的相關筆記和想法，然後清除所有不需要的東西。

清空大腦：將所有新專案、行動項目、等待中事項、將來／也許事項，以及其他尚未捕捉與理清的東西列入手寫或電腦（適當類別的）清單裡。

持續更新

現在需要著手處理後續事宜了。請刪除系統中所有過時的備忘提示，並將使用中的清單更新到最新、最完整的狀態。以下為實施步驟：

檢視「下一步行動」清單：將已完成的行動劃掉或打勾，接著檢視下一步行動的備忘提示並予以記錄。很多時候人們都會腳步太快，導致沒有時間劃掉清單上許多已完成的行動，更沒有空檔思考下一步該做些什麼。現在就是著手進行的好機會。

檢視之前的行事曆資料：仔細檢視過去 2 ～ 3 週的行事曆，尋找殘留或突發的行動項目、參考資料等，並將資訊放入正在使用的系統裡。抓住所有「喔對了！這讓我想到……」的資訊及其相關行動。人們可能會因為注意到參加過的會議或活動，引發「該接著對此做些什麼」的想法；因此，請以不會遺漏任何資訊的方式，妥善封存過往的行事曆。

檢視即將到來的日期：檢視未來的行事曆項目（包含長期與短期），並捕捉即將來臨的活動，及其所需的相關專案和籌備行動。行事曆是個可定期檢視、避免「最後一刻」的壓力[1]，與提前觸發創造力思考的最佳檢查表。像是即將展開的旅行、大型會議、一般會議及假期等，任何已經知道會發生、卻還無法運作自如的情況，都應經過適當評估，以尋找能加入「專案」與「下一步行動」清單的項目。

檢視「等待中」清單：有任何需要追蹤後續的項目嗎？需要寄電子郵件好得知目前的情況嗎？需要將某件事加入為某人而設的議程清單，以便下次與對方談話時能更新該議題的進度嗎？請記錄任何可能的下一步行動，並劃掉已經收到結果的事項。

檢視「專案」（及「預期結果」）清單：評估專案、目標和預期結果，確保系統裡每個專案都有至少一個能推動進展的行動。此外，也要瀏覽各項活動（專案）及其相關的專案計畫、支援資料與其他進行中的素材，以便觸發新的行動、完成事項與等待中事項等。

檢視任何相關檢查表：根據各種專注領域、興趣及職責，還有其他尚未完成、但需要或渴望去做的項目嗎？

發揮創造力

「搞定」不僅能幫助人們完成清空與達成結果，對於保持清晰和專注力來說，更是至關重要的因素。然而，我個人對此領域進行各種探討的最終目的，在於創造能激發並存取嶄新、富含創造力、有價值的思維與方向的空間。一般來說，若已將「搞定」實踐到某種境界，就無需花費太多心力來達到「提升創造

1　在他人有權限在你的行事曆上增加項目時，特別容易發生這種情況。當你突然發現行事曆上有別人擅自訂下的會議時，可能會產生極度驚訝與不悅的感受。

力」的目的了。創造力是人類與生俱來的能力，可以投注在自身存在、生活、成長、表達及拓展的目標上。人們最大的挑戰不在於要**提高**創造力，而是如何排除阻礙創造力能量自然流瀉的障礙。以實務的角度來看，重點在於準備好自己、讓想法自由萌芽、捕捉這些思緒並妥善運用其價值。在閱讀及運用這些技巧的過程中，人們便是在將思緒外部化並進行回顧，而會產生類似「啊哈！這提醒了我……」或是「嗯，我想我可能會做……」的想法，同時證明了這個過程會自然發生。

> 對於處理過多的資訊而言，「觀點」是個充滿人性的解決方案，也是將事情減到最基本、可管理的最低程度的直覺性過程。在內容過於豐富的世界中，觀點將成為最匱乏的資源。
>
> ——保羅・沙佛

　　正如先前提到的，或許當下並沒有任何需要專注的事務，因為大部分的創造力思考可能都已經運用、融入到這個過程中了；然而，還是有兩個對於完成本過程來說相當有用的額外觸發點。

　　檢視「將來／也許」清單：檢查有沒有因為變得更有趣或更有價值而想啟動的專案，並將這些項目轉入專案清單中。此外，請刪除任何存放過久、且由於自身興趣和外在環境已大幅改變，導致連放在這個類雷達工具上都顯得多餘的項目，然後將剛萌生的新興趣可能性加入這張清單。

　　大膽展現創意：有任何新穎、精彩、不受拘束、創意十足、引人入勝且大膽的想法，是能捕捉並加入系統（也就是「外部大腦」）的嗎？

　　這個檢視過程看似為普通常識，卻很少有人能完美執行或貫徹到底。為了保持頭腦清晰、享有放鬆卻掌控所有事的感受，就必須定期檢視。沒錯，這個步驟或許令人畏懼（特別是尚未架構好個人系統，並在裡面放入足夠資訊、使其得以處於合理的更新及完整狀態時）；有鑒於每天生活中面臨的壓力和需求，就算擁有良好的掌控力，要做出這種幅度的回顧與重新調整，仍然不是件容易的事。

檢視的正確時間和地點

每週檢視的重要性大到人們應當建立起良好的習慣、環境及工具來支援這個步驟。一旦熟悉了「搞定」所談論的「放鬆地掌控」，就不用過於煩惱該如何說服自己進行這些檢視流程；但若想再次達到自己的個人標準，就必須這麼做。

在達到那個境界前，你能先以一週一次的頻率，使用各種手段來強迫自己暫時遠離日常瑣事幾個小時——不是要用來發呆放空，而是要提升所有專案及其現狀至少到一定高度，並追蹤其他正在拉扯專注力的相關事物。若幸運擁有一間可以稍稍避開人群、避免他人打擾的辦公室或工作空間，且工作時段類似於典型的一週五天的話，建議可在最後一個工作天的下午，空出 2 小時來進行每週檢視。選在這個時間點最理想的原因如下：

- 腦海中對於當週活動的印象應該還很鮮明，可讓人做出完整的事後分析（「喔對了，我要確認自己會回覆她有關……」）。

- 當（無可避免的）發現某些必須聯繫他人的行動尚未完成，在週休二日前還有些時間可以處理。

- 清理心理空間，讓自己能在週末時不受任何不必要的事務干擾，進而徹底放鬆、愉快地享受休閒活動。

然而，有些人可能沒有週休假期。像我就時常需在週末處理跟週間一樣多的工作，但我確實也經常有搭乘長途航班的奢侈行徑，這便提供了理想的檢視機會。大多數人都會適當調整每週檢視的習慣，使之與生活模式相契合；例如有些人可能會在最喜歡的咖啡廳裡度過每個星期六的早晨，或是每個星期日坐在教堂後方聆聽女兒的合唱團練習。

> 每隔一段時間就暫時離開、休息一下吧。持續處於工作狀態中會降低人們的判斷力。拉開一段距離，透過視角與缺乏和諧將更容易看清工作。
>
> ——李奧納多·達文西

無論是哪種生活風格，都必須每週進行一次分類重整的儀式。若已經開始實施這類模式，就能以這項習慣為基礎，再增添更高層次的檢視過程即可。

像這樣撥出時間進行檢視，對於必須隨時隨地按需求作業，以及在家工作、沒有時空條件可以進行重整的人來說，是最困難的一件事。我遇過壓力最大的專業人士，都是那些工作時必須隨時處於危機處理狀態（例如高階股市交易員與職員主管），回家後還要面對幾個不到 10 歲的孩子，與同樣經歷疲憊的一天的另一半；幸運的是，其中有部分的人每天擁有 1 小時以上的通勤時間。

若覺得這些場景似曾相識，那麼最大的挑戰就是建立一個具一致性的重整程序，並在執行時暫時遠離外在的紛亂世界；或者是在星期五下班後，多花幾個鐘頭待在辦公桌邊，還是在家裡安排一個輕鬆處於工作狀態的空間與時段。

高階主管的檢視時間：我指導過許多高階主管如何在一週工作的尾聲空出 2 小時來。對他們來說，最大的問題在於，如何從有品質的思考、趕進度的時間、與極度重要的互動需求間取得平衡。這是個很難判斷的問題，但最資深且精明的經營者則清楚了解犧牲緊急事項以追求真正重要事物的價值，而且會為類似過程打造一段不受外界干擾的時間。我們其中一位客戶，全世界最大公司之一的行政發展部主管建議：建立一段有品質的時間來進行檢視與重整，並讓自己相信自身做出的直覺式決定非常重要，而且在他們公司的高級主管中更是極度匱乏。

> 你無法在工作中產生對工作最佳的想法。

然而，就連已將一致性回顧空間與工作相互融合的高階主管，有時也會選擇暫時把專注力放在工作的第一層高度（現行專案），進行較普通的檢視與追趕流程。在「接二連三的會議」與「夕陽西下時手持紅酒漫步於錦鯉池畔」

> 思考是商業與生活的精髓，也是其中最困難的事。當他人在狂歡時，帝國的建立者花費無數光陰思量。若無法自動自發地努力自我引導與整合思考……就是對怠惰投誠，並因而再也無法掌握自己的人生。
>
> ——大衛·凱克奇

之間，一定要以更高層次的檢視步驟來維持可運作的掌控力和專注力。假如你認為自己已經完全明確辨識、理清、評估過開放式迴路，並將之化為可行動項目的話，大概只是在自欺欺人罷了。

從「大局」檢視

沒錯，在某些時間點上，的確必須先理清最終能驅動、測試決策，以及為這些決策訂出優先順序的遠大預期結果、長期目標、各項願景和原則。

你在工作領域的關鍵年度目標和目的為何？從現在起算，你 1 年後或 3 年後會擁有些什麼？職涯發展的狀況如何？這是自己最滿意的生活方式嗎？從更深層、更長遠的視角來看，你正在做的是真心想做、還是必須做的事呢？

本書最主要的目的並非要想盡辦法以工作的第 3 到第 5 層高度來誘惑大家，但其**引申**出來的用意，是要鼓勵人們以更高層級的視角運作，幫助人們創造更滿意的生活，並使之更符合所期望的願景。在加快清空生活與工作領域中，屬於地面層和第 1 層高度事項的速度及敏捷度時，切記，若有需要，一定要重新檢視自己在其他高度的層面，以確實維持腦內清晰。

> 在擁有掌控好個人生活的自信前就試圖創造目標，往往不僅無法提升，反而會降低動力與努力。

該在何時使用宏觀的檢視程序來挑戰自我，是一個只有自己才能回答的問題。對於這樣的契機，我要申明的原則只有：

你要能在適當的高度檢視自己的工作與生活，並在適當的時間點做出適當的決策，才能真正清空大腦。這是對自我的終身邀請及義務，好讓你能實現尚未完成的使命或意圖。

多年來，我藉由個人及大量深入參與他人日常生活的經驗，發覺到真正取得平衡並掌控生命中的繁瑣事物，自然而然能激發人們對更高層級雜事的靈感。由

於我們更深層的驅動力和志向往往被許多複雜的事物與承諾所綑綁，因而時常感到困擾與快被淹沒。例如，你曾深切渴望有個孩子，現在確實有了，而且每個孩子都需花費至少 20 年的時間和心力來養育；你曾迫切渴望發揮創造力，打造出被世界認可（以及可獲取金錢利益）的價值，因此成立了一間公司或承諾實現目標高遠的職涯規畫，而你現在已為自覺超出負擔的事務忙得焦頭爛額。或許現在的你不需要更多的目標——你需要的是為自己已投入、正在運作的任一個目標感到舒適，而且擁有能優雅執行任何新目標的自信。

> 為了理解這個世界，有時我們必須暫時轉身離開。
>
> ——阿爾貝·卡繆

我們永遠都可以用更新的角度來看待願景、價值及目的。但根據個人經驗，人們若不認為自己有能力妥善管理自己的世界（儘管是為了自己而打造的），就會非常抗拒這段與自己的對話。改變目標或願景需花多少時間？並不多，事實上可能無需耗費一分一秒。那麼，要花多久才能相信自己一定能達到預期結果？按照我的經驗，至少需要花 2 年的時間實踐「搞定」並養成習慣，才能達到那種程度的自信——這並不是個壞消息，而只是個可參考的資訊；而好消息是，一旦開始實行這些最佳實踐法則，不但馬上就會感受到自己更能掌握生活與工作中的日常運作層次，也會開啟更大格局的真實層面——若少了這個模式，人們可能就無法辨識與運用這層視野了。

另一方面，這種未來導向的思考能在設立目標上維持個人的彈性與隨性。在此方面，軟體領域有個帶來重要改變的例子，即以「靈活的方案設計」成為所有成功的新創公司的楷模。也就是先擁有願景、盡可能地想像願景中的世界、開始產出初代產品到市場上試水溫，接著機動靈活地調整公司策略；此時，公司的願景與實現方式也會根據市場上的實際回饋而逐漸成熟。這個案例的啟示在

> 世界本身永遠不會被事物淹沒或迷惑，只有人們才會因為投入的方式不同，而被世界淹沒與迷惑。

於：對未來抱持正面思考不可或缺，也很美妙；但未來導向的思考與自我，唯有在現實生活中的具體行動與自信心緊密連結，並擁有即時反應與修正的能力時，才能最有效地實現。

接下來將進入關於捕捉、理清、整理與回顧方法的最終重點及挑戰：現在是星期三早上 9 點 22 分——你該做些什麼？

第 9 章

執行
做出最佳行動決策

當處於艱辛、需要即時搞定許多事的一天時，要如何在特定時刻做出應採取行動的決策？

正如之前提過的，答案很簡單，就是相信自己的「本心」或「靈魂」；若對這樣的詞彙很感冒，也可以替換成「膽識」、「直覺」等，任何一種感覺有效的參考點，能讓自己退一步、取用自我的內在智慧。曾經比對過「仔細推敲」與「反射性選擇」兩者間差異的人，就會明白我的意思。

> 最終且無論如何，你都應該要信任自己的直覺。不過你還可以做更多事來加強這份信任感。

這不代表將生活中的一切都交由上天來決定（除非你早就把人生託付給命運了）。其實我也曾在生命中的某個時刻嘗試過這種途徑，結果證明，雖然當時所學到的經驗並非絕對必要，卻非常寶貴[1]。

---

1 要放棄一切其實有許多方法。可以選擇無視實體世界及其真相，轉而相信宇宙的力量。我在某個時刻以個人模式選擇了這條路；那是一段非常強而有力、我也不希望發生在任何人身上的體驗。雖然我並沒有真的嘗試結束生命（但當時的確是千鈞一髮！），但我確實切斷了與現實的連結。當時對於自己如何與選擇參與的這個世界和平共處，還有許多需要學習的地方。更高的境界便是降服於內在意識及其有關這個世界的智慧和建議。相信自己與自身的智慧來源，就是體驗自由及創造個人工作效率最優雅的方式。

就如第 2 章（第 90 頁）所概述的，在決定需採取什麼行動的情境中，有 3 種極有幫助的優先順序架構：

- 模式 1：抉擇行動的 4 項限制條件。
- 模式 2：判別每日工作的 3 種類別。
- 模式 3：檢視工作的 6 種專注高度。

以上 3 種模式刻意以「反向」排序，亦即與典型「由上往下」策略的視角相反。為了搭配「搞定」模式的性質，我發現「由下往上」進行更有效。意思就是，我將會從最落地的層級開始。

模式 1：抉擇行動的 4 項限制條件

請記得按照順序使用以下 4 項準則來做出你的行動選擇：

- 情境（context）。
- 可用時間（time）。
- 可用精力（energy）。
- 優先順序（priority）。

接著，讓我們來看看這些準則如何讓人建立最佳的系統架構和行為，並自其動態過程中獲益。

情境

任何時候都應該考慮的第一件事就是，自己能透過目前的位置和工具做些什麼？有電話嗎？有管道能聯絡到那位必須當面溝通、討論 3 項議程的人嗎？抵達想買些東西的商店了嗎？若因為沒有處在適當位置或缺乏妥善的道具，而導致事情無法處理的話，別擔心，先擱著吧！

如先前所提到的，依照情境來整理行動備忘提示（如建立打電話、在家裡、用電腦、外出辦事、給喬的議程、員工會議議程等清單）是很有幫助的方式。由於情境是選擇最佳行動時的第一個先決條件，因此，以情境分類的清單可以讓人避免無謂地再次評估自己該做的事。若行動清單上有一大堆未分類的事項，但卻無法在單一情境下完成所有任務時，就會逼自己不斷重新考慮**所有**事項。

例如到客戶公司和對方開會，卻在抵達後才發現會議將延後 15 分鐘舉行，此時就可以參考打電話清單，找出一些可以有效利用這段空檔的項目。行動清單應該要充滿彈性、能根據任何可進行的時間來調整。

> 若能在約束中仍感自如，那你就自由了。
>
> ——羅伯特·佛洛斯特

強迫自己對於雜事做出下一步行動的決策，是另一個依據適當情境來整理行動備忘提示的好處。我所有的行動清單設定都是如此，因此，在知道該將哪件事放入哪張清單之前，我必須先判斷出該採取的下一步實際行動（要用到電腦或電話嗎？要陳列在店裡嗎？需要即時跟老婆溝通嗎？）。為自己設定了「雜項」行動清單（也就是沒有特定情境）的人，通常也會主動進入有關決定下一步行動的階段。

我經常鼓勵學員盡早在加工收件匣前就架構好清單類別，因為這樣才能讓各項專案與那些需持續推進的事項連結在一起。

有創造力的情境分類方式

一旦開始徹底落實「搞定」模式，自然而然就會發現：能用許多有創意的方式來加工專屬的情境類別、使其符合個人狀況。雖然最普遍的方法是以所需工具或實際地點來分類，但還是有許多其他有效的獨特方式，可用來過濾各種行動備忘提示。

在進行長途旅行之前，我會建立名為「旅行前」的暫時類別，並從所有行動

清單中，挑選出離開前「絕對」要完成的事務放入其中。在完成這些事項前，這張清單將是我離開前唯一需要檢視的清單。有時候，許多下一步行動都需要我處於「創意寫作」的模式；雖然採取這些行動的情境是「用電腦」，但相較於其他用筆電作業的事項，我仍需要以截然不同的時間和心態來處理。將這類事務歸類到另一張「創意寫作」清單，會讓我更加放鬆、更能妥善掌控專注力。目前，我將個人的電腦相關行動劃分為：無需網路連線、需要網路連線，以及純粹瀏覽（搜尋網路上各種好玩有趣的事物）。

多年來，我見過不少人有效使用各種不同的分類，像是「無需用腦」（放置各種不需要思考的簡單行動）以及「5分鐘之內」（放置可迅速達成的「小勝利」）；有時候，用生活及工作中的專注領域（如：財務、家庭、行政等）來分類備忘提示，更能讓人倍感舒暢；最近更有人和我分享他依據採取行動當下所獲得的感受與心得來分類，像是：服務他人、穩定生活與豐富的回饋等。世界上沒有什麼**絕對正確**的方式可用來架構下一步行動清單，只有對自己來說最有效的而已；一旦生活改變，這個部分的系統也可能隨之改變[2]。

若尚未熟悉此過程，或許會認為這些細節與差異看似多餘或令人倍感壓力。只要記得，當確實辨認出所有為實現生活及工作承諾所需採取的下一步行動時，就可能有超過上百件待辦事項正磨刀霍霍。為了切實運行一個有效的「外部大腦」並獲得驚人成果，運用高度複雜的方式來管理工作中的「地面層」，將帶來不可限量的回報。

2　在理想的世界中，人們將能用任何方法來檢視所有關於下一步行動的備忘提示：時間、腦力、所需地點或工具、情感回饋、生活領域、支援目標及專案等。然而問題在於：為了達到這種潛在價值，多少架構才不算太過頭呢？若需過分思考或花費過多心力才能將內容放進系統裡，人們就不會去採取這項行動。清單與分類管理數位化APP帶來了更多切割資訊的新方法，但我們永遠都要審慎評估，自己在極度繁忙時花費心力使用該系統是否值得。（你可能在第一代管理軟體問世時，就已經透過架構行列及建立分類指示，打造出特定情境專屬的分類功能了。但我真的需要花費心力做跟你一樣的事，只為了放入「打給我哥」這個備忘提示嗎？）

可用時間

第 2 個選擇行動的因素，是在必須處理下一件任務前所擁有的時間長短。若會議在 10 分鐘後開始，而非有好幾個小時的空窗，人們很有可能會選擇做不同的事。

了解手邊有多少時間顯然是件很有幫助的事（因此，可隨時讀取的行事曆與鐘錶很有價值）。完整的人生行動備忘清單能提供與進行事項相關的大量資訊，並讓人們得以輕鬆地將行動與目前擁有的空檔相連結；換句話說，若在下一場會議前有 10 分鐘的空檔，就找一件能在 10 分鐘內處理好的事來做；反之，若清單上只有大型或重要事項，那就不會有任何能在 10 分鐘內完成的項目，尤其當這些項目剛好是遺漏的下一步行動備忘提示的話，更是如此。進行這些短時間事項最有效的方式，就是妥善運用隨機出現的零碎時間。

此外，當花了數小時埋頭處理耗費心神的事務後，人們通常會想轉移注意力並獲取一些輕鬆寫意的小勝利；這時就是在行動清單上尋找能迅速完成的簡單項目的好時機。例如更改餐廳預約、打給朋友祝對方生日快樂、訂購鳥飼料，或甚至只是走到旁邊的超市或藥局辦事都好。

可用精力

雖然有時可以藉由改變所處情境及轉換專注力來提升能量，但實際上能改善的並不多。例如經過一整天馬拉松式的預算計畫會議後，人們的狀態可能就不適合聯絡潛在客戶、撰寫新的績效審核方針，或是與伴侶討論某個全新的敏感議題。此時該做的，最好是打給航空公司更改班機、處理開支明細、在院子裡欣

> 我們都有些思考較有效率的時段，也有些不該用於思考的時段。
>
> ——丹尼爾·柯恩

賞日落、隨意瀏覽一本商業雜誌或整理書桌抽屜等。

正如隨時掌握所有下一步行動選項，可使人抓住各種時機，了解自己在任何時刻該做或該加工的每一件事，也能使高效活動與自身行動力相互連結。

我建議永遠都要準備一些只需少許心力或創造力就可以完成的項目；一旦處於能量極低的狀態時，就先執行這些項目吧！像是輕鬆閱讀（雜誌、文章、目錄、上網）、需建檔的聯絡人資料、清理檔案、備份電腦資料、澆花，或是補充訂書針等，反正就是些本來就該做的諸多事項的一部分罷了。

這就是我們要為個人管理系統定義出明確界線的最佳理由之一：就算精神狀態未達巔峰，系統仍然能讓人持續有效地完成某些事項。當人們狀態不佳，需閱讀的資料雜亂無章、收據丟得到處都是、歸檔系統亂成一團，甚至連收件匣也極度失序時，搜尋並整理手邊該進行的任務就已經夠累了，因此會乾脆逃避、什麼都不做，接著感覺更糟。提升能量的最佳方法之一，就是**關閉**某些開放式迴路；因此，請隨時確保自己手邊有些容易關閉的迴路[3]。

如此一來，即使不在最佳狀態，人們仍然可以高效運轉。

上述 3 項選擇行動的準則（情境、時間與精力），即為完整的下一步行動備忘提示系統的需求。雖然人們經常無法協調地整理思維，但這個動作還是必須**盡早完成**，如此一來，人們就可以進入「忘我」的狀態，然後從已劃分的行動中選擇最適合眼前情境的項目來進行。

---

3 由於某件事「此時做最有效率且不費心力」而去做，與「想逃避做更困難但急迫的事」而去做，兩者之間的界線其實很模糊！

優先順序

　　了解目前的情境、時間和精力後，接下來選擇行動的準則就是**相對優先順序**：「在可選擇的項目中，哪一項是最重要且應該進行的？」

> 除非對自己的工作瞭若指掌，否則很難做出讓自己滿意的抉擇。

　　「該如何決定優先順序」是人們經常提出的問題。這個問題源自於需要處理的事情太多、導致壓力產生的經驗。人們明白自己必須做出某些艱難的抉擇，而且有些事情可能根本沒辦法完成。

　　要能在一天結束前不糾結於那些尚未處理完的項目，就必須對自己應負的責任、目標及價值做出明智的決定。這個過程無可避免地會與所屬組織及生命中重要人士的目標、價值、方向有關，也會跟自己與對方的關係而相互影響。只要運用先前已描述過、後面將深度解析的「檢視工作的 6 種專注高度」，就能妥善處理這項準則。

模式 2：判別每日工作的 3 種類別

　　設定優先順序就是假設某些事務比其他事務更加重要，但重要性取決於什麼？在這個情境中，答案就是取決於「工作」，亦即對自己和（或）他人未完成的承諾。接下來就是將另外兩種決策行動的架構植入思維模式的時候了。這兩種模式的目的在於定義工作；然而請記住，雖然此模式絕大部分都與人們在事業上專注的領域有關，但我個人對「工作」（work）的解釋更廣：無論在個人生活或職場上，任何自己想要投注心力以求達成目標的都是「工作」。

　　對現今大多數專業人士來說，日常工作活動的呈現，經常是種新的挑戰，而了解這些挑戰，將非常有助於努力創造出效能最佳的系統。就像先前解釋過的，

人們在上班時都會專注在以下 3 種活動：

- 執行預定義工作（doing predefined work）。
- 處理突發事件（doing work as it shows up）。
- 界定工作（defining your work）。

你可能正在執行行動清單上的事項、處理突然出現在眼前的工作，或是正在加工接收到的資訊，以判斷需要馬上處理或稍後執行，還有必須在清單上採取什麼行動。

其實這些都是常識，但有不少人容易讓自己陷入第 2 種類別（處理計畫外和突發事件），然後讓本來預定要做的工作與界定工作這兩項活動陷入自生自滅的狀態。

將心力投注到當下的緊急需求中，通常比處理收件匣、電子郵件及其他開放式迴路要簡單得多。

假設現在是星期一上午 10 點 26 分，你正在辦公室裡，剛花了 30 分鐘結束一通與潛在客戶的臨時電話，並在通話時寫下 3 頁筆記。大約半小時後，也就是 11 點時預定要召開員工會議。由於昨晚與岳父母（或公婆）在外聚會到很晚，因此現在還有些疲憊，而昨晚你答應要再回覆岳父（或公公）的某件事也尚未處理。剛才助理又將兩個國際快遞包裹放在你桌上，說需要跟你談一下關於 3 個極為迫切的會議需要怎麼處理。兩天後還有個重要的策略計畫會議，但你對自己要發表的內容仍毫無頭緒。早上開車來公司時，發現車子已經快沒油了。此外，稍早在走廊上與老闆擦身而過時，老闆提示希望能在今天下午 3 點會議前，得到你對昨晚他寄來的電子郵件的意見。

你的管理系統是否已經設置好，能在星期一早晨 10 點 26 分充分地支援這種現實情況嗎？若還在用大腦記錄事情，並試圖單純從清單中找出「重要事項」，那麼我想你的答案是否定的。

我發現，人們在處理突發狀況與危機時，會比在進行加工、整理、檢視與評

估等幽微的工作時還要自在。被引誘到「忙碌」或「緊急」模式其實很簡單，尤其當辦公桌上、電子信箱與腦海中有許多尚未加工、甚至稍微失控的工作時更是如此。

事實上，與生活和工作相關的事務大多是突然冒出來的，且通常會立刻成為優先等級。對大多數專業人士（及孩子的家長！）來說確實如此，因為這些人的工作性質要求隨時隨地處理各種型態的新工作。舉例而言，當老闆突然出現並希望能耽誤你幾分鐘時，你就必須將注意力放在對方身上；收到高層長官的要求時，其重要性瞬間高過任何本來需在當天處理的事務；發現大客戶的訂單出現嚴重問題，或是寶寶突然嚴重咳嗽等，當然需要立刻處理，這些都是可以理解的決定。

> 成功就是學會如何處理備選方案。
> ——佚名

然而，當清單上的其他活動沒有被你，或是與其他人共同重新檢視和協調，就會逐漸累積不滿的情緒。清單上的預定義工作經常無法如期執行的情況，只有在**完全了解**有哪些未盡事宜時才能解決；因此，請一定要定期加工收件匣（界定工作），並持續以一致的態度完整檢視包含所有預定義工作的清單。

在這場賽局中，最有效的致勝方式，就是妥善判斷並有意識地選擇處理突發事件，而非預定義工作。但大多數人在如何理清、管理及重新協調累積的專案和行動這方面，都還有很大的進步空間。若是讓自己被危機感困住，而對未處理的工作感到不自在的話，結果就會產生焦慮及煩躁。人們通常都會將壓力及工作效率下降過度怪罪於突發事件；然而，只要清楚了解自己正在做的與未完成的事項，突發狀況也能成為讓人發揮彈性和創造力、追求卓越的好機會。

> 世上沒有所謂的干擾，只有管理不善導致事情打岔。

人們會討厭意外需求或要求的另一個原因，就在於不相信自己的系統和行為能在任何下一步行動、或正在進行的工作上「做記號」，亦即人們知道自己必

須為剛出現的新工作做些什麼，但不相信收件匣裡那張字條能確保自己在適當時間內完成這項工作。因此，人們會放下先前的工作、立刻執行剛被要求處理的項目，但又抱怨自己的生活步調被干擾；然而，世上其實沒有所謂的干擾，只有單純管理出錯的事件罷了。

此外，一旦忽略收件匣及行動清單太久，其中某些事項可能會在之後隨機以緊急狀況的角色出現，導致更多意外突發事件，造成火燒眉毛的窘況。

許多人會藉由必須處理突發事件，來逃避界定工作與管理清單的責任。人們很容易就被其實不太急迫、卻近在眼前的事務所蠱惑，特別是在收件匣及個人整理系統失控的時候。「隨興地管理」通常只是想逃離一堆尚未整理的雜事的藉口罷了。

不過，這也是**需要「搞定」模式**的念頭真正萌芽的時刻。大多數人其實都並非在強制要求劃定工作界線、管理大量開放式迴路的世界中成長；然而，一旦發展出能迅速將事務加工成嚴謹系統的技能和習慣時，就能更信任自己對於該做什麼、該停止進行什麼並改為做什麼的判斷。

永保平衡的方式

一旦達到專家等級，就能以迅如閃電的速度遊走於不同的事務之間。舉例來說，當在加工收件匣時，助理突然走進來告知一件需要立刻關注的狀況——別緊張，收件匣和電子信箱都還在，裡面需要加工的事項會乖乖待在那裡，等你回來繼續處理；當電話會議冗長無止盡時，可以一邊檢視行動清單並決定講完電話後要做什麼；當寶寶在客廳亂爬，而你正對工作保持高度警戒、準備應付任何異常狀態時，可以處理「用電腦清單」

> 若是對突發事件置之不理（即使真的可能做到），就意味著放棄了生命中的機會、自發性以及組成「人生」的豐富時刻。
>
> ——史蒂芬・柯維

中簡單的上網查詢資料；等待會議開始前，可以完成隨身攜帶的「閱讀／檢視」項目；而當跟老闆臨時會談與下一場會議間只剩 12 分鐘的空檔時，也能輕易找到妥善運用零碎時間的方法。

人們一次只能做一件事。若是停下腳步、與某人在辦公室談話，就無法同時執行清單上事項，或加工接收到的雜事；對自己做出的決定充滿自信，是最困難的挑戰。

所以，該如何做出決定呢？在此同樣需要用到直覺判斷的能力——比起其他工作，這項突發項目的重要程度多高？能暫時不去加工收件匣、不檢視雜事多久，也相信自己處理事務的判斷是正確的？

人們時常抱怨那些干擾因素會阻礙工作過程，但人生中無法避免這些干擾的發生。一旦熟悉如何調度接收到的事項，並藉由適當的整理系統、妥善利用零碎時間，就能從其中一項任務迅速轉換到另一項，可以一邊等候電話會議、一邊加工電子郵件。已有研究證實，人們無法真正達到「多工處理」的狀態，亦即無法在同一時間將全部的專注力投入到兩件以上的事情；若嘗試這麼做，將會大幅降低成效。如果把所有事務都**只**存在大腦，就表示正在試圖進行多工處理，這不僅在心理上無法達成，也是許多人的壓力來源。但是，若建立可先暫存未完成事項的機制，專注力便能從某個項目完全轉換到另一個項目、然後再換回來；就好比一位武術大師看似**同時**一個打 10 個，實際上只是轉移專注力的速度非常快罷了。

> 若要立即處理突發事件，絕不是因為那麼做最恰當順心，而是因為與其他事務相比，那是最需要完成的事情。

即便你在捕捉及暫存事務的領域中已是位黑帶高手，還是必須學習該如何在諸多事項中做出迅速且適當的抉擇，並與自己的工作性質和目標一致，好讓工作流程保持在穩健、平衡的狀態。

處理突發狀況的能力不但是種競爭優勢，更是思慮清晰與維持生活水準的關

鍵。但是，若在某個時間點沒有追上進度與控管好未盡承諾，卻不斷用手邊的工作讓自己保持忙碌的話，只會降低成效而已。說到底，要了解是否該放下當前事務並執行其他項目，必須充分了解自己該扮演的角色，以及與大環境間的關聯；在不同的「高度」（horizon）中妥善評估生活與工作，就是通往這個境界的不二法門。

模式 3：檢視工作的 6 種專注高度

你可以用高度（就是建築樓層的概念）來思考第 2 章（第 92 頁）討論到的 6 個工作層級：

- 第 5 層高度（horizon 5）：人生目的與原則。
- 第 4 層高度（horizon 4）：願景。
- 第 3 層高度（horizon 3）：年度目標。
- 第 2 層高度（horizon 2）：專注及責任範圍。
- 第 1 層高度（horizon 1）：現行專案。
- 地面層（ground）：現行行動。

每一層高度都應該要能提升上一層的價值並與其步調一致。換言之，優先順序應該由上往下排列。歸根結柢來說，若應該撥出的電話與個人生命意義或價值相衝突時，為了與自我調諧就不該打這通電話。假如工作結構與自己在一年後希望達到的位置相符、若想以最有效率的方式來實現目標，就應該重新考慮如何架構自己的專注領域及所扮演的角色。

現在用「由下往上」的方式探討第一個範例。你需要打的電話（行動）與一筆正在處理的生意（專案）有關，這筆特定交易將提升銷售業績（責任），並帶給你在業務部升遷的可能性（年度目標），因為公司正在嘗試拓展新市場（組織願景）；無論是財務或職涯層面，都能讓你更接近自己渴望的生活（人生目

的）。另一方面，從相反的角度來看，你做出了「希望能自己當老闆」的決定，並開拓了某個特定領域中的獨特資產及才能，與自我產生和諧的共鳴（人生目的）。

> 你的職責就是發現自己該做的事，並投入所有心力來完成。
>
> ——佛祖

因此，你參與了一間公司的創立（願景），設定某些短期與長期的重要營運目標（目標）。為了讓公司順利運作，便產生了許多需要好好扮演的關鍵角色（責任範圍），以及一些必須立刻達成的結果（專案）；而每項專案中都包含了許多一有時間就要立即進行的事（下一步行動）。

管理所有高度維持在平衡狀態，就是達到放鬆掌控與振奮人心的工作效率最穩健的方式。無論在哪一層高度，都必須盡全力辨識出當下所有的開放式迴路、未完成事項和承諾。不管有意識或無意識，這些事務皆來自於內心對自我的催促及拉扯；若沒有確實接受、客觀評估眼前事項是否真的該做，並相信自己能切實管理自己創造的世界，那在邁向新局面時永遠都會舉步維艱。你的電子信箱中有什麼？哪些專案必須開始動作或和孩子一起進行？哪些東西在下個月或數年間將迫使你改變，抑或是啟發你的創造力？這些都是大腦中的開放式迴路；要辨識出較遠大的目標和更細微的志向，通常需要更多、更深入的自我省思。

活在當下是件很神奇的事。透澈觀察眼前發生的事與其真相能帶來的強大力量，往往讓我感到非常驚訝。發現自身財務的確切細節、理清正在購併的公司情況，或甚至在一場人際關係紛擾中，釐清誰到底對誰說了什麼……。這些真相都很有建設性，或許並非必要，卻能讓人感到極度療癒。

> 邁向成功的最佳狀態，就是立足於自己現在的位置，並妥善使用現有資源。
>
> ——查爾斯·舒瓦伯

搞定一切，同時在過程中感到喜悅，代表你願意去辨識、認可，以及在意識

生態系統中適度執行、處理所有事務；這就是精通無壓力提升工作效率的藝術。

由下往上進行

　　要在生命中創造出高效的一貫性，可以由上至下進行一次理清步驟。決定自己為何出生在這個世界上；找出什麼樣的人生、工作及生活才能讓自己以最佳方式實現存在的目的；什麼樣的工作和人際關係才能支援這個方向？目前必須完成、實現什麼關鍵事務，自己又能盡快採取什麼實際作為來啟動每件事？

> 無論置身任何層級，人們從來不缺釐清優先順序的機會。所以請先聚焦於正在呼喚你關注的那層高度吧！

　　事實上，人們可以隨時從任何高度開始探討自己的優先順序。我個人一直以來都擁有許多能有建設性地進行、增進每層高度的意識及專注力的項目。我從不缺乏能詳加闡述的願景、需重新評估的目標、需辨識或創造的專案，或需要做決定的行動。秘訣就在於學習如何將專注力在適當時間放在需處理的事務上，以便頭腦清晰、活在當下地執行任何事項。

　　由於每件事最終都會被上層高度所驅動，因此在排列優先順序時，最有效率的方式就是從最上層開始安排。舉例來說，若花了大把時間整理工作的優先順序，卻發現那並非當下必須進行的項目，可能就會白白耗費許多本來可以用於界定下一項真正想做的工作的時間和精力了。問題是，若在地面層與第 1 層高度（現行行動及現行專案）已缺乏實質掌控，也不相信自己有能力妥善管理這些不同高度的層次，通常試著由上往下管理會導致更多挫折。

> 當地面層已經失控時，試圖由上往下管理，可能是「效果最差」的方法。

　　從現實的角度來看，我建議「由下往上」管理這些高度比較合適。兩種管理方向我都指導過，而以長遠的價值來看，老實說，讓人先順利掌控當前現況中的

小細節，再從那裡慢慢往上聚焦——這個方法還沒失敗過。

建議**由下往上**工作的主要原因，在於這個方向能讓人在一開始時就清空大腦，讓人能有效發揮創造力專注在更有意義、也更難以捉摸的願景上，否則光是辨認出這些願景可能就是個大挑戰。此外，這個方法有很高的彈性和自由度，不論將專注力置於何處，都具有普遍適用且能非常有效落實思考與整理的方式。無論此時此刻正在處理什麼內容，這個方法都非常值得學習。只要轉個念，這個步驟將會以最快的速度協助人們做出調整。重置願景或目標無需花費任何時間，但學習透過外部工具來流暢地管理、協調且無壓力地執行，則是一種需要練習的藝術。了解自己擁有這種能力，將帶來邁向更高境界的金鑰，這是個自我強化的過程。

> 人們在處理占據注意力的事情時，能發現「真正」應該占據注意力的事情。

多年來的經驗讓我學到，最該處理的要事就是最常出現在腦海中的事。儘管同時產生「此事不該出現在腦海裡」的念頭也沒關係，因為這件事確實一直縈繞在你心裡，其出現必有原因。在某些理論中，「購買貓飼料」的優先順序肯定排名不高，但若這就是此刻不斷擾亂心神的來源，那使用某些方法來處理這件事就是第一要務。一旦解決占據專注力的諸多小事就能獲得解脫，進而注意到什麼才是**真正**占據專注力的大事；處理完該事項後，便能再注意到更高層次的項目，依此類推。

在我輔導過的高階主管中，幾乎所有人都曾被管理包含電子郵件、會議、旅行、逐漸脫軌的專案等瑣碎的工作細節所擊垮。當他們逐漸能掌控一切，注意力就毫無例外地轉向樓層更高的專注領域與興趣，如家庭、職業生涯與生活品質等。因此，別再煩惱該優先處理生活中的哪個高度或內容了，直接著手於當下的事務吧！這樣能更有效發覺並處理對自身來說最真實、最有意義的事 4。

---

4 這很可能是某些人之所以抗拒接受及實行「搞定」模式的原因之一。因為有時面對與處理浮上檯面的高樓層議題並非愉快的事。矛盾的是，有時處於忙碌及被壓垮的狀態，反而是短時間內維持安逸的有效方式。

雖然第 5 層高度（人生目的與原則）是考量優先順序時最重要的情境，但根據過去經驗，當人們了解**每個**層級中（特別是地面層與第 1 層高度）所專注的工作時，將能獲得更大的自由與更多資源來完成更高樓層的重要工作。若船快要沉了，誰會在乎船頭指向哪端！雖然由下往上的方式在概念上並非最好的排序方式，但從實際的觀點來看，要達到平衡、高效且舒適的人生，這種方式絕對有其必要。

地面層：首先，請確定所有行動清單都已完整，這件事本身可能就必須花費不少心力才能完成。當人們專注於用外部工具收集事務時，往往會發現許多自己本來遺漏、錯置或根本沒辨識出來（且通常很重要）的事項。

除了行事曆之外，若手邊沒有至少 50 件下一步行動及等待中行動（包含所有針對會議與不同對象準備的議程），我會懷疑你是否真的已經**全部**收集完畢。如果有確實、謹慎地跟著第 2 篇的步驟和建議做，那可能真的收集完了；但若沒有，又希望能將地面層更新至最新狀態，就請花些時間徹底實行第 4 章至第 6 章的指引。

一旦更新並掌控這個層級後，自然而然會產生更踏實的感受，了解即時的優先順序；倘若沒有經過此過程，幾乎不可能達到這個境界。

第 1 層高度：完成專案清單。這張清單有確實捕捉到所有需要兩個以上行動才能完成的各項承諾嗎？此過程將會界定你身處的、以每週為單位運轉的世界，讓你擁有更長的時間來放鬆思維。

列出一張涵蓋所有希望發生在生命中的事件的完整清單，致力於此高度就會發現，有許多需採取的行動是先前從未想過的。單單建立這張目標清單，就可以為「若有時間的話該做些什麼」的決策過程，帶來更切實、更可靠的基礎。人們在更新專案清單時，一定會發現有好幾個項目其實可以當下直接進行，好讓

將目前工作中所有層級的項目詳列清單，便能自動帶來更強大的專注力、一致性以及對事物優先順序的判斷力。

自己在乎的事得以向前邁進。

擁有像這樣定義完整、可隨時存取且內容清晰客觀的資訊的人，可說是少之又少；但在與他人討論需要完成的任何事情之前，手邊一定要有這類資訊。再次重申，只要實際練習運用「搞定」模式，專案清單就會出現在正確、適當的地方。我們所輔導過的大多數人，在能全然信任收納清單的完整性前，都需要花 10～20 小時進行捕捉、理清與整理的步驟。

此外，若想達到「心境如水」的最高境界（除了眼前的事務，心中毫無雜念），第 1 層高度似乎蘊藏了最多有趣的挑戰。每個人的生活中總是會有許多困擾我們、讓我們感興趣或是干擾我們的情況與場合，這時很可能無法即時了解該如何專注於當下。例如兒子與數學老師起了糾紛；對公司必須花很長一段時間來實施某些程序感到煩悶；對募款委員會的經營者有些意見；不斷想到應該重新燃起自己對油畫的興趣等。想讓這些細微的紛擾安靜下來，就必須辨識出每件事客觀的結果（也就是專案），並將相應的下一步行動放入信任的系統中。能在這個高度中，以一貫的、無壓力產生工作效率的態度執行工作，就是成功征服「搞定」模式的象徵。

第 2 層高度：為「現行工作職責」與「維持適宜生活水準」的高度。自己扮演了什麼角色、需要做些什麼？職業方面，此高度探討的是目前的職位和職責；而在個人方面，則包含了在家庭、社區和自我中承擔的各種責任範圍。

你可能已經辨識出、也寫下一些需扮演的角色與內容了。若你近期內剛接任某個新職位、剛簽下關於個人責任歸屬的合約，就是一個好的開始。此外，若曾經完成任何設定個人目標與理清價值觀的練習，且還保留著那時創造出來的材料的話，請將這些資料加到系統裡。

> 如果連自己的工作範疇都無法確認，就會總是覺得被工作淹沒。

接下來，我建議製作一張名為「專注領域」的清單並妥善保管。若想將這張清單細分為「工作」及「私人」子清單的話，請確保自己會用相同心力檢視這兩

份內容，以維持檢閱過程的一致性。這是自我管理領域中最實用的檢查表之一，且無需像專案清單一樣每週重新調整內容；相反的，這張清單將反映出更長期的狀態。依據個人在重要生活及工作領域中的變動程度與速度，這張檢查表可作為（每 1～3 個月）開發潛在新專案的觸發工具。

人們在工作領域中，可能有 4～6 個關鍵責任領域，個人生活的情況通常也相去無幾。你的工作或許包含了員工發展、系統設計、長期規畫、行政支援、客服及行銷，抑或是對各項設施的責任權限、進行程度、品質控管與資產管理等；若是自己創業，則需要專注的領域將會比擔任大型機構的專業職務還多。此外，其他時間的專注領域可能包含教養子女、人生伴侶、心靈社群、健康、志工、家庭管理、個人理財、自我成長、創造力表達等，而每項特定領域都能再細分為實用的子分類；例如「教養子女」可能產生關於每個孩子的專屬清單，「行銷」則囊括了「方案設計」、「研究」及「社群媒體」等。

界定專注領域的具體目的在於，確保人們能完整定義出所有專案及下一步行動，進而妥善管理各項責任。製作一張紀錄表、根據目前正在進行與預期達成程度來客觀評估每項事務，絕對會發掘出需要加入專案清單的新專案。人們在檢視清單的過程中，可能會判斷出哪些是運行良好的領域，也會發現某些事項已經困擾或吸引自己一段時間了，應建立一個新專案來好好解決這些事項。「專注領域」其實就是一種更抽象、更細膩的備忘提示清單。

我在過去 30 年間指導過的每個人，都曾經在此高度發現至少 2～3 個重要缺口。舉例來說，經理或高層主管共有的角色就是「員工」。在回顧的階段中，大多數人都會發覺自己需要在此領域增加 1～2 個專案，例如「升級辦公室輔助流程」、「研究是否該雇用一位主管」或「提升績效考核程序」；而在省思個人領域的各項職責時，他們常會想到像是「搜尋瑜伽課程」、「為孩子計畫暑期活動」之類的專案。

探討優先順序時，必須涵蓋所有自己在此高度中對他人做出的現行承諾。只

要妥善運用、定期更新這張工作領域中的「職務內容」清單，就能比大多數人都更加放鬆、又具有掌控力。事實上，很少有人只需做當初被雇去執行的事項，因此必須定期更新內容，才能清楚掌握全新的、正在改變的期望。同樣的，很少有人能一貫而客觀地掌控好（包含家庭、興趣或財務等）所有維持生活平衡的重要領域，並願意改善其中缺口。一旦必須即時做出「該做些什麼」的抉擇時，從這些高度來駕馭思維模式和系統，將能大幅提升對自我選擇的信心。

第 3 ～ 5 層高度：相對於與現行狀態較相關的 3 個較低層高度（行動、專案及責任領域），第 3 層以上的高度主要在探討未來因素、個人方向和意向。在這些高階領域中仍然需要製作清單（特別是在最上層高度，即「人生目的與原則」，代表了持續監測與修正活動和行為的各式標準），但重點在於「根據已立定的目標來看，眼前有哪些方面是對的、該怎麼做才能達成目的？」此範圍可囊括工作領域中的年度目標（第 3 層高度）、職業生涯與個人的 3 年願景（第 4 層高度），以及意會到人生目的與發揮最大限度的方式（第 5 層高度）。

> 當人們無法確定前進的方向，或什麼對自己才是最重要的時，就永遠不懂得適可而止。

在此會綜合討論第 3 ～ 5 層高度，因為大多數狀況都無法輕易歸納為單一類別；同時，由於「搞定」模式的立意在於實踐的藝術，而非僅止於如何定義目標和願景，因此本書不會對此要求過於嚴苛。但光是透過討論本身，很可能就會觸及一些較為深層、複雜的領域，包含商業經營策略、組織發展、職涯規畫，與人生方向與價值等。

為此，重點將聚焦在當前實際環境中，有哪些值得捕捉的激勵指標，這能判定現行工作清單的具體內容（某些激勵指標可能源自於層級更高的承諾及目的）；而無論是否應更改或適度理清方向和目標，更深層的思考、分析和直

> 選擇的戰場應當要大到能有所作為，同時又小到能便於取勝。
>
> ——強納森・寇佐

覺，都應另外進行討論。即便如此，只要能當下辨識出某些特定事項，就可以幫助自己更新有關工作及其重要性的思維內容。

若打算以直覺畫出一幅自己在 12 ～ 18 個月後可能正在做的事，或是屆時所擔任的職務性質，會觸發哪些事呢？在這些更微妙的層級中，人們或許必須放棄某些個人項目，或需要發展某種人際關係或系統以迎接過渡期。同時，基於當今職場生態的快速變遷，職務本身就是一種會變化的目標，因此或許也需要訂出新的專案以確保自己在工作領域中有所產出的可行性。

而在個人領域方面，則需要考慮例如「若不向老闆（或老闆的老闆）強烈表達自己的目標，那我的職業生涯就會停滯不前了」或「孩子未來幾年將進行哪些新事務，而我又該因而做出哪些改變？」抑或是「我該做些什麼準備，才能確保自己妥善處理剛發現的健康問題？」

以更長遠的角度來好好評估這些問題：職涯發展的狀況如何？個人生活狀態呢？面對環境變遷，所屬組織採取了什麼作為，而這又對你產生什麼影響？這些問題的層次都屬於 1 ～ 5 年、較長期的高度，而當我詢問這些問題時，每個人都會給出相異卻同等重要的答案。

我曾輔導過一位在大型國際銀行工作的人，在實踐本模式好幾個月、得以掌控每日工作清單後，便認為時機成熟，決定立即展開高科技新創公司的個人事業。剛開始由於他太過懼怕，以至於無法面對自己的這個想法；但從地面層努力往上邁進的方式，讓他更容易面對這項議題，從而自然地在這個高度進行思考。我最近才聽說，他已在此新事業領域中非常成功。

若是正在進行任何將持續超過一年的項目（如：婚姻、孩子、職業、公司、藝術或終身興趣等），思考一下在此面向該做些什麼才能妥善管理事務，將帶來極大好處。

以下是一些可以問問自己的問題：

• 公司或組織的長期目標和目的為何，我該進行哪些相關專案以履行責任？

- 我為自己設定了哪些長期目標和目的，又必須進行哪些專案才能達成？

- 哪些重要事項正在發生，而且可能影響有關現行事項的選擇？

再次強調，我並非特別鼓勵人們設定新的目標或提升個人標準，而是將人們的專注力引導至當前現實環境中本來就可能發生的情形。無論這些情況以明顯或幽微的方式現身，妥善面對並處理這些事務，對清空大腦來說至關重要。

以下舉出幾個在這幾層高度中可能出現的議題：

1. 由於公司業務重點變更，導致你的工作性質跟著有所改變。

你必須將公司內部培訓計畫外包給供應商處理，而非親自管理。

2. 覺得自己應該轉換職涯方向。

你希望在一年後做不同的工作，也需要在探索轉職或升職可能性時，安排一段過渡期。

3. 全球化及其擴張對公司方向的影響。

你認為自己在不久後會需要時常出差到國外，而根據自己偏好的生活模式，你需要好好考慮該如何調整職涯規畫。

4. 生活風格偏好及需求的轉變。

隨著孩子日漸長大，你必須待在家裡照顧他們的時間逐漸減少，同時對於投資與退休計畫的興趣也日益增加。

在最高層高度的思考模式中，需要詢問自己的終極問題是：公司的存在目的為何？自己的存在目的為何？無論是自己或公司，推動選擇的核心關鍵是什麼？滿坑滿谷的書籍、諸多鼎鼎有名的大師，還有數不盡的商業或生活模式，都是為了幫助人們考量這些大方向的議題。

為什麼？因為這是個總是令人感到掙扎的問題。

人們可以井然有序、定義並整理好生活和工作的各個層面；但只要稍稍偏離內心最深層渴望的、呼喚自己去做的項目，都會令人感覺不舒服。

擺脫優先順序的思維

現在花幾分鐘，隨興寫下一些閱讀本章時想到的事情吧！不論在內心深處較高的高度中想到了什麼，都好好寫下來並從腦海中清除。

接著，加工剛剛寫下的筆記，決定這些是否真的是自己想做的事；若答案為否定的，就丟掉這張筆記、或放入「將來／也許」清單，抑或是收進名為「或許某天會想實現的夢想與目標」資料夾裡。請持續累積這些未來導向的思維，並以更正式的方式進行練習；像是與合夥人一起規畫全新的商業計畫、設計並寫下想跟伴侶一起過的夢想生活、為自己創造出有關未來 3 年間更詳細的職涯規畫，或單純諮詢一位私人教練，讓對方帶領你走過這個探討及思考的過程。然後，請將結果放入專案清單，並決定所需採取的下一步行動；接著，選擇要立即執行、委派他人，或是將行動備忘提示放到適當的清單裡。

> 「持平」的狀態表示，既不會太快就一頭栽入，亦不會行動過於緩慢。持平並不表示怠惰、洋洋自得或消極被動，而是在能採取更多行動前，先允許新資訊和機會出現的沉著心態。當人們處於持平狀態時，感受度和直覺力都會提升。持平，就是創造嶄新可能性的溫床。
>
> ——杜克・齊德瑞

完成後，你或許會想把專注力轉向已辨識出來、但尚未定義完成的特定專案，然後進行發展性的策略思考；屆時請確保自己已經準備好進入這種縱向加工的步驟了。

第 10 章

掌控專案滴水不漏

第 4 ～ 9 章提供了清空大腦與以直覺選擇「該何時採取什麼行動」的秘訣與方法。這些都屬於橫向層次，亦即在人生橫幅中需要花費注意力與行動力的事務；而縱向層次就是拼出下一片拼圖——努力向下挖掘與發揮天馬行空的想像力，為創造力帶來加乘效果。人們或許已經確實理清了參與的專案、預期結果及其所需的下一步行動，但有時又會覺得，自己需要運用更有創意的思考邏輯和更細膩的發展步驟，來提升自己與這些事務間的連結。

這讓我們再次回到精煉專案計畫、使其充滿活力的程序。

隨興計畫的需求

根據指導上千位專業人士的多年經驗，我確定幾乎所有人都需要以一種更隨興、更頻繁的方式建立更多關於專案和人生的計畫；這能讓人釋放許多心理壓力，而且只要發揮最低限度的努力，就可以創造出大量充滿創造力的結果。

> 任何成功專案進行到一半時，看起來都像是場災難。
>
> ——羅莎貝斯・莫斯・坎特

人們不盡然需要專案管理專家會用到的高精密、複雜的專案整理技巧（如甘

特圖），才能創造最佳的改善機會。需要這些技巧的人大多已具備這種技能、或至少有管道可接觸到學習這些技巧所需的訓練課程與軟體。人們真正需要的是「商業模式」，只要捕捉及運用已有的事物，就能更加積極、更有創造力。

人們之所以缺乏這種充滿附加價值的有力思維，主因在於缺少可用來管理無限細節的簡易架構系統，這也是為什麼我建議使用「由下往上」的方式。若感到當前未完成的可行動事項已然失控，人們就會下意識產生抵抗心態、拒絕專注於做計畫。一旦開始實踐這些方法，就會發現釋放出了大量空間，進而產生許多充滿創造力與建設性的思維；只要自己的系統和習慣已準備好將想法提升到更高的境界，工作效率就能以倍數成長。

> 請先設置好系統及各種小訣竅，才能更常、更容易與更深入地思考各項專案和現況。

第 3 章詳細說明了做專案計畫的 5 個階段，這些階段能將一件事從單純的想法，逐漸實現成真。接下來，本章將匯集部分實用秘訣和技巧，以促進我相當推崇的隨興（自然）計畫模式。雖然這些建議都是以常識為基礎，但大多數人並未經常使用。請在隨時、經常運用這些技巧，而不是等到大型正式會議時才開始思考。

該計畫哪些專案？

面對專案清單時，除了為得出下一步行動而需在腦中迅速、自然地做出分類外，大多數人都無需對專案做任何事前計畫。舉例來說，面對「把車開去維修廠」這項專案時，唯一需做的計畫應該就是上網查看最近的維修廠地點，並設定好維修時間。

但是，有兩種專案值得花些時間來做計畫：(1) 即便是判斷出下一步行動也仍然占據專注力的專案，以及 (2) 具有潛在用處的想法和專案支援細節突然冒出

來的專案。

第 1 種：與單純辨識出下一步行動相比，這些專案包含了必須額外做決定及妥善整理的因素，所以需要採取更細膩的途徑。在處理這些專案時，必須更確實運用自然計畫模式的前 4 個階段：定義目標與原則、想像預期結果的畫面、腦力激盪和（或）整理。

第 2 種：在沙灘上度假、開車或正在開會時，若腦中突然浮現有關特定專案的想法，便需要一個可以捕捉與存放的適當空間，而且可以安心存放到需要用到這些念頭時為止，不用擔心會遺失或找不到。

下一步行動為「做計畫」的專案

你可能會馬上想到好幾個希望能更具體、更充實及更妥善掌控的專案。或許你即將參與一場重要會議，因此必須準備好議程及各種資料；或是剛從別人手中接下一份協調聯營公司年度會議的工作，必須盡快整理好，以便開始委派重要細節事項；或是需要好好思考、計畫該如何跟家人一起過節。若尚未完成此步驟，請立刻決定下一步行動來為個別專案開始做計畫，並將行動備忘提示放入適當的清單；接著就可以實際著手做計畫了。

典型的計畫步驟

最典型的計畫導向行動就是個人腦力激盪、整理、安排會議及收集資訊。

腦力激盪：有些占據注意力的專案必須以自由形態的方式思考，特別是在決策時尚未確認下一步行動的專案。這些專案都應該要有下一步行動，例如「擬定關於 X 的想法」。

在考慮該將此行動放入何種行動清單時，必須決定好要在何時、如何進行該行動。這樣的思維應該用電腦處理，還是用紙筆寫下來呢？我個人可能會根據當

下的直覺，選擇其中一種；因此，這個下一步行動可能會放到我的「用電腦」清單或「任何地點」清單（因為我只要有紙筆，不管在哪裡都可以畫出心智圖或是速寫筆記）。

　　整理：你可能已經為某些專案收集了資料及各式各樣的支援資料，現在只需要將這些資訊整理好，轉化為更有架構的形式即可。這種情況下的下一步行動，可能會是「整理 X 專案的資料」；若只能在辦公室進行（因為資料都放在辦公室，不方便帶著到處跑），就應該放到「在辦公室」行動清單中；而若資料是放在檔案夾中隨身攜帶、收入某種數位裝置或手寫，那「整理 X 專案的資料」行動就要放到「任何地點」清單；反之，使用文書處理軟體、靈感記錄 APP、簡報、心智圖或專案計畫軟體的話，就要放入「用電腦」清單。

　　安排會議：思考、計畫專案的下一個動作，往往是需要安排跟自己想納入腦力激盪和（或）決策過程的人開會討論；這通常代表要寄電子郵件給整個團隊，或是通知助理邀請對方將行程列入行事曆，或用電話聯絡主要相關人員，以確定日期和時間。

> 組織（及家庭）工作效率的最大障礙之一，便是缺少一位主事者來決定是否需要開會以及跟誰開會，好讓事情得以推進。

　　收集資訊：有時構思專案的下一項任務，便是收集更多資料。例如：必須和某人再談談以了解對方的看法（「打給比爾問他對經理人會議的想法」）、需要仔細檢視剛剛拿到的會議資料（「檢閱聯營公司年度會議資訊」），或是上網搜尋自己正試圖了解的新主題，以對「外界」情況有些概念（「搜尋大學獎學基金」）等。

隨機的專案思維

　　千萬別漏掉任何可能對專案有幫助的想法。人們很多時候會在與專案毫無關

聯的地方，想到某些怎樣也不想忘掉的想法。例如，開車前往商店的路上，突然想到可用於下次員工會議的絕妙開場方式；在廚房攪拌義大利麵醬時，想到下一次會議時，或許能將精美的托特包當成禮物送給與會者；或是在看晚間新聞時，突然想起某位關鍵人物，希望能邀他參與自己籌備中的顧問委員會。

若這些靈感不是能直接收入行動清單中的下一步行動，就仍需捕捉到適當的地方並進行妥善整理。收集系統（包含收件匣、紙筆或智慧型手機）就是能確保人們不會遺漏任何事的最重要工具。在決定該如何處理前，請務必妥善保留所有想法。

支援專案思維的工具與架構

無論專案想法是在哪個層級出現，手邊最好都要有可以立刻捕捉想法的工具；而在成功捕捉之後，若擁有能隨時存取的工具則會更有幫助。

思考工具

產生靈感與提升工作效率的重要秘訣之一，便是利用「以形式帶動能力」的現象：絕佳的工具往往能啟發絕妙的點子。（像我只是在摸索一個捕捉資訊方式很有趣的 APP，就產生某些能帶來高工作效率的想法。）

> 運氣影響萬物。因此在你認為最不可能有魚的小溪中，永遠也要拋垂好你的魚鉤。
>
> ——奧維

若沒有寫下任何東西或將之存入數位裝置，要持續專注在某件事上、儘管只是短短幾分鐘都很艱難，尤其獨自一人時更是如此。然而，只要運用具體工具來鞏固、儲存思考內容，就可以長時間維持有建設性的專注力。

書寫工具

請在身邊隨時準備著好用的書寫工具，讓自己永遠都不會因為缺乏捕捉工具而下意識地抗拒思考。我自己若沒有能拿來書寫、傳訊息或打字的工具，便會對思考專案與狀況的細節步驟感到不太舒服；相反的，有時我只是想用用那枝感覺很棒、書寫流暢的鋼筆或原子筆，卻因此完成許多絕佳的想法和計畫！或許你不會跟我一樣，被很酷的裝備所啟發，但為了你自己好，請花點錢投資在品質優良的書寫工具上吧！

運作功能往往是透過外在形式而來。只要給自己一個情境來捕捉思維，就能得到自己從來不知道曾擁有過的想法。

此外，我也建議在每個可能會想做些筆記的場所，放置一些好寫的筆，像是辦公桌上、廚房、公事包、書包、皮包以及後背包裡等。

紙張和便條本

除了書寫工具外，手邊也要隨時備有具同等功能的工具：紙張或便條本。比起線裝的筆記本，便條紙通常更好用，因為你可以隨時將記有想法和筆記的紙張撕下來，（在有時間進行妥善加工前）將之放到收件匣中。此外，人們也發現，將某些早期隨筆畫畫的心智圖或資料保存在適當的資料夾中（以原稿或掃描檔），是很有意義的行為；因為手寫的筆跡裡，經常蘊藏了豐富的、日後證實含有珍貴價值的情境記憶。

離你最近的便條本在哪兒？把它再拉近一點。

畫架和白板

如果有足夠的空間，白板和（或）畫架有時能成為非常有效的思考工具。因為白板跟畫架不僅能提供許多書寫想法的空間，在試圖孵化某項議題時，將之持

續擺在眼前一陣子也很有用。在辦公室牆上及會議室中放置白板的功效良多，而且尺寸越大越好；有些公司甚至把整面牆都設計成可擦拭的書寫空間，以促進腦力激盪和視覺傳達效果。對有孩子的人來說，我建議可以在孩子房間放置一面白板（要是我在成長過程中，也能被鼓勵盡可能保留靈感的話就好了！），並確保手邊準備了許多新的麥克筆，因為不好用的書寫工具往往是迅速湮滅創造力思維的最大元凶。

> 在我還沒聽到自己說出來前，怎麼會知道自己在想什麼？
>
> —— E.M. 福斯特

　　無論何時，只要有兩人以上聚集開會的情況，就應該要有人在其他人都看得到的地方開始書寫。就算幾分鐘後就會擦去這些想法，但光是「寫下來」的過程，就能促進具有建設性的思考，甚至比任何方式都還有效。我發現，若是剛好在餐廳，手邊沒有自己的便條本或紙張時，儘管是用紙桌巾、餐墊或餐巾紙隨興畫出圖表和筆記，也能產生極大的幫助。

運用數位工具來思考

　　很多時候，我喜歡用筆電（偶爾也會用平板）中的文書處理、心智圖、大綱軟體（outliner）、簡報或電子表單程式來思考。這種思考過程能帶來驚為天人的效果，讓我不僅想到許多渴望進行的事項，也能以特定的數位形式保存這些思緒，以待後續編輯、剪貼到其他應用程式。只要一開機、面對螢幕，我就會自動自發開始思考；此外，這也是另一個需有良好的打字技巧的好理由：儘管不是多有趣，至少也能讓人專心使用電腦。

　　正如大型白板能激發更多創意連結、拓展思維幅度，尺寸較大及額外的電腦螢幕也具有類似功能。隨著世界迅速走向數位化和行動化，人們及手邊那些越來越小的裝置，也經歷了一場結合性能與效率的巨大變革。然而，我建議將智慧型手機及其他類似裝置的價值發揮在執行「思考的**結果**」，而非產生創造力思維的

過程 [1]；因此空間越大越好。

支援架構

除了在手邊放置實用的工具，採用容易存取的方式來捕捉專案思維也是很有效的方法。就如同手邊有好寫的紙筆能夠支援腦力激盪一樣，擁有好的工具和地點來整理專案細節，也能促進許多專案所需的線性計畫。

能隨時建立的檔案夾或活頁筆記

手邊有個好用的一般性參考資料歸檔系統，不僅對管理日常工作流程來說非常重要，更能為專案思維帶來高度成效。專案通常都會受到相關數據、筆記和各類型資料所觸發、進而萌芽，因此，人們必須在有需求的時候，立刻為某項主題建立新的專屬檔案夾。倘若歸檔系統過於正式（或是根本沒有這個系統），則許多專案便可能會失去及早聚焦的機會。一旦第一次會議結束、產生了關於某項新主題的初始筆記時，就該即時建立專屬檔案夾來存放這些資料（想當然耳，這步驟會在已想到任何下一步行動之後才進行）。

> 如果缺乏一個良好的系統來存放糟糕的點子，那大概也就無法保存好點子了。

我在輔導客戶時發現，光是為一個題材建立檔案夾，以便整理零散的筆記和具備潛在關聯性的材料，就能讓客戶大幅提升自我掌控力；這是一種能讓人在實際上、視覺上及心靈上都獲得更大控制力的方式。

如果喜歡使用活頁筆記本或記事本，在手邊保留一疊全新的筆記紙張或方格

---

1 智慧型手機中，相機功能的絕妙用途之一，就是將白板及畫架上思考結果的資料拍成照片，以便在清除後能繼續用於腦力激盪，也可以將成果傳給與會者，讓人們自由利用其資訊。

紙，讓自己能在新題材或專案出現的當下隨時記錄，是一種很有效的方法。雖然某些專案日後可能需要用到很多張紙、很多頁、甚至是整本筆記本，但一開始通常只會用到一點篇幅而已；大多數專案可能只需要 1 ～ 2 頁來保存幾個需要追蹤的想法就夠了。

紙本與數位

對於越來越依賴數位化的人來說，消滅所有紙本文件可能是個非常誘人的想法。理論上這並不是個大問題，因為市面上已經有許多數位化筆記、掃描及辨識文字的工具；但實際上對大多數人來說，紙張還是提供了極高的價值。手寫筆記並不會就此輕易消失，其中一個重要原因就是，世界上有許多通用的書寫工具和圖示象徵。人們在使用不同工具時也會傾向以不同的方式思考，而不少人認為，手寫與手繪能開啟更廣闊的思維。

此外，比起電腦螢幕畫面，紙本材料更能讓人隨時隨地聯想到各種資訊、關係及觀點。我個人認識許多重返紙本記事本行列的電腦達人，因為紙本讓他們能更方便調整自身想法與各種備忘提示。很多時候，我會將關於某人、某項專案或議題的文件列印出來，讓自己得以在會議上或私下的寫作及研究過程中使用。雖然這些紙張最終大多走向資源回收或數位化的命運，但在此過程中，實體材料確實能發揮電腦無法達成的功效。

毫無疑問的，數位科技將持續演化，進而提供思考、計畫與決策時，低科技材料和工具無法做到的大量支援。然而，在原子筆、筆記本、便利貼、實體檔案夾和列印文件被更優秀的東西取代之前，這些工具依然對個人管理系統的協調扮演重要角色[2]。

---

2 試想若紙張是剛出現的全新發明會如何？哇！竟然有東西能讓人將數位資訊以視覺地圖的方式完整呈現，而能在實體上和視覺上操作、溝通與傳遞？還能在無需使用電池或電力的前提下，捕捉、促進與分享充滿創造力的思維？哇塞！

軟體工具

到目前為止，我個人還沒發現任何完美的專案管理工具。標榜可以達到如此功效的應用程式數量龐大，但對大多數人來說，這些軟體通常不是擁有過多功能，就是功能過於簡陋。正如先前所說，世上沒有任何專案所需的管理細節和架構是一模一樣的。因此，要創造出一個能滿足多數人需求的應用程式是相當艱難的任務。大部分人通常只能在某些應用程式中的一小部分，找到較為非正式且有助於管理專案的功能。

話雖如此，市面上仍然有許多不同類型、非常有用的數位工具。大多數專業人士都很熟悉文書處理軟體、電子表單及簡報軟體，這些都可能是架構整體或部分專案計畫的最佳選擇，特別是當目的、願景和腦力激盪階段都已完成時更是如此。

對於較隨興的非正式計畫與腦力激盪，有兩種軟體能帶來較佳效果，分別為心智圖與大綱應用程式（outlining program）。我個人會在大多數專案中使用數位化心智圖工具，好讓自己專注於腦力激盪、並隨時捕捉冒出來的專案相關想法；最後畫出的心智圖成果，通常都足以讓我對專案進度的掌控情況感到安心。

有關腦力激盪的另一種選擇便是大綱程式，能讓使用者自由建立標題及副標，並選擇顯示出較多或較少的細節。大多數優質的文書軟體也能提供這項功能。這些程式的優點在於，能處理複雜程度不同的文件——從最簡單的辦派對技巧，到建立整本書的創作架構等應有盡有。雖然大綱軟體和文書處理程式常傾向支援結構性較強的思維，但由於在數位世界中，剪貼和重整文字非常容易，因此這些程式仍然很有助於發展創造力思維。

複雜的專案管理應用程式是軟體工具中的高級精品。對於需要以軟體工具嚴謹管理細節的特定專業人士和機構而言，為了保持功能運作穩定，通常都已經在使用這些工具了，同時這些工具也大多是為了符合公司特定專案、客製化而來的

程式；例如用於發射火星探測器、協調營建案、或是製造飛機和各種藥品的相關軟體。

最低階的專案管理軟體，便是在專案清單裡某項任務的備註欄中粗略記下想法，或透過筆記軟體建立有關某項專案及其想法的頁面。

對電腦很在行的人來說，想必已經在用上述幾種模式來發展、捕捉專案計畫及相關材料了。請確定自己在使用這些應用程式時感到得心應手，以便將專注力聚焦在計畫專案上，而非煩惱該如何操作軟體；此外，這種方式也會讓人必須定時檢視及更新內容（無論存放在哪），並一致性地進行清除及重整，將之維持在最新狀態。請記住，電腦就像是個黑洞；隨著記憶體和存儲空間不斷提升，而多

大綱軟體參考範例

少擁有此類功能、更新、更酷的應用程式也不斷問世,將使人們更可能在**擁有一切**的同時,喪失了協調、處理現行事項的方向。

如何將這些方法納為己用?

> 清空大腦、建立情境,接著發揮創造力來思考專案;如此便能大幅領先眾人。

正如下一步行動清單必須維持在最新狀態一樣,專案清單也是如此。更新後請給自己一段時間(最好是 1 ～ 3 小時左右)對每項專案進行縱向思考,越多越好。

至少現在(或越快越好)就拿起幾個目前最吸引你注意、或是你最有興趣的專案,然後使用最適當的工具來進行思考、收集與整理的過程。

請一次專注於一項專案,並由上到下完整進行。實踐這些步驟時請問問自己:「對這項專案,我想了解、捕捉或記住些什麼?」

也許你只是在紙上描繪出心智圖來記錄某些想法,然後建立檔案夾、將這張紙收進去;也可能會寫出幾個簡單的要點式標題,再收到行動裝置的記事本軟體裡;抑或用文書處理軟體建立一份文件,並在上面撰寫大綱。

> 讓我們將事前的擔憂,轉換為事前的思考和計畫。
>
> ——溫斯頓・邱吉爾

關鍵在於,要對所擁有的想法及使用方式充滿自信,養成好習慣:在還沒到「不得不做」的最後關頭之前,就能有建設性地將心力投注在預期結果及開放式迴路之中!

第 3 篇

關鍵原則的力量

gtd®

第 11 章
養成良好捕捉習慣的力量

這些看似簡單的技巧及模式，其實影響深遠。這些方法確實能有系統地清空腦中所有干擾，讓人們在工作時處於高效率及高效能狀態；光是這點就足以說服人們確實運用這些做法。

請在管理內部及外部承諾時，都展現出誠信的態度，這將提升你所有的人際關係。

事實上，這些方法背後的基礎原則蘊藏了更深層的含義。後面 3 章的內容，涵蓋我過去 30 年累積下來，有關這些基礎原則所能帶來的、更細膩且往往更深遠影響的說明。這些長期效果不僅能對個人產生重要的影響，也能對大型企業文化帶來積極正面的結果。

一旦和你互動的人發現你能井然有序、不遺漏任何細節地接收、加工和整理你們之間的對談及合約內容時，他們就會開始以獨特的方式信任你；更重要的是，你將會在自身環境中達到無法用金錢買到的、充滿自信的專注力層級。這就是在生命中捕捉所有未完成或未加工事務，並為其建立一個存放空間的奧妙之處。無論在生活或工作領域，你的心理健康程度都會有所提升，而溝通及關係品質也能因而大幅改善。

此外，如果一間企業期待且不斷增強這種優異的實踐模式，不允許任何事務

從溝通的縫隙中溜走、每個人必須對行動結果負起責任、明確理清承諾並交由適當人選進行追蹤時,將能大幅改善該企業文化的工作效率並降低壓力。

對個人的益處

收集完所有行動的感覺如何?大多數人都認為感覺很糟又很棒;為什麼會這樣呢?

大部分經歷過完整捕捉程序的人,都會感到某種程度的焦慮。當我請參與座談的人描述自己進行簡易捕捉過程時的心情,經常會出現「不堪負荷、緊張、挫敗、疲勞及厭惡」等字眼。此外,你是否覺得自己在捕捉某疊紙堆時,稍微有點偷懶了呢?若答案為「是」,就表示你也產生了罪惡感——「我可以、應該,而且必須在更早之前就完成這件事了。」

此外,在這麼做的同時,你是否也有感到一絲解脫、慰藉或擁有掌控力?大多數人的答案都是肯定的。而這又是如何辦到的呢?人們竟然能在做一件事時,幾乎同時感到兩種全然相反的情緒——焦慮和解脫、不堪負荷卻又有所掌控;到底發生了什麼事?

只要了解自己對所有雜事抱持的負面情緒根源,就會發現擺脫這些情緒的方法。若在收集事務的過程中,感到有一絲正面情緒,就表示消滅負面情緒的行動已經開始了。

負面情緒的根源

那些不好的情緒到底是從哪來的?是因為要做的事情太多嗎?不是,因為人們永遠都有做不完的事。若單純因為

> 焦慮感及罪惡感並非來自於承擔的事項過多;而是在打破自己的承諾時,自動產生的後果。

事情超出處理範圍而感到不悅，就永遠無法擺脫這種情緒。必須處理過多事務並非負面情緒的根源。

當某人說將在星期四下午 4 點跟你見面，之後卻直接爽約、連通電話也沒有，你的心情如何？感覺如何？我猜應該滿挫折的吧！當人們背棄自己做出的承諾時，要付出的代價就是在人際關係中逐漸瓦解的信任感——這是一種自動產生的負面後果。

但那一大堆躺在收件匣裡的東西呢？那些都是人們與自己定下、或至少在內心深處答應過的承諾，亦即曾告訴自己必須用某種方式來處理的事項。負面情緒只是背棄承諾的後果，也就是自我信任逐漸解體的象徵。若告訴自己需要擬定一份戰略計畫草稿，一旦沒有這麼做時就會感到懊惱；若告訴自己需要好好進行「整理」的步驟，一旦沒做到，罪惡感和挫敗感就會立刻襲來；如果承諾要花更多時間陪伴孩子卻失約，焦慮及不堪負荷的感受馬上就會降臨。

如何避免背棄自己的承諾？

當負面情緒是源自於背棄承諾時，可以用以下 3 種方式來處理，並消除負面後果：

- 不要做出承諾。
- 完成承諾。
- 重新協商承諾內容。

這 3 種方式都能消除不愉快的感受。

不要做出承諾

拿起那堆積放已久的雜事，決定不再為其付出任何心力，接著把這些東西碎掉、回收或丟到垃圾桶；感覺應該很不錯吧！處理自我世界中未完成事務的方式

之一，就是「單純說不」！

只要能降低對自己的要求，心情就會放鬆許多。若其實不是很在乎事情一定要達到某種水準，例如對孩子的教養方式、學校系統、團隊士氣或軟體程式碼等，那麼要處理及需要專注的項目自然會比較少[1]。

我很懷疑人們是否真的會降低自我標準。然而一旦真的了解後果，可能就會做出較少的承諾。我個人確實如此。我曾為了贏得人們的贊同而做出許多承諾，但當我了解到自己必須為了無法履行承諾而付出代價時，便開始以更謹慎的態度來面對承諾。有位我輔導過的保險業高層主管，這麼形容實踐「搞定」所得到的好處：「以前我會隨便跟其他人說：『好啊，我一定會做到！』因為我根本不知道自己實際上到底要處理多少事情。現在我非常清楚自己需負擔的所有工作量，為了維持誠信，就必須說：『不行，我沒辦法，抱歉。』而最讓我感到驚訝的是，竟然沒有人因為我的拒絕而感到不悅，反倒對我的自律印象深刻！」

> 為你的工作建立一份客觀及完整的事項清單，並定期審視回顧，這將讓你能更理直氣壯地拒絕某些事務。

還有一位在個人輔導領域中創業的客戶最近告訴我，建立工作清單大量消除了他生活中的擔憂和焦慮感。「將所有占據注意力的事項放入收件匣」的紀律，更讓他重新思考自己真正想做的事。若不願意為某件事寫下筆記並放入收件匣，他就會乾脆放手隨它去！

我認為這是非常成熟的思考方式。「搞定」模式的最佳優勢之一就在於，當人們確實承擔捕捉與追蹤腦中所有事務的責任時，就會在需要與自我立下承諾之

---

1 在心理自助書籍的世界裡，「將注意力集中在自我價值所在，將能簡化你的世界」是個頗受好評的概念。然而我卻想為相反的事實辯護：人們必須做的、數量龐大的事務正源自於自我價值。價值對於意義、方向和決策來說，是至關重要的元素。別再騙自己了──越關注這些價值，就越會產生更多覺得自己有責任付諸行動的事務。自我價值觀能讓人更容易做出選擇，但並不能簡化任何事。

際，仔細考慮是否真的需要、或渴望立下這些承諾。根據我輔導眾多客戶將專案清單維持在明確且最新狀態的多年經驗發現，每個人都會發掘出一些其實沒有自己當初所認為那麼值得做的事。對所有必須做的事缺乏理解，就好比持有一張不知道餘額或上限的信用卡——會很容易忽略自己許下的承諾。

完成承諾

第 2 個消除負面情緒的方式，就是完成必須處理的事務，並做出「已完成」的記號。事實上，只要人們能得到成就感，其實就會很喜歡**做事**。在那些 2 分鐘以內就能完成的項目出現時立刻採取行動，一定能感受到這項動作所帶來的心理效益。大多數我輔導過的人，光是透過 2 分鐘定律就完成了很多項目，因此在加工完堆積事項的幾個小時後，就會產生很棒的感覺。

你可以挑個適合的週末，單純把時間用在完成家裡及個人生活中，累積下來的各種瑣事及任務。一旦捕捉到所有開放式迴路並收入眼前的清單時，內心深處必然就會有所啟發，進而能一一完成這些項目、從清單上刪除。

> 遠離戮力奮戰的重重壓力後，便能進入享受成果的安穩平靜。
>
> ——茉莉亞·露易絲·伍德拉夫

似乎所有人都非常渴望獲勝。賦予自己一項能輕鬆展開並完成的可行任務，是滿足這份渴望的極佳方式。你是否曾完成某件事，它一開始不在清單上，而你將之寫下來，並在完成後劃掉？若有過這種經驗，就會了解我的意思。

但是，在此又遇上了另外一個問題。假設清單及累積的事務都能完美、順利地完成，將產生什麼感受？應該會開心地跳上跳下、渾身充滿創意能量吧！然而，猜猜看在 3 天內（或甚至 3 分鐘內），又會得到什麼？沒錯，就是另一張清單，而且這張可能有更多、更困難的待辦事項！一旦完成了所有項目後，人們可能會對自己充滿喜悅和信心，進而願意挑戰更多、更艱鉅的任務。

不僅如此，倘若你有老闆（或董事會）的話，你認為對方在發現你展現出來

的高度能力及工作效率後會怎麼做？答對了──他們會給你更多需要完成的任務！這就是職業發展的矛盾之處：能力越好，就越需「更好」。

因此，既然不打算降低自我標準，也無法停止創造更多未竟事宜，又不想被壓力擊垮的話，最好選擇接受第 3 種方式。

重新協商承諾內容

假設我曾說要在星期四下午 4 點跟你見面，但在承諾之後我的環境便徹底改變；現在，基於全新的優先順序，我需要做出**無法**在星期四下午 4 點和你見面的決定。與其直接爽約，該怎麼做才能維持這段關係的誠信呢？沒錯──打電話告知，並更改承諾。重新協商並不算是背棄原來的承諾。

現在，你是否了解為什麼將所有事從腦海中清出來放到眼前，能讓人感到舒服多了？因為一旦看見、仔細思考這些事時，人們就會自動和自己重新協商每項承諾，然後決定當下立刻處理或告訴自己：「不，現在不用處理。」問題在於：若記不起來曾立下什麼承諾，就無法和自己重新協商！

> 唯有寬仁之心，才能開啟對未來的創造力思考。
>
> ──戴斯蒙・威爾森神父

事實上，就算不記得承諾過自己什麼，不代表認為自己不用負責。問問看任何一位心理學家：腦海中儲存被遺忘的待辦事項清單的空間，有多少成分是過去式或未來式？答案是：完全沒有，該空間完全處於現在進行式。這意味著，一旦人們告訴自己該做些什麼事，並將該事項儲存在短期記憶裡，該部分的大腦就會認定你應該**隨時**去做那件事。也就是說，如果給自己兩件需要進行的事，卻只用大腦記憶，就會立刻且自動創造壓力與失敗的來源。因為人們無法一次處理兩件事，而該大腦部位（似乎頗具重要性）會持續認定你需要為這些事負責。

大多數人家裡應該都會有某些儲藏空間，是過去某些時刻（可能是 10 年前！）曾告訴自己應該要打掃並整理的環境，比如地下室之類的；若是如此，人

們腦中的某部分就可能在過去 10 年間 24 小時不間斷地認為：「你應該要好好整理地下室！」難怪人會這麼累！你是否曾聽過腦中那個心智委員會，每一次經過該區域時，都發出細小的聲音：「我們為什麼只是經過地下室而已？我們不是應該要好好整理嗎？」由於受不了內心深處的抱怨及嘮叨，因此「靠近地下室」便成為能避則避的一件事。如果想讓那個聲音閉嘴，可以用以下 3 種方式來處理與自己的承諾：

1. 降低自己對地下室的要求（你可能已經這麼做了）。「好吧，我的地下室看起來亂七八糟……誰在乎啊？」
2. 履行承諾——好好打掃地下室。
3. 至少將「打掃地下室」放入「將來／也許」清單中。接著，每當進行每週檢視並看到該事項時，就可以告訴自己：「我這個星期不會打掃。」下次經過車庫時，除了「哈！這個星期不會打掃」外，心裡不會有其他聲音。

我是很認真地在說明這個觀念。人們的意識裡，似乎有某部分無法分辨打掃地下室、購併公司，或改善個人財務狀況等不同承諾的差異。對那個部分來說，這些都只是「承諾」，只有**履行**或**違背**的差別。如果只將某件事放在心中而非當下立刻處理，該事務就會變成一項遭到背棄的承諾。

顛覆傳統的時間管理方式

「搞定」與傳統的時間管理方式大不相同。大多數的傳統方式都會讓人有一種「假如告訴自己某件事沒有那麼重要，則該事項便不值得追蹤、管理或處理」的印象。然而根據個人經驗，這種觀念並不正確。雖然在有意識的狀態下，人們的行為模式確實就像那樣，但在無意識運作的過程中，卻非如此。因此在做出任何承諾時，必須讓自己保持神智清晰，亦即必須在意識完全清楚的狀態下，客觀並定期捕捉、理清和檢視承諾，以便將承諾放入個人管理系統中的正確位置。若

沒有妥善做到這點，之後就必須花更多心力來處理。

在我的經驗中，人們對於任何只有儲存在大腦中的事務，往往會給予較其實際所需過多或過少的注意力。收集所有事務的原因，並非由於所有東西都同樣重要，而是因為這些事務的重要性**並不相等**。未完成事項及未捕捉事務，這兩者都會帶來相同的壓力感受，並耗損人們的專注力。

要捕捉多少才夠？

只要能捕捉到任何尚未被捕捉的事項，都會讓人感到輕鬆許多。當你告訴自己「喔對，下次去店裡的時候要買些牛油」，並確實將這件事寫進購物清單，就會感到好過一些；當你想起「我該針對那筆信託基金打電話給理財顧問」，並把這件事寫在某個手邊有電話、有時間撥打時會看到的位置，也會感覺比較好。然而，這種情形與知道自己已經捕捉到所有資訊時相比，仍舊天差地遠。

> 當人們所想的唯一一件事正是腦海中的那件事時，就能活在「當下」、一切得心應手，無需區分工作或玩樂。

何時才會知道腦中還剩下多少該捕捉的資訊呢？答案是：只有在**什麼都不剩**的時候才會知道。若內心某部分只是略為意識到捕捉過程尚未完成，就無法真正知道自己到底收集了多少資訊。那怎麼樣才能知道腦內已經什麼都不剩了呢？當腦海中沒有出現任何提示訊息的時候就是了。

這並不代表大腦內會變得空無一物。只要保持意識清晰，人們的心智就永遠都會專注在某件事情上；若一次只專注於一件事，而且毫無任何紛擾的話，就能進入如魚得水的「最佳效率狀態」。

在此建議，應該要用大腦來「思考」事情，而非只是「想到」而已。當人們在思考專案和狀況時，會渴望為這些事項增添價值，而非單純提醒自己這些項目的存在、必須好好處理──這只會替自己增添壓力罷了。要徹底達到優質的工作

效率，就必須捕捉所有事務。要有很強的專注力並改變習慣，才能訓練自己即便在做出最微不足道的承諾時，也能立刻辨識，並從大腦中下載出來。只要盡可能進行捕捉過程，並將之融入「一有新事務出現就立刻收集」的行為中，此過程就能帶來遠比人們想像的更有效、更強大的力量。

養成捕捉習慣之後

當一個團體（不論是婚姻關係、部門、員工、家庭或公司）中，所有人都值得信賴，且絕對不會遺漏任何事項時，會發生什麼事呢？坦白說，一旦能達到這個境界，就再也不需要擔心他人是否會失誤了，因為人們的專注力將會聚焦在更大、更重要的事務上。

然而，若溝通障礙還是個大問題，那在這段關係或文化中，就可能有一層挫折感及普遍的緊張感。大多數人都認為，若缺乏持續關注或照顧，待辦事項就可能會從系統中消失，接著隨時都可能爆發問題；然而這些人並沒有發現，自己之所以會有這種想法，是因為他們無時無刻不是處於這種狀態，進而認為這種情境就像地心引力一樣恆常存在；但其實事情不需要如此發展。

> 一直忙著把水從有破洞的小船中舀出來，會降低人們指引航向與全速前行的能力。

我已經觀察這種情況很久了。每當還沒有捕捉習慣的善良人們進入我的環境中時，我總會為他們的突兀感到有些扎眼。30多年來，我都將清晰的頭腦和明確的收件匣界線視為個人標準。當某張被忽略的字條孤零零躺在收件匣裡缺乏加工，或是某人在對話中點頭表示「好，我會做到」、卻未實際捕捉這項資訊時，我心裡的警報聲就會隨之響起；我的世界無法接受這種行為；因為比起擔心系統漏洞，還有其他更重要的事要做。

我需要相信任何電子郵件、語音訊息、一段談話或一張手寫字條中的要求或

訊息，不但能確實進入對方的系統，也會立刻進行加工和整理，讓對方能將此訊息視為行動選項來仔細檢視。若是收件人有妥善管理語音信箱，卻沒有管理電子郵件和紙本文件，我就會被困在只能使用對方信任的工具的狀態中。對任何在乎是否能用最低限度精力以確保事務順利運行的團體（人際關係）來說，這都是無法接受的行為。

一旦某件事勢在必行，就一定要相信那件事能經過妥善處理。說到底，任何完整的系統最終都有其最脆弱的一環，這個弱點往往就在於關鍵人物對系統中的溝通反應遲鈍。

缺乏收件匣、或收件匣爆滿並明顯疏於加工的團體中，最常發生這種狀況。由於無法信任系統中的溝通，因此這些組織文化經常會遭受各種干擾。我曾遇過某些行程被瘋狂超訂的高層主管，一旦能開始適時回覆電子郵件，他們就能立刻從壓力中感到解脫；當員工與其他人能從虛擬平台中得到所需的適當回饋及決策，就不再需要試圖透過面對面的會議來得到答覆。

當組織文化的系統達到穩固狀態時，（包含紙本溝通的低科技層次）清晰度就會更加明顯；溝通甚至不再是個需刻意關注的問題，而每個人的注意力也會更加提升。這種情況對有建立收件匣的家庭（包含家長、孩童、保母、管家或其他家庭成員經常接觸到的人）而言也一樣。當我告訴別人，即使我跟我太太就坐在旁邊，還是會把事務放進對方的收件匣時，他們往往會皺起眉頭：對他們來說，這個舉動看似冷漠無情。但是，這除了是一種避免打擾對方工作的禮貌之外，其實也在我們夫妻之間創造了更多的關懷和自由，因為這些毫無情感的事務可以交由系統處理，而不需在關係之間綁住彼此的注意力。

可惜的是，我們不能立法制定個人系統。每個人都必須以自身獨特的方式來處理需面對的事務；然而，我們確實可以讓人們為自己所造成的結果負責，

> 每個組織都應當建立一種文化，讓人們能坦然接受手上有超出能力範圍的工作量，並且能明智地對那些尚未執行的工作重新協商、制定承諾。

並要求他們追蹤及管理所有屬於他們責任範圍的項目。此外，也可以將本書介紹的資訊提供給對方，至少能讓他們沒有任何可以疏忽大意的藉口。

這不表示每個人都必須做完所有事。在這個以知識為基礎的世界裡，每個人需處理的事務皆**超過**自身所能負荷；重要的是如何促成（包含了所有相關人事務、持續進行的）重新協商過程，好讓人們能對於自己**尚未處理**的事項感到安心；這就是知識在高層次中的真實實踐。然而，若缺乏一個如銅牆鐵壁般的捕捉系統，幾乎不可能達到這個境界。請記住，你無法重新協商無法想起的承諾；倘若與他人立約，但對方卻早已遺忘的話，當然也無法重新進行協商。

當一個群體能統一採用百分之百完整捕捉的標準，就能同心協力、一起航行。這不表示航行的方向正確，或甚至有搭上對的船；這僅意味著該群體所搭的那艘船正以最有效率的方式和力量前進。

第 12 章
決策下一步行動的力量

　　我的個人目標是：讓「下一步行動是什麼？」成為全球通用的思考步驟之一。我嚮往的世界是：在任何會議、談話或互動結束前，人們都能獲得清晰的指引，明確知道自己是否需採取任何行動、什麼行動，或至少該由誰來負責這個行動；此外，我也期待所有機構組織都能採行此標準：一旦有人意識到任何事，都能立刻檢視該事項所需的行動，並妥善管理決策成果。想像一下，人們和組織將因此獲得多少自由，進而將專注力放在更大、更重要的議題與機會上。

> 當組織文化將「下一步行動是什麼？」設定為標準作業來規範時，自然而然就會提升成員的熱情活力、工作效率、清晰度及專注力。

　　多年來我發現，無論在什麼時候，只要個人或團體決定將「下一步行動是什麼？」列為持續提出的基本問題，就會為能量與工作效率帶來超凡的轉變。雖然這個問題看似簡單，但能徹底實踐、發揮作用的情況還是非常少見。

　　最大的挑戰之一是，一旦自己和周遭的人都逐漸習慣提出「下一步行動是什麼」的問題後，與不問此問題的人互動時，可能會招致極度挫敗的感受。由於這個問題能迅速理清事情，因此，和沒這麼做的人群與環境互動便可能成為一場夢魘。

無論是與他人或自己互動，人們都必須為是否決策任何事而負責。在某些情況下，為了實現內在渴望完成的事，人們必須決定下一步所需採取的實際行動；然而，「在事情**發生時**立刻做決定」與「事情**爆發後**才做決定」，兩者可說是天壤之別。

技術的根源

　　30 多年前，我從多年好友暨管理諮詢導師迪恩·艾奇遜（Dean Acheson；不是那位前美國國務卿）身上，學到了極度簡單卻成效卓越的「下一步行動」技術。迪恩曾花多年時間一邊輔導高層主管，一邊研究該如何將這些人從堆積如山的專案及各式各樣的狀況中解放出來，好讓他們得以將心力專注在其組織所需的重大改變之上。有一天，他開始從某位主管桌上一張張地拿起紙本文件，並且要求對方做出決策：若想讓該項目順利進行，下一步必須採取什麼行動？這個實驗在該主管身上立即見效且成果奧妙，使迪恩持續花費數年時間，讓運用此問題來加工收件匣的系統臻至完美。後來，我根據迪恩的見解發展出的模式，成功訓練並輔導超過十萬人使用此關鍵概念，這項技術至今仍然如此簡單明瞭。

> 執行一項直接、明確、有頭有尾的任務，足以平衡那些既複雜又無窮無盡、困擾我餘生的事。這是一種非常神聖的單純。
>
> ——羅伯特·富爾格姆

　　這種思維過程並非與生俱來，似乎也不會自然而然發生。當人們出生時，大概不會想到要問媽媽：「所以，我們現在在這裡幹麼？下一步行動是什麼？又由誰來負責？」這是一個需要學習的思考、決策與有意識地引導專注力的技術。一旦明顯處於需要這麼做的情形下，比如發生緊急狀況，抑或是充滿壓力的情境（壓力可能來自於老闆、客戶、孩子或出乎意料的事故），迫使你必須決定下一步行動以避免產生痛苦的後果時，就會自然而然採取這種方式。但若想在狀況爆

發前、不得不立刻行動前，必須透過多加練習[1]。只要讓這種思考技術成為個人及組織生活的一部分，必定能改善個人工作效率、保持心靈平靜。

創造行動選項

「下一步行動是什麼？」為什麼這麼個簡單的問題會如此強而有力？

為了回答這個問題，請花點時間再次閱讀在清空大腦時所用到的**觸發清單**（參見第 152 ～ 153 頁），或想想可能還堆積在腦中的專案。你是否會覺得，某些專案的運作並沒有想像中那麼順暢？你可能會承認的確有幾項稍微卡住了。

若到現在還不清楚能讓專案順利推進的下一步行動究竟是打電話、發電子郵件、與某人談談、上網搜尋資料，或是去店裡買東西的話，就表示這件事還沒搞定。矛盾的是，幾乎清單上所有事都能在 10 秒鐘左右就能思考出下一步行動是什麼，但大多數人卻沒有花這 10 秒鐘來思考、為這些事項做出決策。

舉例來說，某人的清單中可能有個項目是「輪胎」之類的詞句。

我問：「那是什麼意思？」

他回答：「喔，我的車需要換輪胎了。」

「那下一步行動是什麼呢？」

此時，對方通常會皺起眉頭，停頓思考幾秒，接著做出結論：「我需要上網查一下輪胎店和價錢。」

判斷任何事接下來該「做什麼」，通常只需花一點點時間與投入簡單的認知

---

1 在此，我很想使用「技巧」（skill）這個詞，卻又有些猶豫。每個人都擁有做出下一步行動決策的能力，雖然大多時候都是在無意識狀態下使用，但我們每天都會用到這個能力，甚至一天就高達上千次。然而，在「不得不決定」前就先做出決策，好讓事情能按照自己的意願運行，是一種強力又優雅的認知行為模式，需要不斷學習、練習和整合。這就是「知識工作競技」的核心元素；然而大多數人即便在面對生命中最重要的事務時，都不會主動採取這種模式。

能力；然而，大多數人都沒有對未完成的雜事專注思考過這短短幾秒鐘。

事實上，這位需要輪胎的先生可能已經注意到此事很久了，這之間或許已經使用了無數小時的電腦（做工作或其他事），可能也經常有足夠時間和精力來採取行動；既然如此，為什麼還沒做呢？因為他根本沒花心思在思考任何專案（包含買輪胎這件事）及其所需的下一步行動，所以即使有空、有在用電腦時，也不會想要思考任何事。

> 取得領先的秘訣就在於盡快著手。而盡快著手的秘訣，就是把複雜的事情切割成許多做得到的小事，然後從第一件小事開始。
>
> ——馬克·吐溫

其實人們需要的是事先想好該怎麼處理。假設案例中的那位先生已經決定好下一步行動，而在進行下一場會議前有 15 分鐘的時間能上網，同時精神狀態大約 4.2 分（滿分 10 分），則他在檢視待辦事項清單、發現「輪胎」這個項目時，便會感到非常開心，因為他會覺得「這是現在就能成功完成的事項！」然後就會充滿幹勁，開始上網搜尋相關資料，讓自己利用當下的空檔和精力迅速獲得達成任務的「勝利感」。因為在那種情境中，他無法撰寫給客戶的大型提案草稿，卻有足夠資源上網搜尋、迅速得到充分而簡單的資訊；當他望向車上的新輪胎時，將會感到無與倫比的充實。

定義出最基本層次的具體行動、整理好可信任的行動備忘提示，就是提升工作效率與創造放鬆的內心環境的主要關鍵。

很多時候，即使是面對最簡單的事務，人們都會因為尚未決定下一步行動而導致停滯不前。許多人時常在清單上列出像是「維修車子」之類的項目，但「維修車子」是下一步行動嗎？除非打算自己拿扳手來修理，否則當然不是。

> 如果缺少了下一步行動，在現實情況與該做的事之間，就永遠存在無限大的差距。

「所以，下一步行動是什麼？」

「呃，我需要把車開到維修廠。喔對，要先確認維修廠願不願意收。我猜要

先打電話過去跟他們約時間。」

「你有維修廠的電話嗎？」

「可惡……，我沒有維修廠的名字或電話。那間維修廠是弗萊德推薦的……，我就知道好像少了什麼！」

不少人在面對許多事情時，常常都會經歷類似情況。瞄了某項專案一眼後，內心深處會發覺：「我似乎缺乏所有需要的資訊。」人們知道少了某些必要的東西，但又無法確定到底缺了什麼，因此就會乾脆罷手不做。

「那，下一步行動到底是什麼？」

「我需要修車廠的名字跟電話。我猜大概可以跟弗萊德要到這些資訊。」

「該怎麼要呢？」

「我可以寫封電子郵件給他！」

因此，實際上的下一步行動其實是「寫信給弗萊德：詢問修車廠資訊」。

你有注意到，這個專案需要追蹤多少步驟才終於得出真正的下一步行動嗎？這是個很經典的例子。大多數人在自己的清單及腦海裡都有許多類似的事項。

為什麼聰明人最容易拖延？

事實上，最聰明、最敏感的人，反而有最多生活及清單中尚未做出決策的事務。為什麼呢？請思考一下，人們的身體對儲存在大腦中的影像有何反應。我們的神經系統似乎無法分辨：某件事究竟是看似真實的想像畫面，還是現實。

為了證明這個理論，請想像自己正走進一間超市，並逐漸接近光線明亮的蔬果區。到了嗎？好，現在走向放橘子、葡萄柚和檸檬的柑橘類區域。看見一大堆黃澄澄的檸檬了嗎？旁邊有塊砧板與水果刀，請拿起一顆碩大的黃檸檬，縱向切開。快聞聞那清新的香味！檸檬汁多

與其他人相比，聰明人似乎更容易變激動，也更懂得誇張地戲劇化。

到不斷滴到砧板上。現在，拿起半顆檸檬，再切一半，並拿起 1/4 顆的檸檬片。好，現在，還記得小時候是怎麼做的嗎？將檸檬片放進嘴裡大口咬下、用力地啃吧！

若你和我一起演了這齣戲，可能會注意到嘴巴裡的口水含量增加了一點點。那些畫面明明只存在於大腦中罷了，但你的身體竟然試圖處理檸檬酸！若身體會對你想像的畫面產生反應，那麼在計算稅務時，生理上會有什麼感受？會不斷傳遞輕鬆、向前邁進、實現、成功與「我是贏家」的畫面給自己嗎？應該不會吧。因此，邏輯上來說，哪種人最會拒絕接收專案提醒——也就是哪種人最會拖延呢？當然是最有創造力、最敏感與最聰明的人！因為他們的敏感度和創造力會在腦海中勾勒執行專案時可能會遇到的惡夢情境，以及若沒有處理完善將產生的負面結果！這些人會瞬間驚慌失措，然後選擇放棄。

哪些人不會拖延呢？會果斷拿起一件事然後勇往直前的，往往是心思不夠細膩的糊塗蟲，因為他們並不會意識到所有可能出錯的地方，而其他人卻時常被那些五花八門的事綁手綁腳。

> 我是個老人了，知道世界上有許多麻煩事，但實際上這些事大多未曾發生過。
>
> ——馬克·吐溫

申報稅務？喔不！這件事沒那麼簡單，我確定今年一定會有所不同。我看過今年的表格了，看起來很不一樣。或許需要搞懂許多新規定，也可能必須把該死的資料全讀過一遍；長的表格、短的表格、中等長度的表格；要和伴侶一起合報還是分開報？如果要主張某些新的扣繳額度，就需要提供很多附件，也就是必須取得所有收據。喔天哪！我不確定收集到所有收據了沒，假如沒有足夠的收據卻還是決定使用扣繳額度，之後要是被查帳怎麼辦？查帳？喔完了，這是稅務詐欺耶！會被抓去關的！

不少人由於自己的聰明、敏感和創造力，導致在瞄到稅務表格時，就已經把自己關進心靈監獄了。在我多年的輔導經驗中，這種模式出現的次數不可勝數；

而且通常都是最聰明、最善於思考的人，才會在辦公室、家裡、電子信箱和腦袋中裝了一大堆停滯不前的事項。大多數我輔導過的高階主管，辦公室的某個檔案櫃或鐵架上至少都有數個大型、複雜而未整理的專案；他們腦內似乎一直存在著彷彿害怕怪物般的念頭：「只要不想、不看這些專案，或許就能假裝這些東西不存在！」

那該如何解決呢？答案永遠都是：坐下來，喝一杯吧！麻痺自己、讓這些想法變得木然吧！你是否注意過，許多人在喝了酒、大腦被酒精影響的反應？酒精是一種抑制劑，照理說人的能量應該會立刻下降，但實際上一開始往往會出現精力提升的現象。為什麼呢？因為酒精會壓抑某些事務，亦即降低大腦中的負面自我言論及不舒服的想像。若停止了「無法把事情做好」的想像製造的沮喪感，精力當然會因此提升。雖然這種麻痺方式暫時是最佳解決辦法，但也只是治標不治本，那些事並不會就此消失。不幸的是，人們無法選擇性地麻痺，所以靈感、興趣及個人能量的泉源也會因此隨之麻木。

> 只要終止負面想像，就能不斷提升你的能量。

有智慧的麻痺方式

另一種解決方案是：弄清楚所需的下一步行動，並使用有智慧的方式來麻痺大腦。無論承諾要做些什麼事，一旦決定好能推動事務進展所需的下一步行動時，人們就會頓時感到從壓力中解脫。本質上，這世界並不會因此有任何改變，但將專注力轉換到大腦認知為可行的任務上，確實能增強人們的正面能量、方向與動力。如果已經在清空大腦

> 無論問題再大再艱難，一步步邁向解決的方向，最終總可以消除困惑。現在就著手進行吧！
> ——喬治·諾登霍特

的過程中，確實捕捉到所有占據專注力的事項，現在應該立刻把清單拿出來，並決定每件事的下一步行動。請在此同時觀察自我能量產生的變化。

清單上的事項不是充滿吸引力，就是會讓人想逃避，沒有中立的灰色地帶。人們不是積極執行、渴望完成某些行動，就是對某件事情感到消極、不願思考且抗拒參與。下一步行動的決策通常都能主導這兩種極端想法。思考並做出決定需要花費不少心力；當人們發現自己的環境中有許多未完成、但還沒決定下一步行動的事項，可能會因此感到很累而不堪負荷！因此，多數人對於清單和管理工具的反應都很負面，其實這種消極反應並非針對其內容，而是因為尚未充分思考其中項目。

> 對你而言，在你的清單上或雜物堆裡的每件事，要不是讓人心醉神迷，就是讓人深惡痛絕——談到這些東西時，絕不會有中立的心態在其中。

我在追蹤實踐「搞定」模式的人時發現，迫使人們放棄的微妙原因之一，就是有些人會將行動清單恢復成任務或子專案清單，而非維持個別獨立的下一步行動。由於這些人實際上還是有在記錄待辦事項，因此仍然領先大多數人，但隨後往往會發覺自己陷入泥沼，接著開始拖延；因為他們默許行動清單中包含這類事項：「與宴會委員會開會」、「強尼的生日」、「櫃檯人員」、「PPT 簡報」。

換言之，他們的待辦事項又回到了「雜事」階段，而非從最基礎的行動層次開始。那些「雜事」沒有任何明確的下一步行動；塞滿類似事項的清單會讓大腦在每次檢視時立刻超載。

> 你只能「挽回」已發生的個別事件，卻能「預防」未發生的所有事故。
>
> ——布洛克·奇松姆

了解有關未完成事項的下一步行動，算是額外的工作嗎？是多餘且不值得耗費心力的事嗎？當然不是。假如需要修車，本來就必須在某個時間點判斷該採取的下一步行動。但問題是，在下一步行動是「趕快聯絡拖吊車」之前，大多數人都不願做出這些決策。

因此，大部分的人到底是在什麼時候針對雜事做出下一步行動決策？是事情發生時？還是事件爆發後？若人們能一開始就處理好這些知識工作而非拖到最後，生活品質是否會有所不同？你覺得哪一種才是最有效率的生活方式：在專案出現時立刻決定好下一步行動，接著將其依據所需行動的類別進行有效率的分類，以便在同個情境中逐項完成；抑或是在「非做不可」前都不斷逃避，不願思考該怎麼做，接著一邊努力滅火、一邊趕進度，急急忙忙地完成所有行動？

> 直到最後一刻的截止壓力前，都還在不斷逃避決策行動，將帶來極度的低效無能與增加不必要的心理壓力。

或許聽起來很誇張，但當我請人們推測自己的公司是在何時做出大多數決策時，除了極少數人之外，他們都會回答：「事情爆發的時候。」其中一位在國際公司服務的客戶，曾針對其公司文化做過一份壓力來源的調查，而呼聲最高的抱怨就是，團隊領導人無法在一開始做出正確決定，迫使團隊時常要在最後關頭處理工作危機。

下一步行動的決策標準

曾有好幾位幹練的高階主管表示，將「下一步行動是什麼？」導入公司並制定為營運標準後，根據其可量化的績效來看，公司確實歷經了大幅轉變，不僅永遠改變了組織文化，更帶來巨大的效益。

為什麼？因為這個問題能讓人們對事情感到清楚明確、了解責任歸屬、提升工作效率，並從中獲得賦予力量。

清楚明確（clarity）

許多會議或對談結束之後，與會者往往仍對所做出的決策，及該如何執行感

到相當模糊。若人們缺乏清楚明確的具體下一步行動的決策，甚至不知道下一步行動是什麼及其責任歸屬的話，就會遺漏許多事務。

我經常受邀主持各種會議，並用慘痛的經驗學到——無論談話時處於何種狀況，在會議結束前 20 分鐘，我都必須逼自己問：「所以，下一步行動是什麼？」根據我的經驗，確實理清（有時還必須面對一些艱難的決定）、得出答案，通常都需花 20 分鐘才行。

> 空口講白話，無米不成炊。
>
> ——中國諺語

其實這是個滿激進的基本常識；之所以激進，在於仔細探討這些事往往超出人們的舒適圈。「我們是認真的嗎？」「我們真的知道自己在做什麼嗎？」要逃避這些更重要的思考層次很簡單，而避免讓這些議題成為亂七八糟雜事的方式，就是迫使人們做出下一步行動的決策。很多時候只需要深入談話、探索、仔細思量和協商，就能得出這些議題的結論。當今世界充滿太多不確定性，導致人們無法容許任何假設結果：我們必須負起責任並仔細理清事情。

在這個領域有些經驗的人才能完全了解我的意思。若你是其中之一，或許正在對自己說：「沒錯！」反之，若不是很明白我在說什麼，建議你可以在下次與其他人開會時，在結尾時丟出這個問題：「所以，下一步行動是什麼？」然後注意一下會發生什麼事吧！

責任歸屬（accountability）

合作文化的黑暗面就是會養成「害怕負責任」的態度。很遺憾，「這是我的責任，還是你的責任？」這句話，在許多企業中並不常出現，因為這種態度似乎不太禮貌。「同進同退」是很了不起的情操，但卻無法在殘酷的日常工作環境中永遠存在。許多會議在結束時，往往會讓與會者隱隱覺得是否該有所作為，同時一邊暗自希望這不屬於自己的職責範圍。

在我的觀念中，讓人在不清不楚的討論下解散，才是最不禮貌的事。每位成員都願意負責定義出需執行的具體事項、確定誰會負責哪些事，好讓每個人都能排除對懸而未決的行動所產生的焦慮，才是真正的團隊向心力。

再次強調，經歷過類似情景的人就會了解我的含義。若不曾有過這種經驗，請試試看：冒個小小風險，在下次員工會議中每段討論的尾聲，或是在家庭聚餐聊天時，都試著拋出這個問題：「所以，下一步行動是什麼？」

工作效率（productivity）

只要組織能夠塑造並訓練其中成員，在前置作業時就決定好下一步行動，工作效率自然而然就會有所提升。因此，只要理清結果後立刻判斷達成目的所需的實體資源，就能更快速、更輕鬆地達到成效。

> 行動方案都有風險和代價，但其長期風險與代價遠低於安逸而什麼都不做。
>
> ——約翰・甘迺迪

學習如何掙脫足以凍結行動力的細膩創造力思維（也就是將自己纏繞住的層層密網）是種高深的技術。數十年來，「工作效率」都被吹捧為需要在組織中不斷精進的正面能力。雖然任何能協助將產能最大化的事情都可以達成這個效果，但知識工作的世界中，除非組織裡的個體能改善自身的運作與反應，否則地球上任何電腦與溝通方式的進步，或是任何領導者主講的座談，都無法帶來這方面的效益。這也意味著，人們**必須**在「不得不做」前，就先針對個人環境中的所有事務進行適當的思考[2]。

> 只有在增強個人的操作反應能力後，工作效率才能得以提升。在知識工作中，這意味著前置作業時就應徹底理清各項行動，而非等到後期才做。

賦予力量（empowerment）

採用下一步行動方式的最佳效益，就是能顯著提升人們讓事情成真的能力，同時自信心和有建設性的視野也會隨之增加。

從「必須做的事」開始著手，然後執行「可能做得到的事」，接著人們就會突然發現：自己能處理那些「不可能的事」了。

——亞西西的方濟各

人們無時無刻不在做事，但通常都是因為自己或他人的壓力而必須這麼做，因此並不會產生勝利感、覺得自己掌握一切，或是產生與自己及個人環境同心協力的感受。每個人都很渴望能有這種體驗。

定義未完成事項及其後續行動的日常行為必須有所改變。在被外界壓力及內在心理壓力逼迫前就主動完成任務，能為自我認同建立強韌的根基，並逐漸延伸到生命中的每一面向。你就是這艘船的船長——越能從這種視角來採取行動，越能做到更好。

試問自己：「下一步行動是什麼？」能削弱自認為是受害者的假象。這個問題的前提是：事情確實存在改變的可能，而自己能做些什麼來讓這件事成真。亦即預先肯定了自己的行為。若想建立起正面的自我形象，這樣的預先肯定通常比默念「我是個有能力、有效率的人，能讓自己美夢成真！」1,000 次，還要來得有效。

你所屬的文化中是否存在太多抱怨？下次遇到某人抱怨某件事時，試著問對方：「所以，下一步行動是什麼？」人們只會抱怨自己認為還可以更好的事，

---

2 我在許多機構中曾看過的最大工作效率漏洞之一，就是沒有針對長期專案判斷所需的下一步行動。「長期」並不表示「將來／也許」，那些距離終點還遙遠的專案仍需盡快處理；「長期」指的是「在完成前需要更多步驟」，而非「因為估算的日期還很長，所以不必決定下一步行動」。當組織中的所有專案及開放式迴路都被妥善追蹤管理時，局勢也會大不相同。

而這個問題將迫使對方面對現實。若能改變這件事，則必須採取行動來促成其發生；若不能，那這件事就成為無可避免的現狀之一，必須納入組織策略及戰略裡。其實抱怨象徵著人們不願意改變某種可以改變的現狀，或是不願意考慮計畫中那些一成不變的狀態，是種短暫而空虛的自我認同方式。

人們總是怪罪環境使他們成為什麼樣的人。我不相信環境。世界上成功的人，都是主動站出來尋找自己想要的環境的人；若找不到理想的環境，他們就自己創造環境。

——喬治‧蕭伯納

　　雖然我和同事很少用這種方式來推廣我們的工作，但我卻發現，當指導人們該如何使用下一步行動技術時，他們每天都能賦予自己力量，不僅雙眼光彩耀人、步伐輕盈，同時思考方式和行為也提升不少。每個人都具備了強大的力量；但若能決策讓事情順利運行所需的實際行動、妥善管理，就可以從人性中更積極正面的角度來鍛鍊這股力量。

　　一旦採取實際行動，就會開始相信自己能讓事情成真；而**這個信念**將徹底實現你的願望。

第 13 章
專注於預期結果的力量

閱讀早期鼓勵「正面思考」的書，到近幾年在高等神經生理學領域的發現，數以千計的研究都在提倡這種能帶來改變的心智與想像力引導過程。

我個人的興趣在於如何將「搞定」模式應用到現實生活中：這能幫助人們把事情搞定嗎？如果可以，又該如何在生活中妥善運用、管理待辦事項呢？這些資訊真的能幫助我們事半功倍地實現預期成果嗎？所有答案，都是非常肯定的：沒錯！

專注力與成功捷徑的關係

我親眼見過許多在日常生活中使用「搞定」的人，最後獲得深遠的成效。人們一旦養成習慣，以此模式作為面對任何狀況（例如回信、買房、購併公司、訂出議程架構、孩子溝通等）的主要工具時，個人工作效率就會一飛沖天。

許多我輔導過的專業人士將「搞定」融入生活後，都體驗到更高層次的境界，甚至是全新的工作、職業生涯與生活風格。在人們每天必須面對的例行事務，亦即每天必須處理的工作中，這些過程和步驟確實能發揮極大效用。我相信，當人能對自己和他人證明，自己在困境中依然能提升完成任務的能力時，一

定很快就能從困境中解脫。當然，通常願意實行「搞定」模式的人，往往已經踏上個人發展的旅程，同時也不認為自己一年後仍需處理跟眼前類似的事務；然而，由於「搞定」能帶領人們迅速、輕鬆地邁向目標，因此還是令人愛不釋手。有趣的是，最不需要此模式的人，往往是最快、也是最投入「搞定」的人。我曾對這個發現感到困惑，直到了解實施「搞定」能得到的最重要結果之一，就是「從裹足不前中解脫」（也就是掙脫「停滯的壓力」）。 誰才會對這種自由感興趣呢？就是想讓自己能快速輕鬆向前邁進、專心投入的人。

　　學習並輔導他人如何處理眼前的現實世界，以及如何將正面思考與日常生活相結合，也帶給我非常重要的啟發。

　　這邊用「捷徑」（fast track）一詞可能不太恰當，因為對某些人來說，放慢腳步、離開過去固步自封的處境並好好照顧自己，或許才是「搞定」所帶來的最重要的轉變[1]。然而至少，這個模式不僅能讓人常保思緒清晰、更加專注，且無論想實現的改變或成果為何，都能讓人更有能力完成目標。

　　舉例來說，「找出多陪陪女兒的方法」就跟其他專案一樣明確，同樣也要判斷出所需的下一步行動。在大腦中隱約存在著「**應該**改善與女兒的關係」的念頭、卻不付諸行動，會讓事情更加惡化。我有不少客戶承認自己在生活中有部分「未竟事宜」後，願意寫下來、判斷該建立怎樣的具體專案來完成這些事項，確認自己確實做出下一步行動決策，直到真正完成這項專案為止；這就是真正的工作效率最佳表現。

---

1 我多次注意到一個有趣的現象：對於某些精力旺盛的人來說，在人生中融入「搞定」模式，能將已經極度忙碌、充滿創造力的生活，導向更加繁忙、令人感到不舒服的境界（「現在我確實能更快搞定更多事了！」），然後人們就會藉此好好檢視自己：工作和生活品質，哪一項才是自己真正渴望的。

運用結果導向思維的重要性

在此想強調的是，學習如何運用「搞定」的明確連貫系統，來加工生活與工作上的細節，會以超乎預期的方式影響到自己與他人。

為處理真正的「生活品質」議題而確立的特定專案與下一步行動，就是工作效率的最佳展現。

正如先前所說，下一步行動的決策過程能幫助人們對事情感到清楚明確、了解責任歸屬、提升工作效率，並從中獲得力量。當人們強迫自己認清預期結果──或更精準地說，當人們強迫自己辨識出達成期望結果所需進行的專案時，便會獲得這些好處。

所有細節都環環相扣。人們無法在了解預期結果前確實辨識出正確行動、不知該如何付諸行動來達到目標，就無法實現預期成果。為了搞定眼前的事情，可以、也必須從這兩個角度中任選其一來採取行動。

正如全腦學習法（whole-brain learning）專家、我的好友史蒂文·斯耐德（Steven Snyder）所說：「生命中只有兩道課題：知道自己要什麼，而不知該如何達成；和（或）根本不知道自己要的是什麼。」若此說法為真（至少我認為是真的），則解決辦法只有兩種：

- 採取行動，付諸實現。
- 做出決定，補足想法。

這種觀點可用陰／陽、右腦／左腦、創造者／破壞者、夢想家／實踐者，或任何一種最適合自己的模式來詮釋。事實上，人類的能量似乎能劃分為兩種對等且對立的領域：人們能創造並辨識出不曾接觸過的事物；一旦這麼做，就能明白

人們一直不斷在創造與實踐。

該如何重整現實，並使其轉化為囊括這些事物的嶄新世界，進而感受到「付諸實現」的動力。

吸引你注意的事情，還需要你**有意**加以執行。「這件事對我而言有什麼意義？」「這件事為什麼出現在這裡？」「我希望這件事能為我帶來什麼？」（「我希望看到什麼結果？」）遇到任何未完成的事項，都要能想像出「已完成」的景況以作為參考。

一旦決定要改變或完成什麼事務，就問問自己：「現在要如何達成這個目標？」和（或）「需要使用哪些資源來達成目標？」（「下一步行動是什麼？」）

此刻你或許能感覺到，其實「搞定」模式並不是什麼新奇的科技或發明，只是讓人們在**潛意識**中運用的原則浮上檯面罷了。但只要有此認知，就可以有意識地運用這些原則創造出更棒的結果。

生活和工作都是由人們在各種意識層次上的行動和結果所構成。無論是下意識對環境的反應，或聚精會神刻意造成的結果，都是人們永遠必須面對的抉擇。若渴望拓展個人經驗和創造力，而非庸庸碌碌、被動地過完一生，那麼辨識、發展、最終成為「搞定」藝術的佼佼者，就是最佳契機。最大的挑戰在於如何持續應用其中重要元素：你必須確實定義何謂「搞定」及其**流程**。這並不容易，特別是應用到生命中更為細膩崇高的領域時更是艱鉅；但若沒有挑戰，就沒有學習與成長的機會。

> 生命中最令人歡欣的事，莫過於越過層層難關、一步步邁向成功，以及創造新希望並看見夢想成真了。
>
> ——塞繆爾·約翰森博士

好消息是，當人們的行為模式已經依照這些步驟做好準備，全心執行來自各種層次的事務時，所有問題都能迎刃而解，創造出美妙的結果；不僅工作效率會大幅提升，各種隨之而來的目標也會成真。

> 智慧不在於了解最終該做些什麼，而在於清楚明白下一步該採取什麼行動。
>
> ——赫伯特·胡佛

精通平凡生活的神奇之處

許多人常感到好奇，為什麼我能一次花這麼多時間陪他們坐在桌邊、協助清空抽屜、找出所有尚未加工的電子郵件、仔細檢視他們在大腦、實體及虛擬空間中堆積的所有瑣事。這些人除了為自己的不負責任、導致我必須跟著處理大量瑣事而感到丟臉外，往往都認為我應該無聊到快睡著了；但其實完全相反。連我都對於自己全心投入這個過程感到非常訝異。

我理解終於達到能有效處理事務的境界時，那種舒緩和自由的感受；我知道在確實將這些準則與行為培養成習慣，進而給予這些事務應得的注意力前，都需要不斷練習、獲得支持，以及強大而清晰的專注力才能徹底完成任務。當客戶在理清環境或腦中不斷拉扯專注力的雜事，接著成功加工、讓該事項安靜下來時，我都知道對方正在深化這項非常重要的行為模式，也知道在往後數小時、數天、甚至數年後一直下去（我希望啦），對方都能感受到與老闆、合夥人、伴侶、兒女及自己的關係中，會產生的重大轉變。

這個過程並不無聊，反倒是我最棒的工作之一。

多層次的結果管理

我從事的是專注力導向的產業。身為一位顧問、教練及教育家，我能問出可啟發他人（甚至我自己）提供富含創意和智慧回應的簡單問題，進而提升當前情況和手邊工作的價值。人們並不會因為經歷了這些課程而變得聰明絕頂，他們只是學到該如何更有效地專注並運用本有的才智。

困難之處在於要將高層次的理想目標與日常生活行動融合為一。其實到最終，這兩者所需的思考模式是一樣的。

實用導向的「搞定」模式的獨特之處，在於其結合了效能及效率，好讓這些

方法能廣泛應用在現實世界的每一層面。雖然世界上有許多富含啟發性的資源專門針對「目的、價值和願景」的高層次思維，也有更多較為日常的工具如電話號碼、預約和購物清單等能讓人掌握小細節，但還是缺乏能同時運用並連結這兩種層次的實踐方式。

> 理想主義者認為短期狀況不值一提、憤世嫉俗者認為長遠走向無關緊要，而現實主義者則認為，短期狀況中完成或未完成的事，將決定事情的長遠走向。
>
> ——西尼·哈里斯

　　「這件事對我而言有什麼意義？」「我希望這件事能為我帶來什麼？」「要達到目標，需要哪些下一步行動？」在某些時刻，我們都必須針對生命中所有事務回答這些基礎問題。這種思維及其支援工具，將會以意想不到的方式提供許多協助。

自然計畫的力量

　　自然專案計畫的價值在於，無論處於任何狀況都能提供人們完整、有彈性、能融會貫通的方式來進行思考。相較於「搞定」5 步驟（捕捉、理清、整理、回顧及執行）是種讓整體生活達到平衡的連貫方式，自然計畫能更具體地帶來更多放鬆、專注與掌控力。

　　針對任何一件你正在做的事情，挑戰其最終目的，是種健康而成熟的觀念；而在清楚得知所需的程序前，就能在腦海中輕易描繪出成功的樣貌，則是一項不可多得而且必須強化的特點。若想要完整發揮個人的創造力，願意產生想法、且不論好壞都毫無偏見地表達出來並確實捕捉，是項至關重要的特質；為

> 我敬重清楚了解自身願望的人。世界上大多數紛亂都源自於人們不夠了解自己的目標：想要蓋一座塔，卻只願意花蓋間茅屋的心力來打造根基。
>
> ——約翰·沃爾夫岡·馮·歌德

了達成特定目標，將各種想法及資訊視為構成要素、順序與優先重點，是一項不可或缺的心理紀律；決定並執行下一步行動，也就是在現實世界中採取行動，則是工作效率的精髓。

在這個新世紀裡，能適時將這些元素均衡地融會貫通，或許就是工作能力的新一代關鍵指標。然而，這種能力在職場及個人行為中尚未普遍成為標準規範，甚至還有好長一段路要走；而要在生命的所有層面中都實踐這種認知，也仍令人感到畏懼。自然計畫模式是符合自然規律的，但很多時候卻無法自動產生。

然而，儘管只是實施自然計畫模式的某些部分，也能獲益無窮。根據多年來我所得到的回饋，不斷證明了就算只落實了其中一部分，依然能產生大幅改善。看到腦力激盪過程成為許多人的生活標準，是件很令人激動的事；而聽到那麼多高階主管表示用此模式來架構關鍵會議與討論、並從中獲得無可比擬的價值，都令人感到非常欣慰。這些都一再證明，若想在現實世界中達到任何結果，就應該專注於大腦與生俱來的自然運作方式。

自然計畫模式僅針對所有人們認為是工作的事務，來判斷結果和行動的基本原則。當這兩樣關鍵焦點在日常生活中成為標準規範時，工作效率的基準也會提高到另一層次；若再加上腦力激盪過程（也就是以最有創造力的方式，發揮並捕捉專案相關的想法、視角及細節），就能創造出一套優雅的行為模式，讓人得以持續在放鬆狀態下搞定每件事。

轉化為正向的組織文化

提升團體工作效率不需要什麼巨大的改變。我持續收到的回饋都一再顯示，若某些關鍵人物能部分實行「搞定」模式，事情馬上就能更迅速、更容易實現。

資產分配、溝通、政策以及程序等，各種針對企業目的與期望目標的建設性評估，已經逐漸成為所有企業不可或缺的要素。公司所面臨的挑戰越來越多，而

當今世界各種來自全球化、競爭、科技、市場轉移、不穩定經濟狀態，以及效能與產能標準提高的壓力，都讓結果／行動導向的思考模式變成 21 世紀必備的行為之一。

「想在這場會議中達成什麼目標？」「這張表格的目的是什麼？」「這項職務的最佳人選應具備什麼能力？」「希望透過這套軟體達到什麼成果？」成千上萬的類似問題，在許多領域中都仍然嚴重匱乏。在開重要會議時，許多說法乍聽之下都很不錯，但若能學會詢問：「我們為什麼要做這件事？」以及「成功完成這件事時，會得到什麼樣的結果？」並將答案應用在日常工作層次，**才會**帶來深遠的影響。

在我們輔導過的公司裡，高階主管的工作效率問題，通常與電子郵件和會議數量太多有關，以及耗費過多時間在缺乏策略性的雜事上，進而讓溝通管道變成毫無效率的漩渦、白白損耗心神。缺乏專注力的會議，會帶來不必要的電子郵件，然後再次製造出用來理清事項的會議，接著產生更多的電子郵件……無限循環。雖然電子郵件和會議都是妥善整理工作的必要成分，但很多時候往往會變成問題來源，原因大多在於人們沒有嚴格檢視自己的目的與預期結果。

當人們跳脫抱怨及受害者心態，逐漸轉為以結果和行動來決定方向時，自然而然就能賦予自己更多力量；若進一步成為團體中的標準，就能大幅改善團體氛圍及產能。人們要面對的問題和機會已經夠多了，因此，請務必保持將負面情緒與消極抵抗的心態，轉化為能在適當層面專注於預期成果的能力。

> 沒有實踐的願景是場白日夢；沒有願景的實踐是件苦差事；若是願景與實踐在一起，將造就這個世界的希望。
>
> ——英國蘇塞克斯的某教堂

人們如何處理收件匣、電子郵件及與他人對話的縮影，將反映在所屬文化及組織的宏觀層面上。若有任何遺漏或疏忽、行動決策在前置作業時就遭到拒絕，或部分開放式迴路缺乏妥善管理，團體結構將會把這些事件擴大，而組織文化也

會承受如戰爭般充滿壓力的受困心態。反之，假如每個人都確實採取「搞定」模式的原則，組織文化就能期待並體驗到嶄新的高績效水準。當試圖在世界上做出任何改變（或維持某一情況）時，雖然問題和爭執都不會就此消失，但本書所介紹的運作方法，將能提供適當的關注焦點及架構，讓人得以用最有效的做法來處理這些問題。

常有人問我：「這個模式會如何改善組織呢？」事實上，我推薦過的所有原則皆適用於個人及企業兩者。捕捉占據團體專注力的事務、理清想達到的潛在成果及其所需採取的行動、隨時回顧狀態並融入新的事件發展，以及一致性地重新調整與分配資源——這些對任何團體或組織來說，都是最佳實踐方式的精髓。然而，就如同無法教導組織該如何閱讀一樣，我們也不能期待馬上用「搞定」來「改善組織」。為了在知識經濟中順利運作、永續發展，大多數企業都需要願意閱讀的人才，同時組織文化也能提供訓練及支援，以確保達成目標；因此，組織也需要精通「有效搞定事務」藝術的人，以便能在本世紀所要求的全新層次中妥善經營。如果「搞定」能透過公司期待、培訓和塑形中徹底實踐、穩固扎根，將會為組織產能帶來非常深遠的影響。

第 14 章
「搞定」模式與認知科學

　　自從《搞定》初版問世後，社會心理學及認知心理學的重要研究，都有記錄並證實了本模式的功效；這些實踐方法的效果之前只能透過實際經驗與軼事的方式來證明。任何曾使用「搞定」技巧來捕捉、理清、整理及回顧結果清單的人都會得到相同成果：更清晰、更有掌控力及專注力，並因此提升個人與組織的效益。若已經開始實行本書提到的任何程序，一定也會注意到自身行為的正面反應。

　　由認知科學領域權威所編寫的各項嚴謹研究（包含從個人到組織層面），都提供了有利的數據基礎支持本模式，解釋了「搞定」能創造正面結果的原因。這些理論說明，其實有點像是人們本來就已對地心引力的影響習以為常，只是某天突然有人以有力證據證實其存在；但從另一個角度來看，理論或許也能讓人更相信本書中的建議，並說明為什麼看似簡單的「搞定」能帶來如此驚人的結果。

　　以下是能支持「搞定」的各種研究或理論架構：

- 正向心理學（positive psychology）。
- 分散式認知（distributed cognition）。
- 釋放未完成事項帶來的認知壓力（relieving the cognitive load of incompletions）。
- 心流理論（flow theory）。

- 自我領導理論（self-leadership theory）。
- 透過實行意願力圖達成目標。
- 心理資本（psychological capital；PsyCap）。

正向心理學

西元2000年，馬丁・塞里格曼（Martin Seligman）成為美國心理協會主席。他在致辭時向心理學家提出挑戰：他認為，心理學描述、研究及判斷人類狀態的焦點，應該從負面因素轉向人類本有的正向層次。他的理論比馬斯洛（Abraham Maslow）在20世紀中將「自我實現」描述為「心理學最高境界」更加主流，甚至當他呼籲大家採取行動後，正向心理學就逐漸茁壯，成為心理學領域中發展完善的一環。

心理學界改變視角後發展出的研究，可分為基礎與應用兩種層面，成為理解人類心理架構的途徑之一，改善了許多人的生活。正向心理學是一門範圍廣闊的學科，相關研究包括快樂、心理健康、心流（flow）／最佳體驗、意義、熱情、目的、真誠領導、優點、價值、個性及道德等；世界各地都有關於這些領域的研究所課程，目前仍持續擴展。

這和「搞定」之間究竟有何關聯？「搞定」不僅是管理任務及專案的方法，更在許多層面上專注於有意義的工作、正念生活及心理健康，而非單純提供提高效率或產能的方式。「搞定」強調（並要求）人們必須使用結果導向思維來處理雜事，並以具體的方式捕捉、理清、整理與回顧結果，進而能更清晰思考——也就是描繪出讓人生更加美好的核心實踐方式。

話雖如此（若有體驗過就會懂了！），了解關於心理層面、健康與績效間實質關係的理論和研究仍然非常有趣；這些關係也與「搞定」模式的原則及實踐有密不可分的關聯。

分散式認知：擁有外部大腦的好處

在 2008 年，兩位比利時研究員在一本專業科學期刊上，發表了一篇令人驚豔的論文，題為〈搞定：無壓力提升工作效率模式的科學原理〉。這兩位研究者從認知科學的角度切入，運用可驗證的數據和工作理論來研究我的模式[1]；他們精彩細膩的考量與結論，遠超過本書所能解說的範圍（這篇論文值得一讀再讀），其論點非常深奧，在此長話短說：人類的心智就是被設計來基於認知到的格局來產生各種想法的，而不是用來記憶任何事的！

> 你的大腦該被用來發想點子，而非儲存點子。

人類的心智發展擁有非常卓越的辨識能力，但記憶的功能卻非常低。人們可以瞄一眼行事曆，便在短短幾秒內對當日行程、內容及情境有明確概念，但卻很難憑記憶想起接下來 14 天的行程和內容。

在丹尼爾‧列維廷（Daniel Levitin）所著的《大腦超載時代的思考學》（The Organized Mind）中，詳盡解釋了認知科學領域的各種嶄新發現：在現今資訊時代，只用大腦來管理、保存訊息的效果相當有限；建立和使用「外部大腦」有其必要性。結論是，一旦人們把記憶當作個人整理系統（亦即世界上大多數人對生活中大部分事務的做法），大腦就會因為被要求做過多本來就不擅長的事，導致不堪負荷。

然而，若能讓大腦的專注力維持在適當且有效率的狀態，妥善建立日後思考與行動的觸發點（例如看完一封信後，就在行事曆上安排會議以處理信上的問題），就能讓大腦放鬆，開始面對該情境中應處理的事務、自然進入縝密思考的

---

1 Francis Heylighen and Clement Vidal, "Getting Things Done: The Science Behind Stress-Free Productivity," *Long Range Planning* 41, no. 6 (2008): 585–605.

狀態，同時讓人們相信自己一定能提前看到會議備忘提示、預先做好準備。

「搞定」能提供辨識出這些事項所需的專注力、讓人能有效處理前置作業，並依適當時機與需求整理好備忘提示。比利時研究員不僅對如何最有效運用大腦的長處與短處，提供了深入的見解，也在如何有效地以最少的思考帶來深遠的影響上，創造出良好的架構[2]！

釋放未完成事項帶來的認知壓力

本世紀初，鮑梅斯特博士（Dr. Roy Baumeister）等人，在研究已啟動但尚未完成的事項（如目標、專案、預期結果等）如何影響人們的意識上，有許多成果豐碩的貢獻。他的結論很簡單地驗證了我數十年來的經驗：未完成事務會造成大腦負擔，並降低看待事情的清晰度與專注力[3]。

但有趣的是，正如同「搞定」的實作方式，鮑梅斯特博士也證明了，若想釋放這些精神負擔，不一定需要完成那些事，而是要持有可信賴的計畫，確保未來一定會執行這些事務[4]。

在鮑梅斯特博士的模型中，為了完成某件事以釋放壓力，只需要針對「計畫」的目標辨識出下一步行動就夠了，也就是相信自己一定會在合理的時間內看到觸發點或備忘提示即可。在他傑出的《增強你的意志力》（*Willpower*）一書中，大量引用我的思維模式與方法論，並將之視為管理「心理肌肉」的法則，也

---

2 Heylighten 的背景和專長為研究昆蟲行為—這些相較之下沒什麼大腦的生物是如何創造出驚人的成就。他的建議令人驚豔：人類應該用「搞定」模式作為關鍵平台，並效法昆蟲的行為。

3 Roy F. Baumeister and E. J. Masicampo, "Unfulfilled Goals Interfere with Tasks That Require Executive Functions," *Journal of Experimental Social Psychology* 47, no. 2 (2011): 300–11.

4 Roy F. Baumeister and E. J. Masicampo, "Consider It Done! Plan Making Can Eliminate the Cognitive Effects of Unfulfilled Goals," *Journal of Personality and Social Psychology* 101, no. 4 (2011): 667–83.

鼓勵人們必須持續運用這項法則，特別在知識工作領域中更是如此[5]。

心流理論

「心流」（flow），亦即處於最佳表現與全心執行的狀態，是此領域中相當受歡迎的概念，也時常被連結到「搞定」模式。運動選手會將心流稱為「身心合一」的狀態，也類似於第 1 章所提到的「心境如水」。

心流體驗中蘊藏了許多截然不同的元素，「搞定」模式包含了其中幾種。要達到心流境界，必須在處理任務時擁有足夠的能力；若眼前的挑戰超出現有能力，人們就會產生焦慮；而若能力優於挑戰，則可能會在過程中感到乏味[6]。心流通常發生在人們全然專注於某件任務，且覺得自己具有掌控力、擁有明確的目標之時。處在心流狀態中不僅能感覺到接下來會發生的情況、從行動中即時收到回饋，也會體驗到行為與認知融為一體，而且暫時忘卻自己、忽略時間流逝。這些人的動力通常來自於內在動機與個人使命感，而非為了外在獎勵，同時往往能達到最佳表現、全心投入其中。體驗過心流的人常會強迫自己重複進行當初引導他們進入該境界的活動。

雖然心流的概念源自於對休閒娛樂（如攀岩或繪畫）的研究，但森特米哈伊（Csikszentmihalyi）與列斐伏爾（LeFevre）[7]發現，比起休閒娛樂（18%），人們在工作時（54%）會更專注在需要高度技巧及高難度的事務上。根據森特米哈

---

5 Roy F. Baumeister and John Tierney, *Willpower: Discovering the Greatest Human Strength* (New York: Penguin Press, 2011).

6 Roy F. Baumeister and John Tierney, *Willpower: Discovering the Greatest Human Strength* (New York: Penguin Press, 2011).

7 M. Csikszentmihalyi and J. LeFevre, "Optimal Experience in Work and Leisure," *Journal of Personality and Social Psychology* 56, no. 5 (1989): 815–22.

人們的意識一次僅能關注一件事，一旦窮盡心力投入某件事時，將可進入心流狀態。

伊的解釋，這是由於許多工作本身就具有讓人進入心流狀態的目標與回饋機制，也是一種與高層次主觀幸福感有關的現象[8]。

「搞定」模式包含了許多體驗心流的條件，也就是握有明確目標與能得到回饋。「搞定」著重於一次專注在一項任務上，和心流體驗的核心，即完全投入於單一行動、不受外界干擾，有緊密的關聯。「搞定」能讓使用者更容易在工作與個人生活中達到心流境界。一旦人們能將任務從大腦移到外部系統中，思緒就會更清晰、更容易追蹤進度，而也是一種回饋。只要完全清楚工作和生活中有哪些未完成事項，就能幫助人們適當決定什麼時候該做什麼事，徹底執行手邊的任務，進而更容易進入心流狀態。

自我領導理論

最早可追溯至 1980 年代的「自我領導」，是自我管理概念的延伸。對奈克（Neck）與曼茲（Manz）[9]而言，自我領導是人們控制自身行為、藉由特定行為及認知策略來影響自己的過程。「自我領導」受歡迎的程度，能從大量的實踐者導向書籍、理論、科學期刊、管理與領導教科書，以及自我領導培訓方案中略知一二。

構成自我領導的策略一般可劃分為 3 個類別：行為聚焦、自然獎酬及建設性思維模式。

---

8 Clive Fullagar and E. Kevin Kelloway, "Work-Related Flow," in *A Day in the Life of a Happy Worker*, ed. Arnold B. Bakker and Kevin Daniels (New York: Psychology Press, 2013), 41–57.

9 Christopher P. Neck and Charles C. Manz, *Mastering Self-Leadership: Empowering Yourself for Personal Excellence*, 6th ed. (Upper Saddle River, NJ: Pearson Prentice-Hall, 2012), 192.

行為聚焦策略（behavioral-focused strategies）：通常著重於運用促進行為的管理模式，來達到提升自我認知的目標。這些策略在工作情境中，一般會將焦點放在處理必要卻令人厭煩的任務上。自我觀察、設定自我目標、自我獎勵、自我懲罰及自我提示都屬之。

　　自然獎酬策略（natural rewarding strategies）：目的在於打造讓人能因活動本身感到激勵或獎勵的環境。這種策略的宗旨是重新塑造令人厭惡的任務或活動，好讓人樂在其中、將注意力放在活動本身的報酬上。

　　建設性思維模式策略（constructive thought pattern strategies）：這與建立具正面影響效果的思考方式息息相關。這類策略包含：自我對話、心理意象，以及汰換過時或失當的想法。

> 為自己準備合宜的提示，以便在正確的時間留意到正確的事，這就是實踐無壓力工作效率的核心法則。

　　以上 3 種自我領導類型中，每一種都與「搞定」模式有關聯，其中又以「自我提示」（self-cuing）的概念最為明顯。架構良好的「搞定」系統能提供實體事物以促進未來行動；此外，「搞定」也將自然獎酬策略的要素具體化：當人們能辨識出微小卻煩人的任務並妥善處理時，就會產生愉悅感，完全清空腦中雜事甚至有點空閒時也具相同成效。最後，「搞定」模式的關鍵要素之一就是，與其單純把工作視為一**系列**大型專案，不如轉換思維，只看工作的具體下一步行動這一**件事**。從失敗者、不堪負荷的想法中，轉變為激勵自己大步邁進，就是將心態轉向積極正面的絕佳範例。

　　自我領導策略已被證實能改善人們對自我效能的觀感，而在組織心理學範疇中，「自我效能」研究是發展最完善的架構之一。無論是一般職員還是創業家，自我效能都與工作滿意度、工作表現及其他正向的組織行為息息相關。

透過實行意願力圖達成目標

「目標」（預期結果）是人生中不可或缺的一環，而「搞定」模式則能促進個人及職涯目標實現。葛威澤（Gollwitzer）與鄂廷根（Oettingen）曾以「實行意願」（implementation intentions）的概念來對「目標實現」進行一系列重要研究[10]。簡言之，他們認為要促使人們對訂下的目標採取行動，最佳辦法就是在腦中建立有關**何時行動**的因果關係鏈。一旦提早做出計畫（具實行意願）並決定該在何種情境下採取什麼行動時，人們幾乎就能自動自發地採取適當的行動，而非被有限的意志力所綑綁。換言之，只要相信自己或多或少能自動完成一些事情，就能提供足夠的動力以達成目的，而不必白白將能量耗費在擔心或思考自己何時該做些什麼。

只要在系統中設定好達成目標所需行動的提示，就是將「搞定」與實行意願進行聯結。舉例來說，你可以設定「在辦公室有超過 1 小時且精力充沛時，就好好檢視專案清單，挑選某項具挑戰性的項目來進行」，或是「在星期日下午進行每週檢視」與「一旦感到慌亂或不堪負荷就來清空大腦」等，都是充滿無限可能的實行意願提示。

心理資本

「心理資本」是組織心理學家評估個別員工整體內在資源狀態與效果的新架構，涵蓋 4 種層面：自我效能、樂觀、韌性和希望。

- **自我效能（self-efficacy）**：有信心面對並投入必要努力以完成挑戰。

---

10 Peter M. Gollwitzer and Gabrielle Oettingen, "Planning Promotes Goal Striving," in Kathleen D. Vohs and Roy F. Baumeister, eds., *Handbook of Self-Regulation: Research, Theory, and Applications*, 2nd ed. (New York: Guilford, 2011), 162–85.

- **樂觀（optimism）**：對於現在與未來的成功做出正向歸因。
- **希望（hope）**：堅持邁向目標，必要時也能改變通往目標的途徑。
- **韌性（resilience）**：遭遇困境或問題後，能恢復或甚至讓自己狀態更佳。

這些因素從個別來看，都能在一定程度上預測出某些結果。例如，人的樂觀程度與特定結果或行為間存在某種可統計的關聯性；然而，整體觀察這 4 項心理資本元素時，則可得出加總的預測結果。即使心理資本的研究時間相對較短，但也已證實和許多個人及組織的正向結果（如工作表現[11,12]及心理健康[13]）有關。

比起關注單一特質，心理資本的概念更適合用於描述人們的心理狀態；換言之，心理資本就像人的心情一樣，幾乎隨時都能改變、增強或削弱。更平易近人地說，就是心理資本能影響人們對一整天經歷到的事的感受好壞。你對要做的事感到信心十足，還是快被擊垮了呢？好消息是，這些狀態是可塑的，人們可以在不必改變自己的前提下，採取有助於改善的行動。

「搞定」的原則與高效心理資本的 4 種要素及其預期成果都有直接關聯。人們只要能完整知道並維持與自我及他人訂下的承諾，以便隨時能適當決定該做什麼或不做什麼，自然就會建立自信心與掌控力（即**自我成效**）。而辨識出所有開放式迴路，將之從大腦記憶轉移到外部大腦，系統化判斷具體可行的下一步行動，就是自我控制與引導的絕佳演練。使用「搞定」模式的人能徹底了解自己該做什麼，以及在現有時間、精力和情境下，該採取什麼行動最有效。

11 F. Luthans, B. J. Avolio, J. B. Avey, and S. M. Norman, "Positive Psychological Capital: Measurement and Relationship with Performance and Satisfaction," *Personnel Psychology* 60, no. 3 (2007): 541–72.

12 T. Sun, X. W. Zhao, L. B. Yang, and L. H. Fan, "The Impact of Psychological Capital on Job Embeddedness and Job Performance Among Nurses: A Structural Equation Approach," *Journal of Advanced Nursing* 68, no. 1 (2012): 69–79, doi:10.1111/ j.1365-2648.2011.05715. x.

13 J. B. Avey, F. Luthans, R. M. Smith, and N. F. Palmer, "Impact of Positive Psychological Capital on Employee Well-being Over Time," *Journal of Occupational Health Psychology* 15, no. 1 (2010): 17–28, doi:10.1037/ a0016998.

由於「搞定」能將成功完成專案與個人目標（及所付出的努力）相連結，所以能讓人們變得更樂觀；人們能透過「搞定」的方法辨識出有意義的專案，接著在理想狀態下確實依循建議流程，直到完成專案為止。每一次「成功」，就會創造更大空間以做出更多正向承諾。

　　此外，「搞定」模式著重在前置作業中便做出決策，亦即「以行動定義工作」，這項原則可視為兩種「希望」（設定目標及辨識通往目標的途徑）層面的演練。人們會在前置作業的決策過程中設定目標（「怎樣才算**完成**？」），並判斷實現目標應達成的任務（「下一步行動是什麼？」）。

　　雖然目前尚未有任何資料能證明「『搞定』能讓人更輕易從失敗中恢復（韌性）」，但對我而言，世界上許多最傑出、最聰明的人就是活生生的驗證。有大量證據顯示，人們在面對嚴重家庭危機或是職業生涯巨變時，實踐「搞定」能幫助他們維持神智清晰、穩定度及工作效率。此模式能賦予人們面臨困境時所需的冷靜及掌控力，進而全神貫注於眼前的任務，若有必要，也能讓人即刻調整許多角度和觀點。面對充滿壓力與困難的狀態時，能清楚思考並有效處理想法的人，較能安然度過危機。

　　心理資本架構也能有效讓人理解，為何以「搞定」為組織文化標準的團體，在面對組織互動、反應及其結果時，能體會到「從食物鏈中不斷爬升」的現象。無論心理資本在組織心理學領域中，是否能繼續發展為具權威及可驗證的一環，對於說明實踐「搞定」所帶來的心智、情感、省思、甚至實際好處，都是絕佳觀點。

　　可想而知，未來一定能看見嶄新的科學數據，證明我在使用「搞定」的第一天就意識到、且無數使用者分享過的事實：一旦妥善捕捉、理清、整理與回顧所有具潛在意義的事務，就能開啟大腦中更成熟、優雅及充滿智慧的一面，進而創造無與倫比的體驗和成果。

第 15 章
「搞定」精進之路

　　事實上，「搞定」是種在不同層次上的終身實踐，和演奏樂器（如小提琴）、運動（如打網球）和競賽遊戲（如下棋）非常相似，也像從事數學、陶藝、藝術學問或甚至是養兒育女一樣，這些活動都包含學習與應用精確的行為和技巧，而且學無止境，永遠都有更深入、更奧妙細微之處供人探索。

　　「搞定」是處理生命中接連不斷的事務及全心執行的藝術，而人們的狀態也會隨著年齡與境遇持續改變。「搞定」的用意在於協助人們運用自信及流程來辨識、駕馭自我承諾與興趣。人們的工作與專注領域會隨著時間而改變，有時甚至是巨變；但全心執行每一件事，則可透過學習、實踐，終身不斷精益求精。

　　「精通」不代表最終得像坐在山頂上進入類似入定的平靜與悟道的狀態（雖然這可能也是不錯的選擇），而意味著無論面臨什麼挑戰，都能在想要或必要的時刻，保持思緒清晰、具有穩定度及專注力，發揮全心執行事務的能力；一旦面臨模糊不清、不穩定及干擾注意力的事務（也就是個人環境產生變化的徵兆）時，就可以知道自己是否已完整具備這種能力。「心境如水」的觀念並沒有假設水永遠不會受到干擾，而是與其對抗干擾，水能適度回應干擾、與之共存。從小學 6 年級的回家作業、新工作的要求，到退休後該做什麼的擔憂……，都是人一生中可能會遇見的干擾。

若要精通「搞定」，就必須學習、融入書中各種最佳實踐方法，並整合到個人生活中，這將造就比單純加總各項技巧還要更強大的效果。就像在學習網球時，人們會先著重於分解動作，例如反手拍、正手拍、高吊球及發球；但實際上比賽時，則會全面整合在一起。隨著技巧提升，專注力也會變得更加成熟，進而發展出全方位的策略。同樣的，要精通「搞定」，剛開始也是得熟悉各項要素、技巧及工具，然後才是完整融會貫通到生活與工作中；而個人的精進程度，將反映在能夠不經思索地運用整合完善的系統與方法。

精進「搞定」的 3 個階段

根據多年來觀察採行「搞定」方法論使用者的經驗，我發現人們普遍會呈現出下列 3 個發展階段：

1. 運用「搞定」於最基本的工作流程管理。

2. 建立較為深入與整合的人生管理綜合系統。

3. 透過「搞定」技巧創造明確的空間，並搞定所有事來拓展個人表現。

學開車的經驗是個很棒的比喻。第 1 階段在於掌握基礎能力，讓人在駕駛汽車時能不傷害自己或他人。雖然此時的行動有點笨拙、也常違背直覺，但只要技巧純熟到能取得駕照，你的世界將大幅擴展，因為現在你能到達以前無法去的地方、完成之前辦不到的事。接著，你會逐漸進入不需思考就能順利開車上路的境界，開車已成為生活中習以為常的一環。最後，你可以選輛高性能的車，此時最大的挑戰和機會，就是自己專注於前方路況的程度、與車輛合而為一，進而在開車時體驗到高層次的滿足及成就感。

其中每個階段都有不同的專注層級，也各有所需運用的特定技巧。起初車子的移動可能看似笨拙且距離很短，但卻是專注於極小層次的流暢動作；一旦對此過程感到自在與熟悉後，你便會將專注力延伸到下個街角或高速公路出口；接

著，便能逐漸在多個層面運用更有意識、方向更明確的專注力，並在整個城市中自由開車徜徉，掌握所有狀況。同樣的，只要習慣運用「搞定」的各種技巧，就能將專注力從系統運作的細節，轉移到更大格局的成果。

第 1 階段：精通基礎原理

剛開始看似簡單，然而，還是需要花點時間才能精通「搞定」的基本要素，也就是基礎原理。雖然本模式的概念和原則並不難理解，但要在生活中完整落實，卻不見得會很自然順暢。就像學開車、空手道或演奏樂器等各種精細的活動一樣，人們起初都會對這些動作感到陌生或不舒服，但練習過上千次之後，便能體會到其優雅、力量與流暢，這是其他方式所辦不到的。

例如，學習如何捕捉**所有**具潛在意義的事務，並放入可信任的外部空間，以便清空大腦、維持平靜，在實踐時可能就像學習手動換檔般令人畏懼；此外，「把事情寫下來」也不是什麼新技巧，甚至可能徹底違背直覺，因此看似不值得花費精力來實踐（「沒有什麼急迫的重要性，幹麼浪費力氣？」）；但養成習慣更敏銳地將這類思緒外部化，並利用手邊工具採取必要行動，才是真正的挑戰。

下列「搞定」的基本實踐方法，是人們最常在一開始能確切實行，但很容易就因為未落實、過時而導致功能喪失的項目；為了確實「搞定」，請務必：

- 針對「待辦雜事」決定出下一步行動。
- 充分運用等待中清單，將**每一件**需要他人完成的事項都放入清單，並在適當的時機追蹤檢視。
- 使用議程清單來捕捉與管理需與他人溝通的事項。
- 持有一個簡單、容易存取的歸檔與參考資料系統。
- 純粹將行事曆視為「硬體景觀」清單，不添加不必要的內容來降低其可靠程度。

- 進行每週檢視以維持系統功能與更新。

人們很容易脫軌

若對實行「搞定」懷有極大熱忱，那麼跨出第一步其實並非難事。然而人生在某個階段，難免會有許多事情如洪水般全面襲來，倘若此時這些新技巧尚未在自身的行為模式中扎根，人們便很可能會脫離正軌、就此放棄。

大多數人習慣用大腦來記憶事情，所以很容易就會回到這種熟悉的模式。由於決定下一步行動必須在認知層次上花費一些力氣，因此，若某件事並非緊急狀況，「不要浪費力氣」其實是個很誘人的選擇；倘若還沒有習慣進行每週檢視，那麼要挪出時間可能也是個令人恐懼的挑戰。這些狀況都會造成個人系統過期、不完整；而當系統沒有真正減輕壓力，讓人無法相信自己的清單有助於達成所有事項的目標時，人們就會決定不要維持系統，並寧可把事情重新收回大腦記憶。在這種情況下，快速放棄「搞定」模式是常有的事。

但重返正軌也不難

不過好消息是，雖然脫離工作效率的軌道很容易，但重新返回也不難，只需重新使用基礎步驟即可：拿起紙筆再次清空大腦；清空行動清單與專案清單；辨識出新的專案和行動項目並加入清單，好讓清單維持在最新狀態；清理遺漏在系統之外的事。

每個人幾乎都會經歷這種脫軌與歸返的過程，特別在精通基礎原理的第 1 階段更是如此。根據個人經驗，要將此階段中的實踐方法完整融入生活及工作風格中、並妥善維持，可能要花 2 年以上的時間。

另一個好消息是，就算只從書中學到部分概念，或並未定期實踐本系統，還

是能帶來明顯的改善：光是了解 2 分鐘定律就能產生極為珍貴的效益、只是比過去多寫下了些腦海裡的念頭，就能睡得更安穩、定期清空電子郵件收件匣，便擁有足以大肆慶祝的好理由，而單純詢問自己或他人：「下一步行動是什麼？」就足以無壓力地提升工作效率。

當然，若能結合越多技巧並以系統化方式整合運作，就越能感受到放鬆、專注與掌控力。對於大多數成功精通基礎原理的人而言，這是種脫胎換骨的經驗。若能達到這個階段，就能更迅速、更輕易地完成更多事項，而在處理生命中各種細節時也能更具信心。在「搞定」精進之路的第 1 階段，人們將逐漸在每小時、進而到每一天都能讓自己維持在專注與掌控的狀態。

第 2 階段：建立人生管理綜合系統

現在，你可以順利邁向下個境界：每週、每個月（甚至更久）都能確切掌握自己的生活。這需要更細膩的認知與實踐。就像先前提到的，一旦開車技術有所長進，不僅能拓展視野、行動更流暢，也能更專注於目的地而非車子本身。同理可證，運用「搞定」到某種程度時，就不會專注在系統本身或操作方式，而能更有彈性、以個人化的方式運用系統，作為長期促進掌控力及專注力的可靠工具。

精通「搞定」模式的第 1 階段在於妥善處理收件匣、電子郵件、會議、電話、議程、等待清單、參考資料歸檔系統、管理清單及使用正確工具等；第 2 階段則著重於更大的問題：如何驅動基礎層次的內容。地面層的行動和資訊之所以存在，就是為了處理必須完成的專案、應解決的問題，以及複雜生活中所專注與感興趣的領域等重大事件。為什麼會收到那封電子郵件？那場會議的目的是什麼、為什麼必須參加？下一季會出現什麼需要現在著手處理的問題？是否有某些「專案」因為環境改變，必須移到「將來／也許」清單呢（反之亦然）？

精通基礎原理不僅能提供迅速有效的執行方法，也能讓人獲取能力和空間來

面對需要高層次掌控力及專注力的事項（也就是專案），進而能辨識、管理並了解專案之間及其與運作的關係。善於使用外部大腦能釋放並提升認知能力，讓人們能以更有創造力、更有效率的方式來運用個人管理系統。

以下是能進一步達成「搞定」第 2 階段的指標：

- 擁有完整、保持更新與明確的專案清單。
- 在工作及個人方面，各有張能呈現自身角色、責任與興趣的工作地圖。
- 擁有依目前需求及方向進行個人化配置、能在日常生活中驅使自己前進的人生管理綜合系統。
- 能激勵自己運用（而非偏離）「搞定」軌道的挑戰和驚喜。

專案是運作系統的命脈

在「搞定」精進之路上往前邁進時，當你的專案清單不再只是用來回顧，而能確實驅動下一步行動清單變得更完整時，就將達成第 2 階段。此時，專案本身會更真實地反映出你的職責、專注領域及興趣，而自我管理系統的重心，也會從地面層往上移至第 1 ～ 2 層高度之間（請參照第 2 章中的第 92 頁）。

雖然這對持續體驗無壓力工作效率來說非常重要，但只有極少數人會在日常生活中實際定期且完整地檢視專案清單（甚至是已實行「搞定」多年的人亦然）；反之，已達到此階段並感受到效果的人，則會將**專案清單**視為每日行動的指標。

由於我對於專案的定義十分廣泛（任何在一年內要達成、需兩個以上行動才能實現的事項），因此，即便專案看似明確（「買新輪胎」、「維修印表機」及「找到新保母」等），要確實勾勒出來或許還是有些困難。然而，此階段的成熟度就在於，將更細微的預期結果定義為可行的行動（「理清法蘭克在團隊中的新角色」、「研究如何改善貝蒂娜的數學成績」和「解決和鄰居的房產邊界問題」

等）。在此階段，確認自己是否已精通「搞定」與掌握自我生活的指標就是：能辨識出所有占據專注力的事項（憂慮、煩惱、疑惑、問題及焦慮），將其轉換成可實現的結果（專案），並確實採取下一步行動。大多數人都會拒絕辨識問題和機會，除非知道自己能成功處理那件事；然而人們卻沒有發現，探索、檢視、或在沒有任何解決方案的情況下，使用某種方法來接受或放棄那件事的過程，就是個適當的結果（專案）了。無論實現結果的途徑有多麼模稜兩可或混沌不清，只要能辨識出潛在專案、逐步解決的方式、找出適當方法來執行，就是非常了不起而成熟的自我管理了。

評估專注領域並拓展專案清單

人們所做的每件事都源自於所承擔的責任，抑或是在生活中感興趣與投入的領域。我會打電話關心哥哥，是因為「家庭關係」對我而言很有意義；我會去買蔬菜，是因為覺得「健康和活力」很重要；我會為了董事會議準備議程，是因為希望自己能在公司中維持職責所必須的「企業督導責任」。

一旦人們為此層級（即所有可辨識的工作及生活專注領域）確實製作清單時，一定會發掘出需要加進專案清單的事項。此外，人們通常也會發覺，自己並未適當專注在工作、生活，或兩者之中的某些部分，進而有動力驅使自己為專案清單增添更多平衡與完整性。

人生管理綜合系統

「搞定」第 2 階段的另一層面在於，系統不僅集結了許多清單、資訊、應用程式及工具，更凝聚成「中央控制室」，使所有元素都能一同運作，好讓人們得以有效執行任何可能發生的情況，進而擁有客製化清單和類別的能力，得以隨心

所欲地用以回應環境中各種改變，以及深入理解各種事情的可能性。

由於人們會了解「搞定」中各部分的精髓和價值，因而能自由配置實行方法，並以最佳途徑來滿足個人需求。若有需要，也能使用自己的工具打造專屬的「搞定」系統應用程式，並依照建立定位地圖（orientation maps；如行事曆、檢查表、專案清單等，能提供適度應對當下情境說明的客製化清單）的原則行事，以確保自己在任何情況下皆投入了適當的專注力。這便是「搞定」帶來的**功能性覺察**。

此時，你在面對任何事務時，都會了解自己該採取的行動。不論是在午餐會議拿到的名片、早晨醒來時，對於可能會進行的某專案的初步想法、突然得到一張重要宴會的私人邀請函，或是拿到上次健康檢查時的驗血報告等。你可以建立能存放任何具有潛在意義的資訊的儲存空間；對於即將到來的旅程，也能輕易想到該安排的優先順序；手邊持有下一次主辦網路研討會時所需要的全部資訊；為銀行集結一份公司概況不費吹灰之力；而且一旦需要為接下來的兩年計畫召開家庭會議時，也能迅速準備好情境。你將擁有多元、有效、幾乎能為任何情境（無論在家中、辦公室或在路途中）無縫接軌的導航工具，來為你指引正確方向。

壓力能創造更好的實踐效果

有些試過「搞定」模式、卻覺得沒什麼進展的人常表示，自己在經歷一連串極度繁忙的連續出差行程、感冒很久、與重要客戶有關的突發狀況，抑或是在既定工作之外被要求主導重要專案等種種原因之後，就決定停止嘗試「搞定」。

相反的，在運用和體驗「搞定」上都已經極度成熟的人則常說，使用「搞定」正是讓他們能更有效、更無壓力地協調那些緊張情勢的原因。

因此，在「搞定」精進之路上達到第 2 階段的程度時，就會抵達某個交叉點，也就是：問題和機會非但不會導致人們放棄，反而能激勵人們更加落實「搞

定」。因此，當人們面臨工作上某個突發問題時，能很快地清空大腦，回到充滿掌控力的境界，而非重返用大腦記憶所有事的模式；同時也會盡快針對情況辨識出預期結果、專案及下一步行動，而非乾著急；此外，也會在週間進行每週檢視，以幫助自己更專注於重新調整工作，而非自動將最新、看似最急迫的狀況視為優先重要。

精通「搞定」第 2 階段的優雅並非遙不可及。對到達此境界的人而言，會感受到自己正在開創欣欣向榮的局面。**欣欣向榮**的定義和情況，對 24 歲的搖滾樂手和 54 歲有 3 個小孩的律師而言一定大不相同，然而兩人從「搞定」中獲得的遼闊體驗及歷程是一模一樣的。

第 3 階段：享有專注、方向與創造力

一旦運用「搞定」的基本要素，將生活與工作中各項高層次的承諾整合至可信賴的個人系統中，就能抵達第 3 階段：透過清晰的內在來提升個人體驗，並進入正向循環。

第 3 階段的精通程度，涵蓋 2 個關鍵要素：

- 運用被釋放的專注力來探索承諾與價值中更深遠的境界。
- 使用外部大腦創造嶄新價值。

全心執行最有意義之事的自由

一旦真正了解並相信自己會確實與有效處理收件匣中的事務，就可以自由地將瘋狂的想法、想研究的潛在新技術、想寫的書，或是某個令人感動、想全力支持的非政府組織網站等任何項目放入收件匣。有了產出的力量，就能創造充滿力量的結果[1]。

能專注在生命中更細膩、更高層次事務的能力，大部分源自於解決那些無可避免的日常瑣事；因為這些事若缺乏妥善執行，就會輕易擾亂、耗損充滿創造力的專注力。

我非常佩服那些能有效劃分自己專注力的人；當有一大堆未回覆的電子郵件、當機的電腦、報稅、岳母對婚禮的抱怨、急需銀行信貸延期等事項都積在心上時，他們還能寫出電影劇本、為慈善機構撰寫願景，或寫出完美的婚禮誓言詩篇。我也知道，「搞定」能妥善解決這些問題、釋放專注力，就能大幅增加創意活動的空間與靈感。研究顯示，在大腦中堆積開放式迴路，會對專注力和績效造成負面影響。許多人宣稱自己能把工作留在辦公室，並放下一切來投入感興趣的創造力活動；但依我個人經驗，這只不過是因為他們缺乏「生活中少了這些壓力」的情境可參考比較罷了。

只要消除對日常瑣事的焦慮感，就能更輕易地將注意力轉移到真正重要的方向和經驗的品質上。正如第 2 章提到的，高層的專注高度（年度目標、願景、人生目的與原則）才是優先順序的判定依據。但對大多數人而言，光是要專心、完成那些目標，就已經令人感到難以捉摸了，更遑論「逃避」（同時產生罪惡感）的最糟狀況了。不受干擾的大腦雖然無法讓人想像出 5 年後的成功場景（不過仍要試著刻意將專注力轉移到重要的事情上），但的確能讓人輕鬆地以高效模式全心執行日常生活事務。

藉助外部大腦的力量

一旦能維持這種精進程度，運用「搞定」的創造力也會讓人從處理日常生活

---

1 「好，還要更好」是我最喜歡的諺語之一。一旦更有信心、知道自己能在擁有所需的知識及資源前就有適當表現，就越能呈現出連自己都感到驚訝的各種可能。因此，「搞定」實踐方法在提升思緒清晰與自信的同時，也需要持續運用才能維持功效。

事務及潛在需求的最有效方式中，轉移到能妥善利用自己創造的情境和觸發點，來產生平常無法達到的創造力想法、視角及行動。

例如，在檢閱過於陳舊、可能過時的人物和企業資料，而需要淨空並更新聯絡人管理工具時，一定會在看到某些項目的當下心想：「根據我現在的事業範疇，的確該跟他聯絡一下了。」如果這種催化式思緒能確實轉換成有價值的結果，那你就嘗到了其強大成效的一小部分甜頭。若能學會使用捕捉步驟，將對的事務帶入意識專注領域，那麼每個人在一天之內，能產生多少對人際關係、工作及創造力表達有潛在價值的想法？

> 能夠不必再那麼耗神地思考自己該想的事情，感覺應該很棒吧？

這種具有高度創造力及工作效率的回顧行為，會在類似每週檢視時——亦即檢視過去及未來的行事曆事項（「喔，這提醒了我……。」），並更新專案及下一步行動清單（「對了，我現在需要……。」）時自動萌芽。定期重新評估「將來／也許」清單，能提供人們更加遼闊的世界（「你知道嗎，我想我**真的**會去上繪畫課！」）；但這些能觸發回顧的因子，還能提升多少體驗與人際關係？若能規律檢視，還會發現哪些蘊藏珍貴想法的內容？建立定期檢視的習慣並非易事，但若能超越那些基本範疇，就會接觸到無限可能。

在「搞定」精進之路上臻至成熟階段時，「清單」這種單純的概念也會產生極高的價值。認知科學家已證實，人類的大腦非常不善於「立刻想起某事」，但當眼前有具體事項可以評估時，大腦在「創造力思考」方面便能發揮絕佳功能。一旦大腦從記憶功能中解脫，完成「具體事項」的功效就會特別好，讓人無需花費太多精力思考自己該想些什麼。

想要多久被提醒一次要關心家人？想用什麼好用工具來提醒自己需要關心伴侶、兒子和手足？在工作網絡中，有哪些人值得列入重要名單（影響力及互動價值最高的人）？自己有多常檢視這張清單？寫下什麼肯定和鼓勵能幫助自己重新建立互動，而時間要間隔多久？

每個人都有替自我世界增添價值的無限可能，也能建立正確的架構來釋放大腦，使之從不拿手的工作中解脫並得以妥善運用長處。然而，這並不會自動發生。若能專精「搞定」到第 3 階段的程度，就能達到這些目標；辨識出其中的動態變化，並運用智慧進行自我導航，進而能自由自在、毫無限制地產生與發展想法，並運用加工及整理步驟妥善處理筆記和思維。只有最聰明的人才會了解自己的「聰明才智」與靈感全屬偶然；他們是精心打造系統及程序，以便利用沉睡在混沌背後的光輝，來處理這個野蠻的現實世界。

這條「搞定」精進之路結合了基礎原理、高層次的人生管理綜合系統，以及享有專注、方向與創造力等 3 個層次，其實並不一定要遵守本書所呈現的順序。大多數人都會在自己的實踐模式中運用到各層次的某些部分，而我也時常看見某些領域的初學者獲得驚人的極高成效。但根據個人經驗，若想完整實踐無壓力工作效率的方法，就必須穩紮穩打、按部就班，沒有任何捷徑。如果電子信箱中亂成一團，就不可能確實掌控每週情況；若沒有掌握好現實生活清單中的 75 項專案，就無法真正專注在長程計畫或願景之上。

無論有意識或無意識、明示或暗示，人們都會不斷接觸到所有層次。基本上，你有會議、專案、行動、目標及價值，而身為專業人士，你也會進一步發現工作中具有另一套必須實現的承諾。一旦精通「搞定」，就能在面對事情時擁有泰然自若的專注力。無論是有關重大問題的意外信件、這星期瑪莎阿姨的生日、公司潛在的策略性變動、發現自己其實很想要某套新廚具——都能以迅速、流暢的方式妥善處理每一件事，讓大腦除了專注於當下外，心無旁騖。

結語

希望這本書能對你有所幫助，甚至已經開始獲得成效，能夠在花費更少精力與更小的壓力下完成更多的事務。我也非常希望你已經感受到使用這些技巧所帶來的「心境如水」的自由，並已釋放出自己豐沛的創造力能量。剛開始嘗試「搞定」的人總會發現，其實際成效遠遠超過書上所提，而你很可能也開始有一些這種親身體驗了。

我相信，「搞定」可能證實了你在生活及工作領域上，一直以來都在執行的方法的效果；但是，或許本書能讓你在這個越來越緊湊且複雜的世界中，更輕易系統化地應用本有的常識。

關於「如何變得更成功」這個主題，世界上已有成千上萬種現代理論及模型，我的目的並不在於多添加一筆類似的概論。相反的，我試著定義出不會因形式而改變的核心方法，而且實務上也一定會讓人們得到效益。就像地心引力一般，當人們了解基本原則時，不論所需執行的是什麼任務，實際操作時都能夠更有效率；或許這就是教導人們如何回歸基礎的根源！

《搞定》一書，是張帶領人們實踐正向、放鬆與專注（代表處於最高工作效率的境界）的地圖。在此邀請你將《搞定》當成參考書，就像一張地圖一般，好讓你在任何有需要的時刻都能重返「搞定」的軌道。

最後，下列小秘訣能讓人更加順暢地往前邁進：

- 請準備好實體的個人整理系統所需的硬體設備。

- 請設置好個人工作空間。

- 請添購數個「收件匣」。

- 請在工作場所及家中都建立有效且能輕易存取的個人參考資料系統。

- 請準備好一個完善的、自己會想要使用的清單管理工具。

- 允許自己對工作環境做出任何想要的改變。放上照片、購買文具、丟棄雜物並重新設置工作空間。請確實支援自己重新開始的過程。

- 挪出一段空檔來清理整個辦公室，以及家中的每個區域。將所有事項收入個人系統，並仔細採行「搞定」的各項步驟。

- 與他人分享自己在本書中發現的任何價值（這就是最快速的學習方式）。

- 在 3 ～ 6 個月後，重讀一次《搞定》。你會發現某些第一次閱讀時可能不慎遺漏的概念；我保證，屆時你將認為這本書就像全新的一般。

- 與正在傳播及回顧這些行為及準則的人們保持聯絡[1]。

祝福你未來過得非常幸福！

---

1 你可以聯絡得到我們。歡迎隨時檢視 www.gtd.asia，以從其他人身上得到有關這些最佳實踐方式的諸多支援資料、對話及故事。同時，網站上具有關於支援產品及服務的最新消息，也能與世界各地樂於分享「搞定」的人們聯繫。

附錄：術語表

以下是本書在解釋「搞定」模式時，經常使用的詞彙。

可行動的（actionable）：描述某件可以採取行動的雜事。

行動支援（action support）：和下一步行動相關的數位或實體資料，是採取行動的參考資料，而非行動的備忘提示。

適度應對（appropriate engagement）：適度地關注雜事（適度應對，而不是「過度」應對），以免注意力被拉走。

積壓的事務（backlog）：形容堆積在心中或實體容器裡、尚未處理的雜事。

捕捉（capture）：對意圖要決策或執行的某件事情，採集（有時是想出來的）有意義的想法或雜事。又見「收集」。

類別（categories）：將內容相似的事或物進行分組，通常歸類於不同清單、檔案夾、檔案，或把實物放到不同位置。

檢查清單（checklist）：用來提醒、評估行動步驟，應遵循的流程或要點的任何清單。如：旅行清單、電腦備份流程、孩子上學前的檢查清單。

理清（clarify）：確認來自捕捉階段雜事的真正意義。如：「關於這件雜事，我需要採取什麼行動嗎？或將之作為參考資料？或當垃圾丟掉？還是應該留到以後再檢視？」

收集（collect）：聚集要給予某種評估、決定或需採取行動的雜事及想法。又見「捕捉」。

情境（context）：將備忘提示和資訊按照最合適執行的地點及心理狀態進行分類，以利放入系統中及從系統中取出。例如：在家、開員工會議、在電話旁、與夥伴對話時等。

掌控（control）：個人及組織管理的兩個關鍵因素之一（另一個是「視角」）。讓某件事處在穩定狀態和掌控之下，而不是試圖完全操控。例如：駕駛一輛車、按流程開會、依照食譜做菜等。

「搞定」（Getting Things Done）：一般狀況下是指本書描述的工作流程管理方法。例如：瑪麗亞是運用「搞定」方法的新手。

GTD：「搞定」（Getting Things Done）的英文首字縮寫。

專注高度（horizons of focus）：在個人或組織方面，根據不同層級所分別做出的承諾及想法。

地面層——現行行動（ground: current actions）：人們在實物和可視層面所處理的事情。如電子郵件、電話、面談、外出和會議。

第1層高度——現行專案（horizon 1: current projects）：時限在1年之內，超過1個行動步驟才能完成的事項。包括短期結果（如「修理煞車燈」）與大規模的專案（如「重組西部辦公室」），是「每週檢視」的關鍵待辦事項。又見「專案」。

第2層高度——專注及責任範圍（horizon 2: areas of focus and accountability）：生活與工作中需要維護的部分，旨在確保自身及企業的穩定及健康。例如：健康、財務、客戶服務、策略規畫、家庭、職業等。

第3層高度——年度目標（horizon 3: goals）：中長期想實現的結果（通常在3～24個月之間）。如：完成收購 Acme 管理顧問公司、為公司的領導力訓練課程建立可獲利的線上版本、確認瑪麗亞的大學就學規畫等。

第 4 層高度──**願景（horizon 4: vision）**：長期想實現的結果；理想中瘋狂成功的狀態。例如：出版自己的回憶錄、實現公司上市、在普羅旺斯有個家庭度假小屋。

第 5 層高度──**人生目的與原則（horizon 5: purpose and principles）**：個人或企業的終極目標、存在理由及核心價值。如：為大多數市民持續提供最好產品，目標是帶來我們社區的成長。

橫向思維（horizontal thinking）：對處在同一層級的內容，進行評估及管理。例如：綜覽自己在個人及事業領域的所有專案。

孵化事項（incubate）：允許某些無需採取行動的事項暫時存放在系統中，但是之後需要重新評估。這些備忘提示通常放在「將來／也許清單」，記事檔案夾或預計之後啟動的行事曆項目中。

人生管理綜合系統（integrated life-management system）：個人可用來維持適度應對人生中各種情況的工具、結構、內容及實踐的集合。涵蓋個人生活及工作的工作流程、整理方式和檢視流程，以確保相關的承諾、提示和訊息毫無遺漏地得以持續更新，能隨時隨地對工作和生活實現最佳控制和專注。

收件匣（in-tray）：一種實體或數位化工具，放置仍然需要被加工的雜事。

地圖（map）：泛指可以導向合適的專注重點及行動方向的所有工具。例如：行事曆、行動及專案清單、會議議程、策略規畫、職務說明書、旅行檢查表、每週檢視的檢查表等。參見「檢視」。

自然計畫模式（natural planning model）：當執行想要完成的結果時，人們的本能會依循 5 階段的行動步驟，幫助大腦完成專案。

下一步行動（next action）：推動某一件事情完成的下一步實際可行活動。必須非常具體，可以藉此了解事情發生的地點、所需工具，還有真實執行時會面臨的狀況。

開放式迴路（open loop）：心頭上掛念著的未完成事務，如果沒能適當處

理，將持續影響大腦工作效率。

整理（organize）：以實體、可見，或數位化的方式，把具相似意義的行動備忘提示放到各自獨立的類別及位置（如：打電話清單、待閱讀清單、待完成專案清單）。

整理完善（organized）：事物的歸類與其對你的意義相吻合。

定位地圖（orientation maps）：能說明適度應對當下情況的客製化清單或參考檔案。如：會議議程、行事曆、檢查表、行動及專案清單等。

結果（outcome）：在任何層級的最終結局，通常用法為「預期結果」（desired outcome）。即成功的具體標準。

GTD 精進之路（path of GTD mastery）：對管理個人生活及工作終身學習、不斷完善及改進。研究和運用人生管理綜合系統、動態控管，而能為個人餘生的任何狀況指引最佳的行動方向。

視角（perspective）：個人及組織管理的兩個關鍵因素之一（另一個是「掌控」），又見「專注高度」。

預定義工作（predefined work）：個人預先確立的行動及專案，體現在一組清單或行動備忘提示中，我們可以藉此檢視及評估，避免發生計畫及預期之外的結果。

加工（process）：判定已捕捉或已收集的雜事之意義、其衍生的性質，以及自己想要達成的結果。又見「理清」。

高效體驗（productive experience）：一種同時具備掌控、放鬆、專注、有意義的執行及充分表現的狀態。是人們在表現和體驗的最佳狀態。

工作效率生態系統（productivity ecosystem）：可能觸發個人注意力及聚焦方向的所有具潛在意義的資訊、關聯及雜事。

專案（project）：任何可在 1 年內完成的多步驟結果。包含此時限內個人的所有承諾事項，每週至少需檢視 1 次。又見「專注高度」的「第 1 層高度：現行

專案」。

專案支援資料（project support）：與特定專案有關的附屬素材及訊息。包含專案計畫及潛在相關內容。最好按照專案、主題或議題來整理。

回顧（reflect）：從更廣泛的視角，檢視任何不同層級或類別的內容。

檢視（review）：基於一致性或需要，運用合適的工具加以理清或專注。又見「回顧」、「地圖」。

將來／也許清單（someday / maybe）：一種常見的清單類別，指將來也許會做的專案或行動，自我承諾定期檢視其行動的必要性。

雜事（stuff）：出現於人們的實體或心理環境中，指需要做出決策或採取行動，但懸而未決或尚未整理完善的事情。

工作的 3 種類別（threefold nature of work）：人們每天的工作可分為 3 種類別：(1) 預先定義好的工作（即已決定的下一步行動）、(2) 非計畫中的突發狀況、(3) 界定工作（把雜事加工成行動）。

檔案夾系統（tickler file）：一種實體或數位工具，可提供與日期相關的提醒方式，以便於在特定時間進行檢視。又稱為週期性檔案（perpetual file）、預測型檔案（bring-forward file）、持續追蹤檔案（follow-up file），或懸而未決檔案（suspense file）。

全生命生態系統（total life ecosystem）：個人意識範圍內的內容。一個人對世界的理解、對當下情境的感受以及相關行為，或多或少會對其肉體存活和精神表現的不同層面產生影響。

縱向思維（vertical thinking）：在特定領域內，審視和規畫各個高度／層級的內容。如：從目標到下一步行動，由上至下地規畫一項專案。

等待清單（waiting for）：等待他人完成事項的清單。

每週檢視（weekly review）：操作時間管理系統的過程中，每週一次重新整理所有承諾，是本書給的最好建議。每週檢視好似一道後衛防線，藉由逐週保持

系統的清理、清晰及創造力，來達到掌控及專注於未來的專案。

　　零碎時間（weird time）：每天都有幾小段隨機出現的自由時間，藉由運用行動備忘提示及參考資料，人們在此時段仍可高效工作。

　　工作（work）：泛指自己承諾要達成，卻還沒完成的任何事情。

　　工作流程（workflow）：完成雜事及實現承諾的完整過程中的一系列行動。

GTD® 是 Getting Things Done®（搞定）商標的縮寫，即大衛·艾倫（David Allen）所創立、極具開創性的工作與生活平衡系統，旨在提供一套具體解決方案，幫助人們脫離壓力過重及不確定性，而能進入無壓力提升工作效率的整合狀態。

GTD® 是個能管理承諾、資訊以及溝通的強力工具，涵蓋大衛·艾倫 30 年來，為全球超過百萬名客戶提供諮詢服務、擔任私人教練、訓練講師，以及企業組織教育訓練方案的成果。GTD® 曾在個人及組織工作效率領域榮獲「黃金標準」之稱，幫助各種團隊在尋求工作效率最大化及發揮創造力的同時能降低壓力。

ThrivinAsia 是大衛·艾倫公司（The David Allen Company）在台灣、香港、澳門以及中國大陸的唯一認證夥伴。我們的專業團隊隨時為您與您的企業服務，協助您將 GTD® 完整並有效地施展在您的工作及個人生活中。

我們提供大衛·艾倫具國際地位的 GTD® 精通工作流程之訓練及輔導方案，客戶包含《財富》500 強企業中約 40% 的公司、企業家、創投公司、政府及非政府單位、教育機構、高科技產業等。GTD® 不僅能增加您的工作效率，更能釋放您的創造力能量，帶您通往無壓力的人生。

如需聯絡我們，或想了解 GTD® 在台灣、香港、澳門及中國大陸的最新相關活動，請參見下列連結：

www.gtd.asia

譯者簡介

向名惠（國外序、前言、第 4 章至結語）

畢業於泰國的朱拉隆宮大學國際財經貿易系，主修會計。

曾擔任財經翻譯並協助花旗私人銀行翻譯財務和理財投資相關的報表和資訊。也曾擔任留學顧問，協助留學生選校、翻譯及潤飾留學文件。

現為 freelancer，主要替各大科技公司、銀行及傳產翻譯行銷文章、公司規章、財務報表等。兼任 3 隻貓的媽媽及奴僕。

林淑鈴（第 1 章至第 3 章）

曾擔任雜誌採訪記者、出版社編輯與版權工作。目前為譯書與編書的文字工作者。譯作包括：《新精品行銷時代》、《搞定數位小孩》、《風靡全美的 MELT 零疼痛自療法》、《馬拉松該怎麼練？》。

國家圖書館出版品預行編目資料

搞定：工作效率大師教你，事情再多照樣做好的搞定 5 步驟／
大衛‧艾倫（David Allen）著；向名惠、林淑鈴譯. -- 修訂初版.
-- 臺北市：城邦商業周刊, 民 105.10
336 面；17×22 公分 .
譯自：Getting Things Done: The Art of Stress-Free Productivity
ISBN 978-986-93405-7-1（平裝）

1. 時間管理　2. 工作效率

494.01　　　　　　　　　　　　　　　　　　　105017221

搞定：工作效率大師教你，事情再多照樣做好的搞定 5 步驟

作者	大衛·艾倫
譯者	向名惠、林淑鈴
商周集團執行長	郭奕伶
視覺顧問	陳栩椿
商業周刊出版部	
總編輯	余幸娟
責任編輯	徐榕英
協力編輯	郭庭瑄
封面設計	Javick 工作室
版型設計	張靜怡
內頁排版	張靜怡
出版發行	城邦文化事業股份有限公司 - 商業周刊
地址	104 台北市中山區民生東路二段 141 號 4 樓
	電話：(02)2505-6789　傳真：(02)2503-6399
讀者服務專線	(02)2510-8888
商周集團網站服務信箱	mailbox@bwnet.com.tw
劃撥帳號	50003033
戶名	英屬蓋曼群島商家庭傳媒股份有限公司城邦分公司
網站	www.businessweekly.com.tw
香港發行所	城邦（香港）出版集團有限公司
	香港灣仔駱克道 193 號東超商業中心 1 樓
	電話：(852) 2508-6231　傳真：(852) 2578-9337
	E-mail：hkcite@biznetvigator.com
製版印刷	中原造像股份有限公司
總經銷	高見文化行銷股份有限公司　電話：0800-055365
修訂初版 1 刷	2016 年（民 105 年）10 月
修訂初版 15 刷	2023 年（民 112 年）7 月
定價	420 元
ISBN	978-986-93405-7-1（平裝）

Getting Things Done: The Art of Stress-Free Productivity
By David Allen
All rights reserved including the right of reproduction in whole or in part in any form.
This edition published by arrangement with Penguin Books, an imprint of Penguin Publishing Group, a division of Penguin Random House LLC.
Complex Chinese edition copyright © 2016 by Business Weekly, a division of Cite Publishing Ltd.